Jenseits des Mainstreams

Organismus und System
Schriftenreihe des Wiener Arbeitskreises für Systemische Theorie des Organismus
Herausgegeben von Karl Edlinger

Band 7

PETER LANG

Frankfurt am Main · Berlin · Bern · Bruxelles · New York · Oxford · Wien

Walter Feigl/Karl Edlinger/Günther Fleck (Hrsg.)

Jenseits des Mainstreams

Alternative Denk- und Forschungsansätze in Biologie und Medizin

PETER LANG
Europäischer Verlag der Wissenschaften

Bibliografische Information Der Deutschen Bibliothek
Die Deutsche Bibliothek verzeichnet diese Publikation in der
Deutschen Nationalbibliografie; detaillierte bibliografische
Daten sind im Internet über <http://dnb.ddb.de> abrufbar.

Gedruckt mit Unterstützung des Bundesministeriums
für Bildung, Wissenschaft und Kultur in Wien.

Die Umschlagabbildung zeigt rechts und links
die für die Entwicklung des darwinistischen Mainstreams
(Hauptstroms) am stärksten prägenden Persönlichkeiten,
Charles R. Darwin und August Weismann.
In der Mitte findet sich Hugo de Vries,
ein radikaler Kritiker des Darwinschen
Anpassungsparadigmas.

ISSN 1438-6909
ISBN 3-631-39850-6

© Peter Lang GmbH
Europäischer Verlag der Wissenschaften
Frankfurt am Main 2004
Alle Rechte vorbehalten.

Das Werk einschließlich aller seiner Teile ist urheberrechtlich
geschützt. Jede Verwertung außerhalb der engen Grenzen des
Urheberrechtsgesetzes ist ohne Zustimmung des Verlages
unzulässig und strafbar. Das gilt insbesondere für
Vervielfältigungen, Übersetzungen, Mikroverfilmungen und die
Einspeicherung und Verarbeitung in elektronischen Systemen.

www.peterlang.de

Inhalt

Walter Feigl, Günther Fleck & Karl Edlinger
Symposion „Neben dem Mainstream" Planung – Realisation –Publikation 5

Erhard Oeser
Non-Mainstreams in der Wissenschaft 11

Karl Edlinger
Charles Darwin und der Mainstream des Evolutionsdenkens 16

Michael Gudo
Ziele der Evolutionsforschung: Rekon-struktion organismischer Wandlung als Morphoprozess...61

Stefan Khittel
Zwischen Darwin und Moderner Synthese: Die Paläobiologie Othenio Abels 91

Josef H. Reichholf
Ist die Darwinsche Anpassung nur das Oberflächengekräusel der Evolution? 118

Hans Hass
Die Energontheorie in Kurzfassung. Ihre Beweisführung und ihre praktische Anwendung 142

Walter Feigl
Die Non-Mainstreams in der Medizin neben dem Virchow'schen Paradigma 149

Friedrich Dellmour
Hahnemann und die Homöopathie Ganzheitliche Medizin vor und neben dem Mainstream 167

SYMPOSION „NEBEN DEM MAINSTREAM" PLANUNG – REALISATION – PUBLIKATION

Walter Feigl, Günther Fleck & Karl Edlinger

Die Gesellschaft für organismisch-systemische Forschung und Theorie führt seit mehreren Jahren Symposien durch. Beim vorliegenden Band handelt es sich mittlerweile um den fünften Kongress der Gesellschaft, deren erster 1998 mit dem Thema „Systemtheoretische Perspektiven in Medizin, Biologie und Psychologie" veranstaltet und 2000 schriftlich als Band 1 dieser Reihe vorgelegt wurde. Mittlerweile hat die Gesellschaft Themen wie „Artificial Life", „Reduktion – Spiel – Kreation", „Bewusstsein" und „Virtual Reality" veranstaltet. Mit dem vorliegendem Thema wollten wir nun bewusst Neuland betreten.

Die Protagonisten K. Edlinger (Biologie), W. Feigl (Medizin) und G. Fleck (Psychologie) kamen nach mehreren Sitzungen im Jahre 2002 unter tatkräftiger Mitwirkung der anderen Vereinsmitglieder zum Entschluss, ein Symposion über Non-Mainstreams in den angeführten Fachgebieten zu veranstalten.

Es war und klar, dass der Begriff Non-Mainstream zwar als Terminus technicus definiert ist (M. Fraunlob), doch konnten wir in der Literatur keine disziplinübergreifende Darstellung finden. Die Bezeichnungen Mainstream bzw. Non-Mainstream stehen für Ansätze in Kunst und Wissenschaft, die sich entweder einer bestimmten dominierenden Ausrichtung des Denkens und der künstlerischen Betätigung verpflichtet fühlen bzw. ihr widersprechen. Verwendet man eine der heute so beliebten Internetsuchmaschinen so findet man ihn vorzugsweise im Bereich der Unterhaltungsmusik (Jazz).

Was aber die Wissenschaften generell betrifft, so setzten sich oftmals ursprünglich außerhalb des Mainstreams angesiedelte Denk- oder Stilrichtungen allmählich durch und werden dadurch selber zum Mainstream. Anderen blieb die Anerkennung versagt, obwohl sie durchaus seriös und deshalb auch vertretbar waren und sind. Folgt man zB einer geschichtswissenschaftlichen Theorie wie der Kuhnschen Paradigmenlehre, so sind es aber gerade die Non-Mainstreamer, die die Wissenschaft voranbringen.

Solche Non-Mainstream-Ansätze finden sich also auch in den Human- und Naturwissenschaften und ihnen wollten wir das Symposion vom 6. – 8. März 2003 am Naturhistorischen Museum Wien widmen.

Im Sommer 2002 erstellten wir folgende Exposés:

1. Thema: Biologische Ansätze

Die Darwinsche Abstammungslehre hat im 20.Jahrhundert das biologische Theoriengebäude beherrscht. Nicht zuletzt ist es ihr Verdienst, dass theologische Schöpfungsmythen oder kreationistische Modelle heute nur noch in theologischen Fakultäten diskutiert werden (wo sie auch durchaus ihren Platz haben). Trotzdem zeigt sich, dass der Nachfolger der klassischen Evolutionstheorie, die sogenannte „Synthetische Theorie der Evolution" immer wieder Erklärungsdefizite aufwies. Dies änderte sich auch nicht durch Anwendung moderner Disziplinen wie der molekularen Genetik und der Populationsdynamik.

Vor allem – und das zeigte schon Bertalanffy in den frühen 30er Jahren des letzten Jahrhunderts auf - kann belegt werden, dass diese Theorie den Organismus – oder einfacher gesagt, das Leben – nicht stringent erklären konnte. Der Organismus gerinnt in ihr quasi zu einem Mosaik von Merkmalen und Genen. Letztere sollten aber - und das ist die Lektion, die wir durch die moderne Wissenschaftstheorie gelernt haben sollten - Objekte, niemals Subjekte der Evolution sein.

Nicht zuletzt die Ernüchterung, die dem Abschluss der „Entschlüsselung" (richtiger Sequenzierung) des menschlichen Genoms vor zwei Jahren folgte, ist ein Hinweis auf diesen Sachverhalt.

Daher sollen in diesem Symposium biologische und evolutionstheoretische Ansätze der Gegenwart und Vergangenheit vorgestellt werden, die Lösungsmöglichkeiten für die aufgezeigten Probleme der klassischen Evolutionstheorie bringen, aber neben dem neudarwinistischen „Mainstream" bislang ein Schattendasein führten.

2. Thema Non-Mainstream" in der Medizin

Für Medizin und die medizinische Wissenschaft kann man den Begriff non-mainstream in zweifacher Weise auffassen: Erstens – und das entspricht einer medizingeschichtlichen Definition – die vielen Nebenströmungen in der Medizin, die teils wieder in den „Hauptstrom" einflossen und ihn beeinflussten (Ursprung vieler diagnostischer und therapeutischer Entitäten), oder eben als Irrwege endeten (z.B. die Krasenlehre). Und zweitens alle jene Medizindisziplinen, die heute Behandlungsmethoden verwenden, die nicht der „wissenschaftlichen" Medizin entsprechen - von Aromatherapie und Akupunktur über Homöopathie bis zur medizinischen Beachtung von Wünschelrute-Feldern. Selbstverständlich gibt es hier Überschneidungen, denn viele dieser „Para"-Methoden nahmen ihren Ausgang von der Schulmedizin und entwickelten sich bis heute neben dem Hauptstrom (z.B. Homöopathie!). In diesem Symposium sollen einige dieser Richtungen mit ihren Protagonisten erörtert werden und der Versuch einer Definition der Medizin und ihrer Strömungen aus der Sicht des 21.Jahrhunderts versucht werden.

3.Thema: Psychologische Theorien und Lehrmeinungen abseits der akademischen Hauptströmung: eine Bestandsaufnahme

Die akademische Psychologie der westlichen Welt wird bis heute durch eine am Erkenntnisideal der klassischen Physik orientierten Sichtweise dominiert. Das bedeutet, daß psychologische Erkenntnisse und Entdeckungen nur dann als wissenschaftlich anerkannt werden, wenn diese mit den Methoden der Naturwissenschaft (Beobachtung, Experiment und Simulation; mathematisch - statistische Datenverarbeitung) gewonnen wurden.

Diese einseitige Ausrichtung wurde jedoch aus verschiedenen Gründen von Anbeginn an kritisiert. In der Folge hat sich parallel zur naturwissenschaftlich orientierten Hauptströmung der akademischen Psychologie eine Vielzahl von alternativen psychologischen Ansätzen entwickelt. All diesen Ansätzen gemeinsam ist der Wunsch, eine dem Menschen gerechtere Psychologie zu schaffen. So hat z.B. Ludwig von Bertalanffy, der Begründer der Allgemeinen Systemtheorie, als Biologe schon vor Jahrzehnten massiv den Biologischen Reduktionismus in der Psychologie als unhaltbar kritisiert und eine organismische Psychologie entwickelt.

Seit dem Beginn der sechziger Jahre gewannen alternative Modellvorstellungen in der Psychologie an Bedeutung, obgleich sie niemals Mainstream.-Status erlangten. Leider erleben derzeit die unterschiedlichsten Reduktionismen in den Wissenschaften vom Menschen einen großen Aufschwung. Gerade aus diesem Grund scheint es nicht nur besonders reizvoll, sondern sogar dringlich geboten, sowohl eine Bestandsaufnahme der kritischen Einwände gegenüber den ausschließlich empiristisch-naturwissenschaftlich arbeitenden Hauptströmungen der Psychologie (und den Wissenschaften vom Menschen im allgemeinen) als auch von den alternativen im „Abseits" wirkenden Ansätzen zu machen.

Im biologischen Bereich schwebte uns vor, den Mechanizismus von Wilhelm Roux (Der Kampf der Teile im Körper), das Trägheitsgesetz von Othenio Abel, Schindelwolfs Evolutionsvorstellung, die Theorie der „puctuated equilibria", die Morphologie von Wilhelm Marinelli, das Prater-Vivarium als Experimentierstätte u. a. zu behandeln.

Auf Grund der Wurzeln unserer Gesellschaft war uns die Organismische Konstruktionslehre (Senckenberg), und die Systemtheorie nach Bertalanffy und Riedl ein Anliegen.

Kontakte hatten wir damals zu Rupert Riedl (Altenberg), dem Philosophen Michael Weingarten (Marburg); dem Evolutionstheoretiker Franz Wuketits (Wien) und der Biologiehistorikerin Veronika Hofer (Wien) u. v. a.

Im psychologischen Bereich schlug Fleck P Herrn Michael DelMonte (Dublin), den Emeritus der Psychologie Giselher Guttmann, Frau Shulamith Kreitler (Tel Aviv) und Herrn Csaba Pleh (Budapest) vor.

Im medizinischen Bereich fragten wir bei Michael Hubenstorf, dem Vorstand des Institutes für Geschichte der Medizin Wien, und der Wiener Ganzheitsakademie unter Alois Stacher an, über Homöopathie fassten wir den Spezialisten Friedrich Delmour (Wien) ins Auge.

Gleichzeitig konnten wir Kontakte zum Institut für Wissenschaftstheorie der Universität Wien herstellen. Der Vorstand Erhard Oeser fand das Thema interessant und sagte uns spontan zu einem Vortrag zu, welchen wir nun – da ja Wissenschaftstheorie die übergreifende Disziplin ist, an den Anfang stellen. Der gleichfalls am Institut für Wissenschaftstheorie tätige Gerhard Budin (habilitiert für Wissenschaftstheorie und Linquistik) konnte für einen Vortrag über den Non-Mainstream-Wissenschaftler der Terminologielehre, den Wiener Eugen Wüster gewonnen werden. Der bekannte Meeresbiologe, Verhaltensforscher und Biotheoretiker Hans Hass, der im Institut für Wissenschaftstheorie (Karl Popper-Institut) tätig ist, stellte sich über Vermittlung von Prof. Budin ebenfalls für einen Vortrag zur Verfügung.

Gegen Jahresende hatten wir ein ansprechendes Programm zusammengestellt. Ein kurzfristiges Terminproblem in unserem Stammhaus, dem Naturhistorischen Museum Wien, hätte fast die Veranstaltung gefährdet. Unser Mentor, Direktor Bernd Lötsch verschaffte uns einen Ersatztermin, sodass der Veranstaltung nichts mehr im Wege stand.

Das endgültige Programm sah folgendermaßen aus:

Donnerstag 6.März 2003

Einleitende Worte von B. Lötsch (Direktor des Naturhistorischen Museums Wien)

Einleitungsvortrag: E. Oeser (Vorstand des Instituts für Wissenschaftstheorie der Universität Wien): Non-Mainstreams in der Wissenschaft

1. Thema: Biologische Ansätze

(Chair K Edlinger, Naturhistorisches Museum der Stadt Wien)

J. Reichholf (München): „Der Schöpferische Impuls" – Ist die Darwinsche Anpassung nur das Oberflächengekräusel der Evolution?

Michael Gudo (Frankfurt/M.): Konstruktionsmorphologie und die Rekonstruktion des Evolutionsprozesse

St. Khittel (Wien): Zwischen Darwin und Moderner Synthese: Die Paläobiologie Othenio Abels [1907 – 1934]

Hans Hass(Wien): Zum aktuellen Stand der Energon-Theorie

2. Aktueller Beitrag aus der Sprachwissenschaft:

Gerhard Budin (Institut für Wissenschaftstheorie, Wien): Zur Entwicklung der Terminologie-Wissenschaft im 20.Jahrhundert

Podiumsdiskussion: Non-Mainstreams in Biologie und Grundlagenwissenschaften.

Teilnehmer: G Budin (Wien), W Feigl(Wien), M Gudo (Frankfurt), H Hass (Wien), A Locker (Wien), E Oeser (Wien), J Reicholf (München).

Freitag 7. März 2003

K Edlinger(Wien): Moritz Wagner, Edward Blyth und Alfred R. Wallace: Die Art und ihr Wandel am Beginn der Evolutionsdebatte

3. Thema Non-mainstream" in der Medizin

(Chair: W. Feigl, Institut für Klinische Pathologie der Med.Universität Wien)

M. Hubenstorf: (Vorstand des Instituts für Geschichte der Med. Universität Wien): Hippokrates - Paracelsus – „Biologische Heilkunde". Tendenzen der Non-mainstream-Medizin in der 1. Häfte des 20. Jahrhunderts.

W Feigl: Die Non-mainstreams neben dem Virchow'schen Paradigma

A. Stacher (Gamed/Wien): Non-Mainstream und die Ganzheitsmedizin

F. Dellmour(Wien): Hahnemann und die Homöopathie

4.Thema: Psychologische Theorien und Lehrmeinungen abseits der akademischen Hauptströmung: eine Bestandsaufnahme

(Chair G Fleck, Landesverteidigungsakademie, Wien)

G. Fleck (Wien): Holistische Ansatze in der Psychologie: Von der organismischen Psychologie Bertalanffys zur Chaostheorie.

Samstag, 8.März 2003

R. Born (Institut für Philosophie und Wissenschaftstheorie, Universität Linz): Modellierung des Wissens: Neue Ansatze und Entwicklungen.

Shulamith Kreitler (Institut fur Psychologie, Universität Tel-Aviv): Das Modell der kognitiven Orientierung als Konkurrent der behavioristischen Psychologie

Podiumsdiskussion: Non-Mainstreams in Psychologie und Medizin

Zur Diskussion eingeladen waren R. Born (Linz), K. Edlinger (Wien), G. Guttmann (Wien,Vaduz), M. Hubensdorf (Wien), Shulamith Keitler(Tel Aviv), K. H. Spitzy (Baden bei Wien), A Stacher (Wien).

Es war nicht leicht, alle Referenten auch für einen schriftlichen Beitrag zum Symposionsband zu überreden. Was wir in mühsamer Arbeit ein halbes Jahr nach dem Kongress bekommen konnten, finden Sie in den folgenden Beiträgen.

Dazu nur so viel: Nach dem Eröffnungsvortrag des Wissenschaftstheoretikers Erhard Oeser finden sie die biologischen Beiträge, und zwar von Karl Edlinger über mehrere bedeutsame Pioniere des Evoutionsdenkens, Michael Gudo über die Kritische Evolutionstheorie (Senckenberg, Gutmann u. a.), Stefan Khittels Ausführungen über die

Paläobiologie Othenio Abels und den Beitrag von Josef Reichholf. Hans Hass lieferte eine kurze Darstellung des Energon-Prinzips.

Im medizinischen Bereich hielt Walter Feigl den einleitenden Vortrag (Non-Mainstream und Virchowsches Paradigma), gefolgt von Friedrich Delmour (Homöopathie). Stacher hielt ein vielbeachtetes Referat über Non-Mainstream und die Ganzheitsmedizin. Gerade auf dem Gebiet der komplementären und alternativen Medizin ist das Thema ja von besonderer Bedeutung. Den Abschluss bildete der vielbeachtete Beitrag des Geschichtsmediziners und Vorstand des Wiener Instituts für geschichte der medizin, Michael Hubens-torf.

Die beiden letzten Beiträge wie jene der gesamten letzten Sitzung (Psychologie) konnten aus redaktionellen Gründen nicht mehr fertiggestellt werden. Wir hoffen, dieses für die Medizin und Psychologie sehr wichtigen Kapitel in einem der nächsten Bände unserer Reihe zu veröffentlichen. Desgleichen konnten wir die langen und interessanten Diskussionen nicht mehr transkribieren, wir hoffen ein solches aber bei unseren nächsten Kongressen durchführen zu können.

Abschließend lässt sich somit sagen, dass wir für dieses Symposion und seine Publikation mit Non-mainstram ein – wie wir glauben – neues Thema gewählt haben, das unseres Wissens in dieser Form bisher noch nicht umfassender behandelt wurde. Die biologische, psychologische und medizinische Wissenschaftstheorie hat den Begriff jedenfalls bisher noch nicht oder nur ganz marginal benutzt. Wir hoffen also, dass wir somit einen Anstoß gegeben haben, der der zukünftigen Wissenschaftstheorie und -forschung förderlich ist.

Wie alle unsere bisherigen Veranstaltungen wurde auch diese durch die Gemeinde Wien mit ihrem Wissenschaftsreferat (unter der Leitung von Hubert Christian Ehalt) sehr großzügig gefördert. Insbesondere Herrn Gemeinderat Michael Ludwig, der an unseren Kongressen und Forschungszielen von Beginn an reges Interesse zeigte, sei hier – stellvertretend für alle Stellen der Stadt Wien – herzlich gedankt.

(Literatur siehe in den einzelnen Beiträgen der Verfasser im gleichen Band bzw in den Fortsetzungen dieser Reihe)

NON-MAINSTREAMS IN DER WISSENSCHAFT

Erhard Oeser

Als ich aufgefordert wurde, den Einleitungsvortrag zu diesem Symposion zu halten, hatte ich ein gewisses Unbehagen gegenüber den Begriffen "Mainstream" und "Non-Mainstream", das sich im Lauf der Bearbeitung dieses Themas noch gesteigert hat. Warum?

Weil diese Begriffsbildung mehrdeutig ist und in dieser Mehrdeutigkeit nicht übersetzbar ist: "Hauptströmung" ist zu schwach. "Nicht-Hauptströmung" klingt überhaupt absurd und beleidigt das germanistische Ohr.

Weil diese Begriffsbildung außerdem mehr mit bestimmten Wertvorstellungen belastet ist und einen geradezu polemischen Charakter hat.

Ich möchte daher so vorgehen, dass ich zunächst eine terminologische Klärung dieser Begriffe versuche Nachdem ich durch diese terminologische Klärung gezeigt zu haben glaube, dass die Begriffe "Mainstream" und Non-Mainstream" ganz offensichtlich auf einer metawissenschaftlichen Ebene liegen, möchte ich dann einige der bekanntesten wissenschaftstheoretischen Modellvorstellungen vorschlagen, die für die Bewältigung dieser komplexen zum Teil undurchsichtigen Problemstellung hilfreich sein können. Zuvor möchte ich aber darauf hinweisen ohne es näher ausführen zu können, dass diese "internalistischen", d.h. primär logisch-erkenntnistheoretischen Modellvorstellungen nicht ausreichen, um diese Fragestellung "neben", "darüber hinaus", oder "jenseits" der Wissenschaft behandeln zu können, weil eben dahinter externe Faktoren sozialer, politischer, finanzieller Art stehen, die selbst wieder auf unterschiedlichen ethisch-moralischen Wertvorstellungen und außerdem noch auf individuell-persönlichen Emotionen und Zielvorstellungen beruhen.

Terminologische Klärung

Die Entwicklung der Wissenschaft, vor allem der Naturwissenschaft, mit einem Flusssystem zu vergleichen, bei dem es eine Hauptströmung und Nebenströme, Flüsse oder Bäche gibt ist sehr alt. Aber diese Metapher war harmlos, weil alle Nebenströmungen schließlich als Zuflüsse angesehen wurden, die schließlich in die Hauptströmung einmünden. Damit wurde ein eher linearer und kumulativer Fortschrittsgedanke propagiert: Die Wissenschaft ist wie ein Riese, der ständig neue Informationen frisst und dadurch immer größer wird. Das ist ein Bild das von dem langjährigen Sekretär der Pariser Akademie der Wissenschaften Fontanelle stammt.

Dass es einen solchen linearen kumulativen Fortschritt nicht gibt, hat bereits W. Whewell erkannt, der die History of facts von der History of ideas unterscheidet und bereits darauf hinweist, dass Theorien sich gegenseitig im Fortschritt der Wissenschaften ablösen oder verdrängen und neue Möglichkeiten der Daten- und Faktengewinnung erschließen.

Damit sind wir schon der Bedeutung von Non-Mainstream näher gekommen: Non-Mainstream ist kein bloßer Nebenfluss, der in die Hauptströmung einmündet sondern bestenfalls eine "Alternative" die über den Mainstream hinausgeht: Beyond the Mainstream.

Schlechtestenfalls aber handelt es sich um eine bedeutungslose Nebenerscheinung oder sogar um einen Irrtum, der nichts zum Fortschritt der Wissenschaft beiträgt.

Eine dritte Möglichkeit wäre die, dass Non-Mainstream nichts anderes ist als die Beschäftigung mit einem bisher vernachlässigten Teil eines Wissensgebietes, was nicht unbedingt eine Alternative zum Mainstream sein muss, sondern nur eine Ergänzung. Z.B. in der Medizin, wo eine mehr biologisch ausgerichtete Forschung (alte Erfahrungsmedizin) die physikalisch-chemisch-technische-apparative Medizin ergänzen kann. Schwieriger wird diese Einschätzung bei der sog. Alternativmedizin wie Homöopathie, Akupunktur etc. die ja keine echte Alternative zur Heilung von Verletzungen und akuten schweren Erkrankungen durch Chirurgie und Chemotherapie darstellen.

Also "Non-Mainstream" kann sein: Eine wissenschaftliche Revolution, ein bedeutungsloser Irrtum, eine mehr oder weniger harmlose Ergänzung

"Mainstream" ist dann dies, was die meisten Wissenschaftler eines Faches tun, also die etablierte akademische Wissenschaft, die an den öffentlichen wissenschaftlichen Institutionen gelehrt wird, d.h. die gewöhnliche "normale" Wissenschaft.

Wissenschaftstheoretische Modellvorstellungen

Da gibt es zunächst unter der Bezeichnung "internalistisch-externalistisch" eine bekannte aber nicht allgemein akzeptierte Unterscheidung Diese Unterscheidung diente ursprünglich dazu, die Wissenschaftstheorie mit ihren erkenntnistheoretisch-logischen Fragestellungen von anderen Disziplinen abzugrenzen, die sich ebenfalls mit dem Phänomen Wissenschaft beschäftigen wie z.B. Wissenschaftsgeschichte und Wissenschaftssoziologie, und überhaupt die empirische Wissenschaftsforschung, die sich nur schwer von den anderen, ebenfalls empirisch vorgehenden Disziplinen abgrenzen lässt, die sich biographisch-historisch mit Wissenschaftlern und Wissenschaftlerinnen, mit wissenschaftlichen Forschergemeinschaften und mit wissenschaftlichen Institutionen beschäftigen.

All das wurde als "externalistisch" bezeichnet. "Internalistisch" ist dagegen die Wissenschaftstheorie, wenn sie sich nur mit wissenschaftlichen Theorien, Hypothesen, Daten und nicht mit Personen, Institutionen, finanziellen Ressourcen und ähnlichem beschäftigt.

Das Paradebeispiel für eine solche internalistische Konzeption ist die hauptsächlich vom Wiener Kreis systematisierte Wissenschaftstheorie, die im engeren Sinn als

"Wissenschaftslogik" (Carnap) bezeichnet worden ist. Was an dieser formal-logischen Analyse und Rekonstruktion von wissenschaftlichen Aussagensystemen kritisiert worden ist, ist das erkenntnistheoretische Defizit. Wissenschaft (vor allem Naturwissenschaft) besteht nicht nur aus Aussagen und Aussagensystemen in Form von axiomatisch-deduktiven Theorien sondern auch aus Beobachtungen und experimentellen Handlungen, durch die der empirische Wahrheitsgehalt dieser sprachlich formulierten Aussagen überprüft werden kann im Sinne von Verifikation und Falsifikation.

Unter dem bloß formallogischen Aspekt ist das Problem der Nonmainstream-Wissenschaft nicht behandelbar: denn die Gesetze der Logik (z. b. der gewöhnlichen klassischen aristotelischen Aussagenlogik) haben überall Geltung. Bei aller Toleranz gegenüber unterschiedlichen Logiksystemen ist zwar absolute Widerspruchsfreiheit nicht möglich aber auch nicht erforderlich. Relative Widerspruchsfreiheit genügt, lässt sich aber auch von jeder Art von Aussagenkomplexen erwarten, auch von der Nonmainstream-Wissenschaft. Logische Konsistenz selbst in Form eines mathematischen Formalismus ist jedoch keine Garantie für die Wahrheit einer erfahrungswissenschaftlichen Theorie.

Anders verhält es sich bei den mehr erkenntnistheoretisch orientierten Modellen der Entwicklung oder des Wachstums wissenschaftlicher Erkenntnis, die meist Modelle der Theoriendynamik sind. Die bekannteste und am meisten diskutierte Modellvorstellung stammt von Thomas S. Kuhn, dessen Begriff "normal science" noch am ehesten mit dem Begriff "Mainstream" zu vereinbaren ist. Zumindest ein Aspekt von "Nonmainstream" wird meiner Ansicht nach durch Kuhns Begriff der "außerordentlichen" oder "revolutionären" Wissenschaft abgedeckt, die einen Paradigmawechsel in der normalen Wissenschaft hervorruft.

Allerdings hebt sich in dieser Modellvorstellung der Gegensatz von Mainstream und Nonmainstream wieder auf. Denn nach einem Paradigmawechsel wird die Nonmainstream-Wissenschaft zur normalen oder Mainstreamwissenschaft.

Diese Kuhnsche Modellvorstellung ist daher hauptsächlich geeignet, die "Theoriendynamik" zu analysieren und zu erklären oder zumindest rational zu rekonstruieren. Das auch von Kuhn verwendete Paradebeispiel einer sog. wissenschaftlichen Revolution ist der Übergang von der Geo- zur Heliozentrik, von Ptolemäus zu Copernicus. Mit diesem Modell des Paradigmawechsels lässt sich aber nicht das parallele Nebeneinander bzw. permanente Nebeneinander von wissenschaftlichen Konzeptionen verstehen, wie sie vor allem in den praktischen Wissenschaften (Hauptbeispiel Medizin) auftreten und mit den polemischen Begriffen Schulmedizin-Außenseitermedizin auftreten und zu großen Kontroversen geführt haben. Vor allem dann, wenn es sich um Leben und Tod eines Patienten handelt.

Neben diesem Kuhnschen Modell gibt es noch zwei weitere Modellvorstellungen, die bereits klassisch geworden sind und auf die ich auch ganz kurz eingehen möchte:

- Von Imre Lakatos die Methodologie der Forschungsprogramme und
- von Paul Feyerabend die anarchistische Erkenntnistheorie

Geht man von Kuhns Modell der Struktur wissenschaftlicher Revolutionen aus, dann ergibt sich folgendes Bild: Im Rahmen der normalen Wissenschaft, die durch eine bestimmte Theorie, durch bestimmte Beobachtungstechniken und Experimente gekennzeichnet sind, treten unerklärbare Anomalien auf. Diese mit den Mitteln der geläufigen Theorie nicht erklärbaren Anomalien führen die normale Wissenschaft in eine Krise. Aus dieser Krise kommt man nur durch einen Paradigmawechsel. Paradigmawechsel ist eine umfassende Veränderung die sich nicht nur auf die Veränderung der Theorie bezieht, sondern auch auf die Ziele, Beobachtungstechniken und Experimentiertechniken und auch auf die Forschergemeinschaft selbst bezieht. Daher stammt auch der aus der Sozialgeschichte der Menschheit stammende Begriff der "Revolution". Die Wissenschaftler nach einer solchen Revolution leben gewissermaßen in einer andern Welt.

Ein Nonmainstream-Wissenschaftler wünscht sich wahrscheinlich immer eine solche Revolution der Mainstream-Wissenschaft hervorzurufen. Gelingt ihm das, dann hat er einen Paradigmawechsel hervorgerufen, dann ist er oder sie nicht mehr ein Außenseiter sondern wird selbst zum Vertreter vielleicht sogar zum Begründer eines neuen Paradigmas, eine neuen Periode einer Normalwissenschaft, eines neues progressiven Forschungsprogrammes, während das alte Forschungsprogramm degeneriert. –

Mit diesem Aspekt beschäftigt sich vor allem die Modellvorstellung von Imre Lakatos. Die **"Methodologie der Forschungsprogramme"** wurde von Lakatos im Anschluss an Popper entwickelt. Und zwar im Gegensatz zu einem einfachen Falsifikationalismus im Sinne eines raffinierten Falsifikationalismus, der auch heuristische Elemente enthält.

Für die Gegenüberstellung von "Mainstream-Wissenschaft" und "Nonmainstream-Wissenschaft" kann diese Modellvorstellung insofern hilfreich sein, als sie in realistischer Weise darauf hinweist, dass es lange Zeit nebeneinander laufende konkurrierende Theorien gibt, bis schließlich eine die andere überholt und verdrängt.

Die **"anarchistische Erkenntnistheorie"** von Paul Feyerabend mit ihrem Stichwort: "Anything goes!" wäre eigentlich ein Manifest für die Nonmainstream-Wissenschaft. Denn sie richtet sich vor allem gegen den Mainstream, wie seine anarchistische Predigt deutlich zeigt: "Eine einheitliche Meinung mag das Richtige sein für die Kirche, für die eingeschüchterten oder gierigen Opfer eines (alten oder neuen) Mythos oder für die schwachen und willfährigen Untertanen eines Tyrannen. Für die objektive Erkenntnis brauchen wir viele verschiedene Ideen. Und eine Methode, die die Vielfalt fördert. ist auch als einzige mit einer humanistischen Auffassung vereinbar." Der Wissenschaftler muss nach dieser Auffassung eine pluralistische Methodologie verwenden, er muss Ideen mit Ideen vergleichen und nicht nur mit der Erfahrung. Wenn er dies tut, wird er nach Meinung Feyerabends begreifen müssen, dass die wissenschaftliche Erkenntnis in diesem Sinne keine Abfolge in sich widerspruchsfreier Theorien ist, die gegen eine Idealtheorie hin konvergieren, sie ist keine allmähliche Annäherung an die Wahrheit. Sie ist vielmehr ein stets anwachsendes Meer miteinander unverträglicher Alternativen; jede einzelne Theorie, jedes Märchen, jeder Mythos, der dazu gehört, zwingt die anderen zu deutlicherer Entfaltung, und alle tragen durch ihre Konkurrenz zur Entwicklung unseres Bewusstseins bei. Nie ist etwas endgültig ausgemacht, keine Auffassung kann je aus einer umfassenden Darstellung weggelassen werden.. Unter diesem Motto behandelt bzw. befürwortet Feyerabend nicht nur alternative Konzepte und Theorien mit wissenschaftlichen Charakter, sondern auch jede Überschreitung der wissenschaftlichen Erkenntnis schlechthin. Denn im Grunde genommen ist nach Feyerabend auch die fortgeschrittenste und scheinbar gesichertste Theorie nicht sicher davor, dass sie mit Hilfe von Auffassungen verändert oder gänzlich gestürzt werden kann, die eine hochmütige Unwissenheit schon in den Mülleimer der Geschichte geworfen hat. Alternativen soll man daher aufgreifen, wo immer man sie findet: "Sei dies nun in der antiken Mythologie, in modernen Vorurteilen, in den Elaboraten von Fachleuten oder den Fantasien komischer Käuze. Die gesamte Geschichte einer Disziplin wird herangezogen, um ihren neuesten und 'fortgeschrittensten' Entwicklungszustand zu verbessern."

Als Ergebnis solcher wissenschaftstheoretischen Modellforstellungen kann man jedoch festhalten: Es gibt trotz aller Schwierigkeiten und externen Störfaktoren und Beeinflussungen einen Fortschritt der Wissenschaft. Für alternative Forschungsansätze, die sich durchgesetzt haben, gibt es in der Vergangenheit berühmte Beispiele: Copernicus, Galilei, Newton, Darwin, Einstein etc.

Wo aber sind die alternativen Forschungsansätze in der Gegenwart? Vor allem, wenn man darunter etwas Neues, Innovatives, Originelles sehen will, was bei der derzeit vorhandenen Informationsflut schwer fest zu stellen ist. Die Zeit der einzelnen wenigen großen Forscherpersönlichkeiten scheint heutzutage jedenfalls endgültig vorbei zu sein. Wissenschaft ist heute mehr denn je ein kollektives Phänomen. Nicht die Vernunft, der Verstand oder die Erfindungskraft des Einzelnen stehen dahinter, sondern es sind immer mehrere Individuen, die den Fortschritt in der wissenschaftlichen Erkenntnis bewirken, die aber nicht unbedingt miteinander kooperieren müssen. Im Gegenteil! Wie bereits Hegel erkannt hat, besteht

die "List der Vernunft" darin, dass sie die Leidenschaften der einzelnen Individuen für sich wirken lässt, wobei diejenigen durch die sich in Existenz setzt, Schaden erleiden.

Friedrich Engels drückt das so aus: "Denn was jeder einzelne will, wird von jedem anderen verhindert und was herauskommt, ist etwas dass keiner gewollt hat."

Die List der kollektiven Vernunft besteht also in der Umwandlung von Konkurrenz in (ungewollte) Kooperation.

CHARLES DARWIN UND DER MAINSTREAM DES EVOLUTIONSDENKENS

Karl Edlinger

Einleitung 16
Darwins eigener Beitrag zum Darwin-Bild 17
Charles Darwins Grundaussagen und seine Stellung in der Biologiegeschichte 19
Theoretische Vorstellungen und Voraussetzungen 21
A. R. Wallace (1823-1913) 28
Edward Blyth (1810 – 1873) 32
Herbert Spencer (1820-1903) 36
Moriz Wagner (1813-1887) 40
August Weismann (1834-1914) 46
Genetik und Mutationstheorie 50
Hugo De Vries (1848-1935) 51
Thomas Hunt Morgan (1866-1945) 54
Fazit 55
Literatur 56

Einleitung

Kaum ein Name in der Biologiegeschichte erlangte eine derartige Bedeutung wie der von Charles Darwin. Als Ismus trägt die derzeit dominierende Evolutionssicht seinen Namen, ursprünglich als Darwinismus, heute als Neodarwinismus. Die Geschichte des Evolutionsdenkens scheint vollkommen auf Charles Darwins Namen fokussiert zu sein. Darwin ist nicht nur Gegenstand der weitaus größten Zahl einschlägiger Biographien, die meisten Darstellungen vermitteln auch mehr oder minder den Eindruck, als sei die gesamte Biologiegeschichte vor ihm durch sein angeblich originäres Werk, das oft als eine Quasi-Singularität dargestellt wird, zu einem vorläufigen Abschluss gekommen und als seien die Entwicklungen, die gleichzeitig mit und nach ihm eintraten, überhaupt erst durch Darwin und auf der Grundlage seiner Theorie verständlich.

Aus moderner Sicht stellt sich nun die Frage, ob Darwins Werk tatsächlich so einzigartig in der Geistes- vor allem in der Biologiegeschichte dasteht, wie der Umfang der „Darwin-Literatur" es suggeriert, und vor allem, ob sein Lebenswerk so originell war, wie es ein Großteil der theoretischen und biographischen Abhandlungen nahezulegen scheint.

Darwin wird als Revolutionär wider Willen dargestellt, der trotz seiner persönlichen Zurückhaltung das Denken seiner Zeit und nachfolgender Perioden bis zur Gegenwart von Grund auf veränderte und dessen Theorie bis heute Gültigkeit zukommt. Diese

Theorie wird vor allem mit den Kürzeln Mutation, Selektion und darauf zurückführbarer Externanpassung der Lebewesen charakterisiert, wobei der Eindruck entsteht, dass alle Entwicklungen des Evolutionsdenkens nach Darwin eigentlich nur mehr aus Ergänzungen um die empirisch erarbeiteten Fakten der Biologie und der mit ihr verwandten Wissenschaften, vor allem der Paläontologie, der klassischen und molekularen Genetik, der Populationsdynamik u. v. a. m. bestanden. Zur Entstehung dieses verkürzten Eindrucks trug maßgeblich Ernst Mayr (1988) bei, nach dem festzustellen sei, „dass alle neuen Ergebnisse nur bisher fehlende Zeilen in dem von der (selbstverständlich darwinistischen, Anm. d. A.) *Synthetischen Theorie* errichteten Gehäuse der Evolutionstheorie ausgefüllt haben.." (Senglaub 2000).

Die Begriffe Darwinismus bzw. darwinistisch oder neodarwinistisch werden schlechthin als Synonyme für das Evolutionsdenken gebraucht. Es wird solcherart (nachträglich) ein in Darwins Werk kulminierender und dann von ihm ausgehender Mainstream postuliert, in dem sich die bedeutendsten Biologen des späten 19. und des 20. Jahrhunderts wiederfinden, wobei als Kriterium für die Zugehörigkeit zu diesem Mainstream und damit implizit für wissenschaftliche Seriosität und Kanonisierung die Nähe zu Darwins Gedanken oder was dafür gehalten wird, entscheidet. Diese Dominanz einer Wissenschaftlerpersönlichkeit bzw., wie im Weiteren gezeigt werden soll, eines nachträglich purgierten und weitgehend neukonstruierten Bildes von ihr, führte zu Erstarrungen (Gutmann & Bonik 1981, Edlinger & Gutmann 2002, Gutmann & Edlinger 2002), die eine freie und unbelastete Diskussion über die Mechanismen der Evolution erschweren.

Soll diese Diskussion rational und undogmatisch geführt werden, gilt es, die Person und das Werk Darwins im zeitlichen Kontext zu betrachten, die Traditionsstränge, in denen sich sein Werk potentiell bewegt, wenigstens ansatzweise bloßzulegen und vor allem auch zu prüfen, ob sich all dies, was unter dem Kürzel darwinistisch subsumiert wird, mit Darwins Sich deckt. Diese Frage wird vor allem deshalb drängend, weil die Biologiegeschichte auch Persönlichkeiten aufweist, die in den Traditionsstrang des Darwinismus/Neodarwinismus eingereiht werden, obwohl sie sich in manchen Phasen ihrer Laufbahn mehr oder weniger radikal gegen Teile von Darwins Werk stellten. Einen Beitrag zur Darlegung dieser Probleme soll diese Arbeit leisten. Dabei besteht die Zielsetzung darin, bislang vernachlässigte Aspekte in Darwins Werk sowie in den Werken seiner Vorläufer, Zeitgenossen und Nachfolger ins Bewusstsein zu rücken.

Darwins eigener Beitrag zum Darwin-Bild

Ein wesentlicher Grund für die Überschätzung von Darwins Rolle bestand sicher in seinen Zitiersitten. Er nimmt zwar immer wieder Bezug auf Vorläufer, vor allem solche, die evolutionäre Gedankengänge vertraten, doch geschieht dies in merkwürdig verkürzter und eklektizistischer Weise, die zumindest offen lässt, dass sich diese bereits mit Problemen des organismischen Wandels auseinandergesetzt hatten.

Als Biotheoretiker werden zwar Lamarck und Geoffroy de Saint Hilaire erwähnt. Lamarck wird allerdings auf seine Theorie von der Veränderung durch Gebrauch oder Nichtgebrauch von Organen verkürzt. In diesen Zusammenhang passt dann die Bemerkung, sein Großvater Erasmus Darwin hätte die Sicht Lamarcks vorweggenommen. Bei E. Geoffroy de Saint Hilaire wird vor allem auf dessen Ablehnung der Artenkonstanz und darauf hingewiesen (s. 19), dass dieser Artenmerkmale so lange für fixiert hielt, als die Umwelt konstant bleibe und sich bei einer Veränderung der Umwelt ebenfalls ändern, was bereits sehr eindeutig auf die durch Darwin, wenn auch mit anderen Begründungen, vertretene Abpassungshypothese verweist.

Selbstverständlich werden neben weiteren, vor allem britischen, Zoologen und Botanikern, die „vestiges" von Robert Chambers erwähnt, ferner Owen, der die Begriffe der Homologie und der Analogie trennte und präzisierte, und H. Spencer, doch ebenfalls wieder auf verkürzte Weise.

Dies rief bereits zu Darwins Lebzeiten Kritik hervor, die teilweise sehr persönlich gehalten war, z. B. durch Butler, über den Margulis & Sagan (1997) folgendes festhalten:

„In vielen Briefen an Zeitungen und Essays unterzog Butler das Werk Darwins der Kritik. Er warf dem berühmten Mann vor zu verschweigen, was er seinem Großvater Erasmus verdankte, und das Leben mechanistisch darzustellen. Er zweifelte sogar Darwins Ehrlichkeit an. Butler versuchte, wieder Leben in die Biologie zu bringen, und hoffte, Darwin werde auf sein Buch von 1879 oder auf das bereits 1877 erschienene *Live and Habit* („Leben und Beschaffenheit") eingehen.
Butler richtete an Darwin die Frage, ob seine Gedanken zur Evolution eine präzedenzlose Inspiration seien, die ihm vom Himmel eingegeben worden sei. War er einfach darauf gekommen, indem er über eine Vielzahl von Fakten nachgedacht hatte? Butler meinte, auch die Aura von Großvater Erasmus, eines Poeten und Evolutionisten, dazu die ausgedehnte Lektüre von Evolutionisten müßten zu Darwins geistiger Entwicklung beigetragen haben. Ob Darwin nun ein gerissener Meister der Selbstdarstellung war oder Butler ein Paranoiker mit wissenschaftlicher Ausdauer, ist wohl nie zu klären. Butler war jedoch aufgrund seines rebellischen Wesens und der Tatsache, daß Darwin immer mehr zu einer geistigen Ikone wurde, von vornherein geneigt, eine gewisse Enttäuschung über den großen Mann zu empfinden. Über Darwins Großvater Erasmus war eine aus dem Deutschen übersetzte Biographie erschienen, und Darwin hatte der Übersetzung Sorgfalt bescheinigt. Als Butler sie las, stellte er beunruhigt fest, daß die englische Übersetzung des frühen französischen Evolutionisten Lamarck sich derselben Worte bediente, mit denen er dessen Gedanken in seinem Buch *Evolution, Old und New* wiedergegeben hatte." (Margulis & Sagan 1997, S. 184).

Was im Hauptwerk Darwins weitgehend fehlt, ist der Bezug auf Wallace und vor allem die Angabe darüber, wieweit er sich auf diesen stützt. Überhaupt fällt auf, dass Darwin andere Autoren, die Vorstellungen über stammesgeschichtliche Veränderungen publizierten, nur am Rande erwähnt oder aber in ganz anderem Zusammenhang zitiert.

So bezieht sich Darwin auf E. Blyth nur im Zusammenhang mit Informationen, die er von diesem erhalten haben will, erwähnt aber Blyths evolutionstheoretische Spekulationen in der „Entstehung der Arten...." mit keinem Wort.

Wallace hatte, wie auch hier ausgeführt wird, schon vor Darwin ein Manuskript über Artenstehung (Wallace 1855) publiziert und sein „Ternate-Manuskript", in dem die

Theorie des Artenwandels durch Variation und Externselektion vorgestellt wurde (s. oben!), an Darwin gesandt, was die gemeinsame Vorstellung vor der Linnean Society zur Folge hatte (Glaubrecht 2003). In der „Entstehung der Arten...." wird dies dann gar nicht erwähnt.

Von Darwin wird nun berichtet (etwa bei Clark 1990), dass er ob dieses Zuvorkommens beschlossen hätte, Wallace die Priorität einzuräumen.

Eine andere, plausiblere Sichtweise geht davon aus, dass dies durch die Aktivitäten der Linnean Society vor allem unter dem Einfluss von Ch. Lyell, geradezu verhindert wurde. Immerhin stellte Darwin in der Zeit, in der man Wallace hinhielt und von der Publikation seines Entwurfs abhielt, sein eigenes Werk fertig und beide Theorie-Ansätze wurden gleichzeitig durch die RS vorgestellt. Das Vorkommnis wird teilweise als Wissenschaftsskandal betrachtet (s. v. a. Glaubrecht 2003).

Eine weitverbreitete Annahme ist, dass die Grundzüge der Darwinschen Theorie seien während der Reise auf der Beagle entstanden und, in Darwins Geist konzipiert, später nur mehr ausformuliert und schriftlich fixiert worden seien. Es ranken sich um den Besuch der Galapagosinseln 1835 mit der Beagle zahllose Mythen, die glauben machen, Darwin hätte dort seine bahnbrechende Idee gefasst. Stellvertretend für viele Autoren, die dieses einseitige Bild popularisierten und popularisieren, sei Ortega y Gasset (1963) zitiert, der den Galapagosinseln einen kleinen Essay widmet und über Darwins Aufenthalt dort schreibt:

„Der klassische Besucher aber, durch den der winzige Archipel eine besondere Weihe empfing, war der junge Darwin, der 1835 auf der »Beagle« dort einlief und fünf Wochen lang blieb. In jenen Tagen kam ihm ein prächtiger Einfall. Die erstaunliche Beobachtung, daß Pflanzen und Tiere, namentlich die Vogelwelt, von Eiland zu Eiland oder von Inselgruppe zu Inselgruppe bestimmte Verschiedenheiten aufwiesen (obschon die einzelnen Inseln nicht gerade sehr weit auseinander liegen), brachte den Forscher auf den Gedanken der natürlichen Auslese, der sicher zu den großen Ideen des menschlichen Geistes zählt. Wie immer war auch hier einer einzigen Tatsache (und nicht einer Vielheit von Fakten und Gegebenheiten) das Glück beschieden, zu einer fruchtbaren Eingebung zu führen. Anderthalb Jahrhunderte zuvor war ein Apfel der Anlaß gewesen; nun aber war es der Schnabel des Nesomimus, der Spottdrossel. Wer sich ein getreues Bild davon machen will, was Naturwissenschaft ist, der muß über solchen Anekdoten ein wenig verweilen." (Ortega y Gasset 1963, S. 210).

Dem steht aber entgegen, dass in der Beschreibung dieser Reise (Darwin 1839) noch keine dezidiert als solche erkennbaren Gedanken an stammesgeschichtliche Veränderungen auftauchen. Dies betrifft insbesondere die Beschreibung des Aufenthalts auf den Galapagosinseln, wo solches nur vage anklingt, und hier bezeichnenderweise mit Bezug auf Spottdrosseln und erst in zweiter Linie auf Finken.

Charles Darwins Grundaussagen und seine Stellung in der Biologiegeschichte

Darwins „Entstehung der Arten...." war mit ihrem Erscheinen praktisch restlos vergriffen. Das Buch trat einen stürmischen Siegeszug durch die angelsächsischen Länder, schließlich auch durch Kontinentaleuropa an. Dies ist sicher dadurch erklärbar, dass evolutionäres Denken in den 50er Jahren des 19. Jahrhunderts längst um sich gegriffen hatte und der geistigen Verfassung und Einstellung vor allem des Bürgertums, später aber auch der aufstrebenden Arbeiterbewegung entgegenkam. Friedrich Engels erklärte dazu:

„Die ganze Darwinsche Lehre vom Kampf ums Dasein ist einfach die Übertragung der Hobbesschen Lehre vom bellum omnium contra omnes |Krieg aller gegen alle|, und der bürgerlichen ökonomischen von der Konkurrenz, sowie der Malthusschen Bevölkerungstheorie aus der Gesellschaft in die belebte Natur. Nachdem man dies Kunststück fertiggebracht (dessen unbedingte Berechtigung, besonders was die Malthussche Lehre angeht, noch sehr fraglich), ist es sehr leicht, diese Lehren aus der Naturgeschichte wieder in die Geschichte der Gesellschaft zurückzuübertragen, und eine gar zu starke Naivität, zu behaupten, man habe damit diese Behauptungen als ewige Naturgesetze der Gesellschaft nachgewiesen." (Engels 1962, s. 566).

Wesentlich positiver, vor allem was die Verwendbarkeit der Darwinschen Lehre für marxistisch motivierte Analysen betrifft, sieht Otto Bauer Darwins Werk:

„Wie die soziale Wertlehre zur psychologischen Theorie der Güterschätzung, wie die historischen Kategorien der politischen Ökonomie zu den natürlichen Kategorien der Produktionstheorie verhält sich Marx' Geschichtsauffassung zu Darwins Abstammungslehre. Darwin lehrt uns zum Beispiel begreifen, wie der Daseinskampf der Gebirgsbewohner eine ganz anderen Menschentypus erzeugen muß als der Kampf ums Dasein, der die Menschen der Ebene zu führen haben; diese Erkenntnis trifft für alle Produktiosstufen zu. Mary dagegen lehrt uns verstehen, wie sich der Daseinskampf der Menschen mit der Entwicklung der gesellschaftlichen Produktivkräfte und Produktionsverhältnisse verändert;..." (Bauer 1924, zit aus 1980, S. 199).

Nun muss bemerkt werden, dass Otto Bauer hier einen bereits weitgehend für die Bedürfnisse der (austro-)marxistischen Geschichtsphilosophie zurechtgeschnittenen Darwin bzw. Darwinismus darstellt.

Bei Friedrich Engels wird Darwin vor allem wegen der ihm unterstellten Überbetonung des Zufalls in der Evolution heftig kritisiert. Aber gerade dieses Denken, das in Darwins Schriften mit besonderer Eindeutigkeit und Radikalität zum Ausdruck kommt, passte zu dem von der Physik des 19. Jahrhunderts ausgehenden Mechanizismus, der im deutschen Sprachraum v. a. durch Helmholtz verkörpert wurde.

Der Mechanizismus, der vor allem eine radikale Absage an jede Form teleologischen Denkens bedeutete, implizierte selbstverständlich auch eine Ablehnung vitalistischen Denkens und brachte damit eine Veränderung der Sicht des Organismus mit sich, der sich allmählich zu einem Aggregat von Einzelteilen wandelte. Darwin klinkte sich in diesen Wandel vollinhaltlich ein, was auch durch die radikale Kritik, die J. Schaxel (1922, s. 13) an ihm übt, betont wird. Schaxel wirft ihm vor, die Welt in zusammenhanglose Einzelheiten aufzulösen und einem Utilitarismus zu huldigen, der überhaupt nur gelegentliches Gelingen in einem Chaos von Zufällen betont.

In dieser Hinsicht ging Darwin nun tatsächlich weitgehend mit dem geistigen Mainstream seiner und der nachfolgenden Zeit konform, was für sein Spätwerk „Über das Variieren der Tiere und Pflanzen..." weniger gilt. Zudem sind die Jahrzehnte nach dem Pariser Akademiestreit (zwischen Cuvier und Geoffroy de Saint Hilaire) und vor der Veröffentlichung der Werke von Darwin und Wallace, was die Biologie betrifft, durch sehr eifrige Forschung und durch Faktensammeln gekennzeichnet, doch werden diese im Unterschied etwa zu Humboldt, eher atomistisch, als Einzelfälle für sich behandelt und in keine übergeordneten Zusammenhänge mehr gestellt. Deshalb soll nach dieser kurzen Charakterisierung des geistigen Klimas zu Darwins Lebzeiten und biographischen Details die Theorie Darwins selber und ihre Begründungsstruktur skizziert werden.

Theoretische Vorstellungen und Voraussetzungen

Darwin reihte sich, vor allem unter dem Einfluss seines väterlichen Freundes Henslow, unter die Faktensammler ein und entwickelte in dieser Hinsicht einen Fleiß, der ihm sein Leben lang, insbesondere aber während der Weltumsegelung mit der Beagle zu eigen sein sollte.

Seine Theorie vereinigt mehrere Elemente, die teilweise heute nicht mehr als „darwinistisch" (s. Kapitel über A. Weismann und Synthetische Theorie) bezeichnet werden würden, in seinen Werken aber mühelos nachzulesen sind. Darwin geht von folgenden Voraussetzungen aus:

a) Allmähliche Veränderung des Pflanzen- und Tierreichs
b) Variation der Pflanzen und Tiere von Generation zu Generation durch deren natürliche „Bildsamkeit" und durch die Lebensbedingungen
c) Veränderung von Organen (Merkmalen) durch Gebrauch bzw. Nichtgebrauch
d) Vererbung solcher veränderten Merkmale
e) Züchteranalogien in Form der „natürlichen Auslese" („natürliche Zuchtwahl" als Pendant zur „künstlichen")

Die Punkte a), c) und d) können dabei als zu Darwins Zeit weitverbreitete Meinung, fast schon als „Common sense" vorausgesetzt werden. In dieser Hinsicht hatten vor allem Lamarck und Geoffroy den geistigen Boden aufbereitet.

Darwin führte dann die Variation in die Theorie ein, wobei die geistige Vorleistung von Blyth und Wallace nicht vergessen werden darf, sowie die natürliche Zuchtwahl, die sich aber ebenfalls schon bei Wallace findet.

Er macht für die Variationen sowohl die „Natur" der Lebewesen und ihre durch sie bedingte leichtere oder schwere Wandelbarkeit als auch einen allgemeinen Einfluss der Lebensbedingungen verantwortlich. Hier bleibt Darwin sehr vage und gibt auch offen zu, die Gründe der Variation nicht exakt aufzeigen zu können.

„Ich habe bis jetzt das Wort „Zufall" gebraucht, wenn von Veränderungen die Rede war, die bei organischen Wesen im Zustand der Domestikation häufiger und bei solchen im Naturzustand seltener auftreten. Das Wort „Zufall" ist natürlich keine richtige Bezeichnung, aber sie läßt wenigstens unsere Unkenntnis der Ursachen besonderer Veränderungen durchblicken. Einige Naturforscher meinen, daß die Funktion des Zeugungssystems ebensowohl darin bestehe, individuelle Unterschiede oder geringe Körperbauabweichungen hervorzubringen, wie das Kind den Eltern gleichzumachen. Allein der Umstand, daß Veränderungen und Monstrositäten im Zustand der Domestikation häufiger als in der Natur vorkommen, und die größere Veränderlichkeit der Arten mit ausgedehntem als der mit beschränktem Verbreitungsgebiet führt zu der Annahme, daß die Veränderlichkeit im allgemeinen von den Lebensbedingungen abhängt, denen

die betreffenden Arten seit vielen Generationen ausgesetzt waren. Im ersten Kapitel versuchte ich zu zeigen, daß veränderte Lebensbedingungen entweder direkt auf die ganze Organisation oder nur auf einen gewissen Teil wirken, oder indirekt durch das Zeugungssystem. Auf jeden Fall sind es zwei Faktoren: die Natur des Organismus (und das ist der wichtigere Faktor) und die Natur der Lebensbedingungen. Die direkte Wirkung der veränderten Bedingungen führt zu bestimmten oder unbestimmten Ergebnissen. Im letzteren Falle scheint die Organisation bildsam zu werden und es ergeben sich stark fluktuierende Varietäten; im ersteren Falle ist die Natur des Organismus derart, daß sie unter gewissen Bedingungen leicht nachgibt und alle oder fast alle Individuen in derselben Weise abgeändert werden.
Es ist schwer zu entscheiden, inwiefern veränderte Verhältnisse, z. B. des Klimas, der Nahrung usw., auf ein Geschöpf wirken. Ich glaube, mit daß die Wirkungen im Laufe der Zeit größer waren, als wirklich bewiesen werden kann, aber mit Sicherheit läßt sich nachweisen, daß die zahllosen Anpassungen, die wir überall in der Natur bei den Lebewesen sehen, nicht einfach einer solchen Wirkung zugeschrieben werden können. In den folgenden Fällen scheinen die Lebensverhältnisse eine geringe bestimmte Wirkung hervorgebracht zu haben. E. Forbes versichert, daß die Schalen von Konchylien, die an der südlichen Grenze ihres Verbreitungsgebiets im seichten Wasser leben, glänzender gefärbt sind als die der sich mehr nördlicher oder; in größerer Tiefe aufhaltenden gleichen Arten Aber das dürfte sicher nicht immer zutreffen. Gould glaubt, daß Vögel unter beständig heiterem Himmel prächtiger gefärbt sind als dieselben Arten in der Nähe der Küste oder auf Inseln.
Wollaston ist überzeugt, daß der Aufenthalt in der Meeresnähe die Farben der Insekten beeinflußt, und Moquin-Tandon gibt ein Verzeichnis von Pflanzen, die fleischige Blätter bekommen, wenn sie unweit der Küste wachsen, während sie sonst keine fleischige Blätter haben. Diese wenig veränderten Organismen sind insofern interessant, als ihre Merkmale denen gleichen, die unter ähnlichen Daseinsbedingungen lebende Arten besitzen." (Darwin 1963 S. 188 –190).

Zusätzlich zu diesem Einfluss der Lebensbedingungen wird nun auch die Zuchtwahl ins Spiel gebracht, wobei aber ihr Einfluss vorerst als eher sekundär betrachtet wird.

„Ist eine Veränderung für ein Wesen von sehr geringem Nutzen, so wissen wir nicht, wieviel von ihr der anhäufenden Tätigkeit der natürlichen Zuchtwahl und wieviel dem bestimmten Einfluß der Lebensbedingungen zu verdanken ist. So wissen Pelzhändler, daß Tiere gleicher Art einen um so dichteren und besseren Pelz besitzen, je nördlicher sie leben. Wer will aber sagen, wie viel von diesem Unterschied darauf beruht, daß die am wärmsten gekleideten Individuen Generationen hindurch begünstigt waren und erhalten blieben, und wie viel auf dem Einfluß des strengen Klimas? Denn es scheint, als ob das Klima direkt auf das Haar unserer vierfüßigen Haustiere einwirke.
Ich könnte Beispiele anführen, daß gleiche Varietäten derselben Arten unter den denkbar verschiedensten Lebensbedingungen entstanden und anderseits ungleiche Varietäten unter scheinbar den gleichen äußeren Verhältnissen. Jeder Naturforscher weiß auch, daß Arten sich rein erhalten, d.h. überhaupt nicht variieren, obgleich sie unter verschiedenen Klimaten leben. Tatsachen dieser Art lassen mich weniger Gewicht auf den direkten Einfluß der Lebensbedingungen legen, als auf die Neigung zu variieren, deren Ursache uns unbekannt ist.
In gewissem Sinne kann man sagen, daß die Lebensbedingungen nicht nur direkt oder indirekt Abänderungen hervorrufen, sondern auch Veranlassung zur natürlichen Zuchtwahl geben, denn sie bestimmen, ob diese oder jene Varietät fortdauern soll. Wenn aber der Mensch die Auslese vornimmt, so sehen wir klar, daß diese beiden Faktoren der Abänderung verschieden sind; die Veränderlichkeit ist gewissermaßen vorhanden, aber es hängt vom Willen des Menschen ab, in welcher Richtung er die Abänderungen anhäufen will. Und dem zweiten Wirkung entspricht dem Überleben des Tüchtigsten im Naturzustande." (Darwin 1963, s. 190/191).

Neben dieser Form der Variation bzw. den Einflüssen der Lebensbedingungen allgemein und der Zuchtwahl kommt bei der Veränderung der Lebwesen bzw. der Arten vor allem die Wirkung des Gebrauchs und Nichtgebrauchs von Organen zum Tragen. Hier folgt

Darwin Lamarck, und zwar im Unterschied zu Wallace, der dieser Form des Lamarckismus eine eindeutige Absage erteilt hatte.

„Aus den im ersten Kapitel erwähnten Tatsachen geht meines Erachtens unzweifelhaft hervor, daß der Gebrauch gewisse Teile kräftigt und vergrößert, während der Nichtgebrauch sie schwächt; und es geht ferner daraus hervor, daß solche Modifikationen erblich sind. Im Naturzustande fehlt uns der Maßstab zu Vergleichung der Wirkungen lange fortgesetzten Gebrauchs oder Nichtgebrauchs, weil wir die Elternformen nicht kennen; doch weisen manche Tiere Bildungen auf, die sich am besten als Folge des Nichtgebrauchs erklären lassen. Nach Owen gibt es keine größere Anomalie in der Natur, als daß ein Vogel flugunfähig ist, und doch kommt das oft genug vor. Die südamerikanische Dickkopfente kann nur über den Wasserspiegel hinflattern; sie hat ebenso schwere Flügel wie die Aylesbury-Hausente; merkwürdig ist, daß die Jungen, wie Cunningham mitteilt, fliegen können, die Erwachsenen aber nicht. Da die großen Erdvögel selten fliegen, wenn sie nicht vor Gefahren fliehen, so ist wahrscheinlich der beinahe flügellose Zustand einiger Vögel, die Inseln im Großen Ozean bewohnen (oder noch kürzlich bewohnten) und keiner ernsten Verfolgung ausgesetzt waren, auf Nichtgebrauch der Flügel zurückzuführen. Der Strauß bewohnt zwar Kontinente und ist Gefahren ausgesetzt, denen er sich nicht durch Fliegen entziehen kann, aber er kann sich durch Ausschlagen mit den Füßen fast ebenso gut gegen Feinde verteidigen wie manches Säugetier. Wir können annehmen, daß ein Vorfahr der Strauße eine Lebensweise wie etwa die Trappe führte, daß aber die Strauße im Laufe der langen Geschlechterfolge an Größe und Körpergewicht langsam zunahmen und mehr ihre Beine als ihre Flügel gebrauchten, bis sie zuletzt überhaupt nicht mehr fliegen konnten. Kirby macht darauf aufmerksam (was ich auch selber beobachtet habe), daß die Vordertarsen oder Füße männlicher Mistkäfer häufig abgebrochen sind. Unter siebzehn Arten seiner Sammlung wies keine auch nur eine Spur davon auf. Der Onites Apelles hat seine Tarsen so vollkommen verloren, daß das Insekt als völlig tarsenlos beschrieben wurde. Bei einigen anderen Gattungen sind sie nur rudimentär noch vorhanden. Dem Ateuchus, d.h. dem heiligen Käfer der Ägypter, fehlen sie ganz. Daß gelegentliche Verstümmelungen erblich sind, ist wohl nicht anzunehmen, doch mahnen uns immerhin die von Brown-Séquard beobachteten merkwürdigen Fälle der erblichen Wirkung von Operationen bei Meerschweinchen zur Vorsicht. Am besten ist es vielleicht, das Fehlen der Vordertarsen bei Ateuchus und ihren rudimentären Zustand bei einigen anderen Gattungen nicht als erbliche Verstümmelung, sondern als Folge langdauernden Nichtgebrauchs anzusehen. Denn da die Tarsen bei vielen Mistkäfern fehlen, so müssen sie schon in früher Jugend verlorengehen, für diese Insekten also sehr unwichtig sein und nur wenig benutzt werden." (Darwin 1963, 191-192).

Auch diese Stellen zeigen einerseits sehr deutlich den über weite Strecken anekdotischen Charakter des Darwinschen Werkes und andererseits, dass die Zuchtwahl keineswegs immer im Vordergrund seiner Erwägungen steht. Dieser Aspekt kann eigentlich nur als dritte Ursache der Veränderung neben dem Einfluss der Lebensbedingungen, die eine Reaktion der Organismen bewirken und dem unterschiedlichen Gebrauch von einzelnen Organen gelten. Für diesen Aspekt der Darwinschen Lehre ist neben den zahlreichen (mehr oder weniger stichhaltigen) Informationen und Mitteilungen von Züchtern sowie Darwins eigenen Erfahrungen die Auseinandersetzung mit Malthus von Bedeutung.

Auch Darwin war, wie Wallace, durch Malthus nachhaltig geprägt, ebenso durch Lyells Geologie.

Daneben aber waren es Züchtererfahrungen, die Darwin in großem Maße verarbeitete und die das theoretische Grundgerüst seiner Selektionssicht prägten, obgleich seine Sicht von den Mechanismen der Veränderung nicht eindeutig war.

Von diesen Erfahrungen nun geht Darwin aus, wenn er die durch den Menschen vorgenommene Zuchtwahl unter Pflanzen und Tieren auf die Natur überträgt.

Er behauptet dabei, dass die Nachkommen aller Pflanzen und Tiere gegenüber den Elternindividuen geringfügig variieren. Dabei muss aber festgehalten werden, dass Darwin ebenso wie Wallace keine in den Kontext seiner Theorie passenden Begründungen für dieses Variieren anführt. Spätere Entwicklungen wie sein Abgleiten in den Lamarkismus und die Gemmulae-Theorie spielen im Hauptwerk „Origin of species by means of natural selection" noch keine Rolle.

Darwin sieht nun eine umfassend gedachte Natur als züchtende Instanz. Dass sein Naturbild komplexer gewesen sei als das von Wallace, vor allem was die züchtenden Außeneinflüsse betrifft, wie von Weingarten (1991) vermutet, kann beim Vergleich der Autoren nicht verifiziert werden.

Die Umwelt besteht zu einem großen Teil aus ökologischen Beziehungsgefügen, die nur indirekt durch die geologischen Verhältnisse beeinflusst werden. Da diese aber sehr variabel sind, ist letztlich auch keine eindeutige Richtung der evolutiven Veränderung auszumachen. es gibt im Unterschied zu Wallace immer nur relative Fortschritte, ja der Fortschrittsgedanken nimmt bei Darwin eine nur sehr untergeordnete Stellung ein.

Dieser zentrale Ansatz wird bei Darwin nun durch eine Unzahl penibelst dargestellter Fakten untermauert, die aber zumeist nicht der eigenen Beobachtung entstammen und zum großen Teil auch auf Informanten zurückgehen, bei denen keine wissenschaftlichen Arbeitsmethoden vorausgesetzt werden können.

Dabei wird auch auf zahlreiche Fakten v. a. der Embryologie bezug genommen und, offenbar im Anschluss an Oken, eine Frühform der phylogenetischen Rekapitulationslehre vorgestellt.

In einem eigenen Kapitel über „Schwierigkeiten der Theorie" (Darwin 1963, 229-281) führt Darwin nun aber sehr dezidiert aus, wie wenig seine Begründungen vorläufig der Überprüfung am vorliegenden paläontologischen Faktenmaterial standhalten könnten. Weiters sollte die Tatsache, dass die Ursachen sowohl der Vererbung als auch der Variation damals noch weitgehend im Dunklen lagen, seine spätere geistige Entwicklung maßgebend beeinflussen.

Signifikant ist, dass die von G. Mendel (1822-1884) 1865 vorgestellten, 1866 publizierten Ergebnisse von Kreuzungsexperimenten („Versuche über Pflanzen-hybriden") Darwin nicht bekannt waren bzw. wegen der mangelnden Prominenz Mendels nicht zur Kenntnis genommen wurden.

Die Wirkung, die Darwins Hauptwerk sofort nach seinem Erscheinen erzielte (es war sofort ausverkauft), ist vor allem aus der geistigen Situation der Zeit zu erklären. Sie neigte, vor allem in England, einer positivistisch-empiristischen Ausrichtung zu und dieser Tendenz kam Darwins nichtspekulative, teilweise theoretisch unreflektierte Darstellungsweise entgegen.

Es fanden sich sehr schnell Weggefährten, v. a. T. H. Huxley (1825-1895), die Darwins Theorie - Wallace wurde zwar nicht vergessen, spielte aber in der weiteren

Debatte nicht die Hauptrolle - weiterverbreiteten. Diese Verbreitung erfolgte zum Teil in eigenen Modifikationen und mit verschiedenen Schwerpunkten. Bei Huxley standen die Stammesgeschichte an sich und ihre Belege, weniger die Mechanismen des Wandels im Vordergrund, Romanes versuchte vor allem die Vererbung erworbener Merkmale zu belegen.

Darwin selber ließ weitere, umfangreiche Publikationen folgen: 1868 „The Variation of Animals and Plants under Domestication" („Das Variieren der Pflanzen und Tiere im Zustande der Domestikation") und 1871 „The Descent of Man, and Selection in Relation to Sex" (dt. „Die Abstammung des Menschen und die geschlechtliche Zuchtauswahl").

Er bekennt sich nunmehr dezidiert und auch gegen den Widerstand des anglikanischen Klerus zur Einordnung des Menschen in das natürliche System zu seiner natürlichen Abstammung..

Dies wird zwar in dem meisten Publikationen über Darwin zur Hauptsache hochstilisiert, wesentlich wichtiger sind aber die auch in diesen Werken in aufspürbaren theoretischen Implikationen.

V. a. in der „Abstammung des Menschen" arbeitet Darwin, animiert durch luxurierende Organe v. a. von Vögeln das Prinzip der „geschlechtlichen" Zuchtwahl heraus, das er der „natürlichen", die außerartliche Einflüsse als selektierende Instanzen vorsieht, ergänzend zur Seite stellt. In diesem Werk wird radikaler als im „Ursprung der Arten" und vor allem im Gegensatz zum später erscheinenden Werk „Über das Variieren..." die Zuchtwahl in das Zentrum der Betrachtung gestellt, allerdings, wie betont werden muss, nicht als Umweltselektion sondern eben als innerartliche, sexuelle. Damit kann Darwin nun den Versuch unternehmen, etwa Prachtkleider und -gefieder, die ihren Trägern unmittelbar zu keinen Überlebensvorteilen verhelfen, ja sie im Gegenteil behindern, als Vorteile in der Partnerwerbung und Fortpflanzung in seinen theoretischen Kontext einzugliedern.

Noch aufschlussreicher für die differenzierte und durchaus nicht allein auf Umweltselektion fokussierte Evolutionssicht Darwins ist das zweibändige Werk über „das Variieren der Pflanzen und Tiere..." (engl. Erstveröffentlichung 1868 in London, dt. in der Übersetzung von V. Carus 1873 u. 1878), das vor allem dem Versuch gewidmet ist, die Abwandlung der Organismen und ihrer Organe durch Gebrauch und Nichtgebrauch theoretisch soweit zu fundieren, dass sie als Begründung für natürliche evolutive Veränderungen eingesetzt werden kann.

Bei der Darstellung einer ungeheuren Fülle von Einzelbeispielen für Varietätenbildungen im Pflanzen- und Tierreich stellt sich für ihn die Frage nach dem Wesen der Vererbung und der variierenden Weitergabe von Eigenschaften auf Nachkommen immer drängender.

Darwin, der penible Faktensammler, versucht hier die Einführung einer „willkürlichen Annahme", die „aber als kaum sehr unwahrscheinlich betrachtet werden" kann: Er stellt eine „Pangenesistheorie" vor, deren zentrale Elemente „Keimchen" sind, die in den Organismen fein verteilt sind und am jeweiligen Ort die Ausbildung bestimmter Eigenschaften bewirken.

„Es wird allgemein zugegeben, dasz die Zellen oder die Einheiten des Körpers sich durch Theilung oder Proliferation fortpflanzen, wobei sie zunächst dieselbe Natur beibehalten und schlieszlich in die verschiedenen Gewebe und Substanzen des Körpers verwandelt werden. Aber auszer dieser Vermehrungsweise nehme ich an, dasz die Zellen kleine Körnchen oder Atome abgeben, welche durch in ganzen Körper zerstreut werden und welche, wenn sie mit gehöriger Nahrung versorgt werden, durch Theilung sich vervielfältigen und später zu Zellen entwickelt werden können, gleich denen, von welchen sie ursprünglich herrühren. Diese Körnchen können Keimchen genannt werden. Von allen Theilen des Körpers werden sie gesammelt, um die Sexualelemente zu bilden, und ihre Entwickelung in der nächsten Generation bildet ein neues Wesen; sie sind aber gleichfalls fähig, in einem schlummernden Zustande auf spätere Generationen überliefert und dann erst entwickelt zu werden. Ihre Entwickelung hängt von der Vereinigung mit anderen theilweise entwickelten oder entstehenden Zellen ab, welche ihnen in dem regelmäszigen Verlauf des Wachsthums vorausgehen. Warum ich den Ausdruck Vereinigung brauche, wird sich zeigen, wenn wir die directe Einwirkung des Pollens auf die Gewebe der Mutterpflanze erörtern. Es wird angenommen, dasz Keimchen nicht blosz von jeder Zelle oder Einheit während des erwachsenen Zustandes, sondern während aller Entwickelungszustande des Organismus abgegeben werden, aber nicht nothwendig während der fortdauernden Existenz einer und derselben Einheit. Endlich nehme ich an, dasz die Keimchen in ihrem schlummernden Zustande eine gegenseitige Verwandtschaft zu einander haben, welche zu ihrer Aggregation entweder zu Knospen oder zu den Sexualelementen führt. Es sind nicht die Reproductionsorgane oder die Knospen, welche neue Organismen erzeugen, sondern die organischen Einheiten, aus denen ein jedes Individuum zusammengesetzt ist. Diese Annahmen bilden die provisorische Hypothese, welche ich Pangenesis genannt habe. In vielen Beziehungen ähnliche Ansichten sind von andern Autoren vorgebracht worden." (Darwin 1878, S. 407)

Die verschiedenen Zellen, Organe und Organsysteme bilden dann selber Keimchen, die sowohl Regenerationsprozesse als auch die Reproduktion einleiten und lenken.

„Ich .... nehme an, dasz jede Formeinheit freie Keimchen abgibt, welche durch den ganzen Körper zerstreut werden und fähig sind, unter den gehörigen Bedingungen zu ähnlichen Formeinheiten entwickelt zu werden. Auch kann diese Annahme nicht als willkürlich und unwahrscheinlich angesehen werden. Es ist offenbar, dasz die Sexualelemente und Knospen Bildungssubstanz irgend welcher Art enthalten, welche der Entwickelung fähig ist, und wir wissen jetzt aus der Erzeugung von Propfhybriden, dasz ähnliche Substanz durch die ganzen Gewebe von Pflanzen zerstreut ist und sich mit der einer andern und verschiedenen Pflanze verbinden kann, um ein neues, in Character intermediäres Wesen entstehen zu lassen. Wir wissen auch, dasz das männliche Element direct auf die theilweise entwickelten Gewebe der Mutterpflanze und auf die künftigen Nachkommen weiblicher Thiere wirken kann. Die Bildungssubstanz, welche hiernach durch alle Gewebe der Pflanze zerstreut ist und welche fähig ist, sich in eine jede Formeneinheit oder jeden Theil zu entwickeln, musz durch irgend welche Mittel erzeugt werden; und meine Hauptannahme ist die, dasz diese Substanz aus minutiösen Partikeln oder Keimchen besteht, welche jede Formeinheit oder Zelle abwirft.
Ich habe aber noch weiter anzunehmen, dasz die Keimchen in ihrem unentwickelten Zustande fähig sind, sich reichlich durch Selbsttheilung zu vermehren, wie unabhängige Organismen. DELPINO behauptet: „eine Vervielfältigung durch Theilung bei Körperchen anzunehmen, welche Samen oder Knospen analog sind . . . .", widerstreitet „aller Analogie". Dies erscheint aber als ein befremdender Einwurf nicht blosz von jeder Zelle oder Einheit während des erwachsenen Zustandes, sondern während aller Entwickelungszustande des als ein befremdender Einwurf gesehen hat, wie jede Zoospore einer Alge sich theilte und wie jede Hälfte keimte. HAECKEL theilte das gefurchte Ei einer Siphonophore in viele Stücke, und diese entwickelten sich. Auch macht es die äuszerst minutiöse Grösze der Keimchen, welche ihrer Natur nach kaum bedeutend von den niedrigsten und einfachsten Organismen kaum verschieden sein können, nicht unwahrscheinlich, dasz sie wachsen und sich vermehren können." (Darwin 1878/Bd. 2, S. 409/410)

Die Keimchen werden bei der Fortpflanzung konzentriert weitergegeben. Sie gehen aber in unterschiedlichem Ausmaß in die Nachkommenschaft ein. Das Ausmaß hängt von der individuellen Lebensgeschichte und den Anforderungen ab, die an den elterlichen Organismus gestellt werden.

Affinitäten von männlichen und weiblichen Keimchen sorgen dafür, dass an den jeweiligen Orten ihres Wirkens im Organismus keine Komplikationen entstehen.

Andererseits aber können durch Kreuzung, bei der Entstehung von Bastarden, Probleme bei der künftigen Aggregation der Keimchen entstehen, wodurch Darwin Kreuzungsbarrieren zu erklären sucht, während die Inzuchtprobleme keine Begründung finden.

„Wenn zwei verschiedene Species mit einer anderen gekreuzt werden, so ist es notorisch, dasz sie nicht die volle oder eigentliche Zahl von Nachkommen ergeben, und wir können hierüber nur sagen, dasz, wie die Entwickelung jedes Organismus von so fein abgewogenen Affinitäten zwischen einer Menge von Keimchen und sich entwickelnden Zellen abhängt wir uns durchaus nicht davon überraschen lassen dürfen, dasz die Vermischung von Keimchen, die von zwei distincten Species herrühren, zu einem theilweisen oder vollständigen Fehlschlagen der Entwickelung führen kann. In bezug auf die Unfruchtbarkeit von Bastarden, die aus der Verbindnng zweier distincter Species erzeugt sind, wurde im neunzehnten Capitel gezeigt, dasz dies ansschliesslich davon abhängt, dasz die Reproductionsorgane speciell afficirt sind. Warum aber diese Organe in einer solchen Art afficirt sein sollen, wissen wir ebenso wenig, als warum unnatürliche Lebensbedingungen, trotzdem sie mit der Gesundheit verträglich sind„ Sterilität erzeugen, oder warum fortgesetzte nahe Inzucht oder die illegitimen Verbindungen ungleichgriffeliger Pflanzen dasselbe Resultat herbeiführen. Der Schlusz, dasz nur die Reproductionsorgane afficirt sind und nicht die ganze Organisation, stimmt vollkommen mit der unbeeinträchtigten oder selbst vermehrten Fähigkeit bei hybriden Pflanzen überein, sich durch Knospen zu vermehren; denn dies schliesz nach unserer Hypothese die Annahme ein, dasz die Zellen der Bastarde hybridisirte Zellenkeimchen abgeben, welche wohl zu Knospen aggregirt werden, aber innerhalb der Reproductionsorgane nicht so aggregirt werden, dasz sie Sexualelemente bilden. So produciren in einer ähnlichen Weise viele Pflanzen, wenn sie unnatürlichen Bedingungen ausgesetzt werden, keine Samen, können aber leicht durch Knospen fortgepflanzt werden." (Darwin 1878, S. 421)

Dass diese Keimchentheorie von Darwins Vetter Francis Galton (1822 - 1911) 1875 experimentell widerlegt wurde, sei hier nur am Rande erwähnt.

Sie bildet gewissermaßen den Abschluss von Darwins theoretischer Arbeit, welche in unterschiedlichem Ausmaß und mit unterschiedlichen Schwerpunkten von seinen Epigonen übernommen werden sollte.

Sie spielte in Kontinentaleuropa bis weit ins 20. Jahrhundert herein eine bedeutende Rolle, wofür Ernst Haeckel (1870), Ludwig Plate (1908) und Paul Kammerer (1915, s. auch Koestler 1972) beredtes Zeugnis ablegen. Insofern steht gerade das lamarckistische Element in Darwins Werk in einem Traditionsstrang mit zeitweise Mainstreamcharakter, der schließlich durch den Ultra- bzw. Neodarwinismus abgelöst werden sollte.

Dies wird allerdings in der einschlägigen Literatur weitgehend ignoriert. Darwin wird fast ausschließlich auf die mit der Synthetischen Theorie (Neodarwinismus) harmonisierenden Zuchtwahllehre in Verbindung gebracht. In seltener Klarheit zeigt Riedl (2002) diese Verkürzung des „Darwinismus" auf.

Vor allem mit der starken Betonung des direkten Umwelteinflusses und der angenommenen Vererbung erworbener Merkmale, die zusammen mit der natürlichen und geschlechtlichen „Zuchtwahl" den stammesgeschichtlichen Wandel bewirken sollen, erweist sich die Darwinsche Lehre im deutlichen Gegensatz zu der des lamarckistische Vererbung ablehnenden Wallace als Theorienbündel bzw. als reichhaltiges Spektrum von Teiltheoremen, die unterschiedlichen Vorläufern und Gedankensystemen entnommen sind. Eine gewisse Beliebigkeit in der Begründung, auch eine deutlich bemerkbare Vagheit ist die Konsequenz. Diese Vagheit wird besonders deutlich beim Umgang Darwins mit dem Artbegriff.

Es ist charakteristisch, dass Darwin zwar sein Hauptwerk mit dem Titel „The Origin of Species...." vorstellt, in seinem ganzen Werk aber kein konsistentes, mit den heutigen vergleichbares Artenkonzept entwickelt, so dass weitgehend offen bleibt, ob der Wandel nun Arten in ihrer Gesamtheit oder nur Teile davon betrifft und wenn Teile, wie die Loslösung neuer Arten, von Tochterarten, von der Stammart vor sich gehen soll. Da Darwin offenbar von der Annahme ausging, dass das Entstehen neuer Arten auch ohne, ja vor allem ohne Isolation von der Stammart möglich du die Regel sei, war der Grundstein nicht nur zu späteren Missverständnissen, sondern auch zu durchaus berechtigter Kritik gelegt.

Viel „darwinistischer" (im heutigen Sinne) als Darwin erweisen sich seine Nachfolger und Epigonen.

Geradezu als Propagandist Darwinscher Ideen wird Thomas Henry Huxley (1825-1895) tätig. Bei ihm allerdings steht der Nachweis für die Tatsache der stammesgeschichtlichen Entwicklung im Vordergrund, weniger deren Mechanismen.

In Deutschland sind es Carl Gegenbaur (1826-1903), Ernst Haeckel (1834-1919) und August Weismann (1834-1914), die, jeweils verbunden mit eigenen theoretischen Prämissen und Interessensschwerpunkten, vor allem aber auch unter Betonung unterschiedlicher Aspekte einem Evolutionsdenken zum Durchbruch verhelfen, das von allgemein als Darwinismus bezeichnet wird, wobei diese Bezeichnung aber gerade bei Haeckel (der die lamarckistischen Elemente übernimmt) sehr weit gefasst ist und, wie Haeckel sinngemäß auch schreibt, Fortschrittentwicklung generell bezeichnet.

A. R. Wallace (1823-1913)

Wie bereits dargelegt, spielt der zweite Schöpfer der adaptationistischen Evolutionstheorie, A. R. Wallace (1823-1913) in der Literatur bei weitem keine so bedeutende Rolle wie Darwin.

Wallace war wie Darwin weitgehend Autodidakt, aber durch seine nationale (Waliser) und soziale Herkunft sowie als weltanschaulicher Außenseiter nicht geeignet, in der Scientific community der damaligen Zeit zu reüssieren. Dies führte dazu, dass er in der wissenschaftshistorischen Literatur meist nur am Rande und immer im Schatten von Charles Darwin erwähnt oder überhaupt ignoriert wird.

Er widmete sich lange Zeit faunistischen Studien im indonesisch-australischen Raum. Die sog. Wallace-Linie, die die südostasiatische von der australischen Tierwelt trennt, geht auf ihn zurück, ebenso die Einteilung der verschiedenen Faunenprovinzen.

Neben solch handgreiflich-konkreten Studien galt sein Interesse theoretischen Fragestellungen, die ihn und nicht Charles Darwin zum eigentliche Begründer des Selektionismus machen sollten.

Wallace empfing seine ersten Anregungen zur gedanklichen Beschäftigung mit dem Evolutions- und Speciesproblem durch Pictet, der in einem mehrbändigen Werk über Fossilien Material zusammengetragen hatte, das eine graduellen Annäherung vergangener, ausgestorbener Faunen an heutige nahelegte. Zusätzlich war er durch Lyell beeinflusst und übernahm vieles von dessen Sicht der geologischen Verhältnisse und Veränderungen als Ursachen des Überlebens und Aussterbens.

Schon 1855, also drei Jahre vor Fertigstellung seines berühmten Ternate-Mauskripts und dem berühmten Vortrag vor der Linnean Society in London veröffentlichte Wallace eine kurze Arbeit „On the Law that has Regulated the Introduction of New Species". Dies ist vor allem im Hinblick auf die neu aufgenommene Prioritätsdebatte (Glaubrecht 2002) von Interesse. Wird doch in Anlehnung an Darwins autobiographische Schriften (Darwin 1892) behauptet, Darwin wäre schon 1856 von Lyell gedrängt worden, sein Werk über die „Entstehung der Arten..." abzuschließen, hätte aber erst nach Erhalt von Wallaces Manuskript den ernst der Lage erkannt. Immerhin nimmt Wallace den Grundsatz des Artenwandels bereits vorweg, wenn er 1855in seiner Arbeit „On the Law that has Regulated the Introduction of New Species" schreibt:

„Die Phänomene der geologischen Verbreitung sind genau denen der geographischen analog. Nah' verwandte Arten werden in denselben Schichten vereint gefunden, und die Veränderung von Art zu Art scheint in der Zeit ebenso stufenweise stattgehabt zu haben, wie im *Raume*. Die Geologie liefert uns jedoch den positiven Beweis von dem Aussterben und dem Entstehen von Arten, wenn sie uns auch nicht darüber unterrichtet, auf welche Weise beides stattfand. Allein das Aussterben von Arten bietet nur geringe Schwierigkeit und der Modus operandi ist von *Sir Charles Lyell* in seinen bewunderungswürdigen „„Principles" vortrefflich erläutert worden. Geologische Veränderungen, und seien sie noch so allmählige, müssen gelegentlich die äusseren Verhältnisse bis zu einem solchen Grade modificirt haben, dass sie die Existenz gewisser Arten unmöglich machten. Das Erlöschen wird in den meisten Fällen durch ein allmähliges Aussterben bewirkt worden sein, aber in einigen Fällen kann wohl eine plötzliche Zerstörung einer Art von begrenzter Verbreitung Platz gegriffen haben. Zu entdecken, wie die ausgestorbenen Arten von Zeit zu Zeit durch neue ersetzt wurden, bis hinunter zu den allerspätesten geologischen Perioden, das ist das schwierigste aber zugleich das interessanteste Problem der Naturgeschichte der Erde. Die vorliegende Untersuchung, welche aus bekannten Thatsachen ein Gesetz zu abstrahiren sucht, dessen Herrschaft bis zu einem gewissen Grade bestimmen musste, welche Arten zu einer gegebenen Zeit erscheinen konnten und erschienen, wird, so hoffe ich, als ein Schritt in gerader Richtung hin zur vollkommenen Lösung des Problems betrachtet werden." (Wallace 1855, zit. n. Wallace 1870, s. 15/16, deutsch von xxx).

Wallace kommt nach eingehenden Betrachtungen der Belege für seine Annahme eines Wandels der Arten zu dem Schluss, dass

„eine jede Art sowohl dem Raume als auch der Zeit nach zugleich mit einer vorherexistierenden nah' verwandten Art in die Erscheinung getreten ist" (Wallace 1855, zit. n. Wallace 1870, s. 15/16, deutsch),

dass also Arten nur durch Wandel auseinander hervorgehen können. Er beruft sich hier vor allem, aber nicht ausschließlich auf geologische Befunde. Aus diesem Grund und wegen der weiteren Wallaceschen Veröffentlichungen kann daher der radikalen Interpretation Weingartens (1991), der Wallaces Umweltbegriff ausschließlich durch geologisch-physikalische Gegebenheiten charakterisiert sieht, nicht gefolgt werden.

Im sog. Ternate-Manuskript (1859, deutsch 1870, s. 30 ff) nun legt Wallace eine Theorie des Wandels vor, die sich in einigen Belangen von dem unterscheidet, was Darwin in seinem kurzen Vortrag vor der Linnean Society und später sehr ausführlich im „Orgin of Species..." veröffentlicht.

Hauptpunkt in Wallaces Ausführungen ist die Variabilität innerhalb der Arten, der quasi Gesetzescharakter zukommt. Die Variationen weichen in unterschiedlichem Grade vom sog. „Originaltypus" ab, worunter, wie aus dem Inhalt zu schließen ist, jeweils die Stammform bzw. der Elternorganismus zu verstehen sind.

„Ebenso allgemein jedoch ist der Glaube an das, was „permanente oder echte Varietäten" genannt wird - Racen von Thieren, welche beständig ihres Gleichen erzeugen, aber welche in so leichtem Grade (wenn auch ununterbrochen) von irgend einer anderen Race abweichen, dass die eine als *Varietät* der anderen betrachtet wird.........Welches die *Varietät* und welches die ursprüngliche *Art* ist, das zu bestimmen gibt es im Allgemeinen kein Mittel, ausgenommen in jenen Fällen, in welchen man von der *einen* Race weiss, dass sie einen Abkömmling hervorgebracht hat, welcher ihr selbst unähnlich ist und der *anderen* gleicht. Dieses jedoch könnte ganz unvereinbar mit der „permanenten Unveränderlichkeit der Art" erscheinen; allein die Schwierigkeit wird durch die Annahme gehoben, dass solche Varietäten engen Grenzen unterworfen sind, und nie nochmals weiter von dem Typus abweichen können, es sei denn, dass sie auf ihn zurückfallen, was, nach der Analogie der domesticirten Thiere, als im höchsten Grade wahrscheinlich, wenn nicht mit Sicherheit erwiesen, angesehen wird." (Wallace 1855, zit. n. Wallace 1870, s. 31, deutsch).

Ausgehend von den Domestikationserscheinungen und manchen „Rückfällen" zu den „wilden" Ausgangstypen, die beobachtet werden können, entwickelt Wallace nun ein Konzept, das sich auf „wilde" Tiere und auch Pflanzen anwenden lässt und das über die Ablösung von Stammformen durch geringfügig abgewandelte „Varietäten" zu einem allgemeinen, langsamen aber permanenten Wandlungsprozess führt.

„...es ist der Gegenstand der vorliegenden Abhandlung, zu beweisen...... dass es ein allgemeines Princip in der Natur giebt, welches bewirkt dass viele *Varietäten* die elterliche Species überleben und zu aufeinanderfolgenden Abweichungen Anlass geben, indem sie sich weiter und weiter von dem Originaltypus entfernen, und welches ebenfalls bei den Varietäten der domesticirten Thiere die Tendenz weckt, auf die elterliche Vorm zurückzufallen." (Wallace 1855, zit. n. Wallace 1870, s. 32, deutsch).

Die Lebewesen haben sich nun allgemein dem „Kampf ums Dasein" zu stellen. Wallace begründet dies mit den meist sehr hohen Reproduktionsraten der verschiedenen Pflanzen- und Tierarten, die im Großen und Ganzen konstanten Individuenzahlen gegenüberstehen.

„"...Es leuchtet daher ein, dass in jedem Jahre eine ungeheuere Anzahl von Vögeln umkommen muss - *in der That eben so viele, als geboren werden;* und da nach dem niedrigsten Anschlage die Nachkommenschaft jedes Jahr zweimal so zahlreich ist als die elterliche Bevölkerung, so folgt daraus, dass, was auch immer die Durchschnittszahl der Individuen sein mag, welche in einer gegebenen Gegend existiren, *zweimal soviel jährlich umkommen müssen* -: ein überraschendes Resultat, aber eines, welches zum Mindesten im höchsten Grade wahrscheinlich ist, und welches vielleicht eher unter als über der Wahrheit liegt." (Wallace 1855, zit. n. Wallace 1870, s. 34, deutsch).

Die Individuen, welche „umkommen müssen", sind nun jene, die dem allgemeinen Kampf ums Dasein weniger gut gewachsen sind, als ihre Artgenossen.

„Die Mengen, welche jährlich sterben, müssen ungeheuer sein, und da ein jeder in seiner individuellen Existenz auf sich selbst angewiesen ist, so müssen jene, welche sterben, die schwächsten sein - die sehr jungen, die alten und die kranken - während jene, welche ihr Dasein verlängern, nur die an Gesundheit und Kraft vollkommensten *können* - *jene, welche am* Bèsten befähigt sind, sich regelmäßig Nahrung zu verschaffen und ihren zahlreichen Feinden zu entgehen." (Wallace 1855, zit. n. Wallace 1870, s. 37/38, deutsch).

Der allgemeine Wandel durch die längere Dauer mancher Varietäten und die allmähliche Ablösung der Stammformen beruht auf dem Gesetz der großen Zahl, das es nach Wallace erlaubt, zu regel- oder gesetzhaften Abläufen vorzustoßen.

„Alles, für was wir Gründe anführen, ist das, dass *bestimmte Varietäten eine Tendenz besitzen, ihre Existenz länger als die ursprüngliche Art zu bewahren,* und dass diese Tendenz sich selbst fühlbar machen muss; denn wenn man sich auch auf die Lehre von den Chancen oder Durchschnitten so lange es sich um kleine Zahlen handelt nie verlassen kann, so kommen doch, wenn man sie auf grosse Zahlen anwendet, die Resultate dem, was die Theorie verlangt, näher und werden, wenn wir uns einer unendlichen Anzahl von Beispielen nähern, durchaus genau. Nun ist der Masstab, nach welchem die Natur arbeitet, so ungeheuer - die Anzahl von Individuen und die Perioden, die sie handhabt, nähern sich so sehr der Unendlichkeit, dass irgend eine Ursache, und sei es eine noch so geringe oder sei sie noch so sehr geneigt verdeckt und durch zufällige Umstände geschwächt zu werden, schliesslich ihre vollen gesetzmäßigen Resultate hervorrufen muss. „ (Wallace 1855, zit. n. Wallace 1870, s. 43/44, deutsch).

Überlegene Varietäten bewirken schließlich das gänzliche Aussterben der „ursprünglichen Art", also der Ausgangsform oder des ursprünglichen Typus.

Dieses Prinzip des Kampfes ums Dasein wird nun konsequent auf die Artebene angewendet. Wallace führt das verschieden häufige Vorkommen von Arten auf deren unterschiedlichen Anpassungsgrad zurück. Diese Anpassung wird aber prinzipiell nur als Konsequenz von Variation und Kampf ums Dasein, verbunden mit rigoroser Auslese der Lebentüchtigsten gesehen. Im Unterschied zu Darwin lehnt Wallace lamarckistische Begründungen (im Sinne der Vererbung erworbener Eigenschaften) ab.

„Die Hypothese von *Lamarck* - dass die fortschreitenden Veränderungen der Art durch die Versuche der Thiere, die Entwickelung ihrer eigenen Organe zu vermehren, und so ihre Structur und ihre Gewohnheiten zu modificiren hervorgerufen worden sind - ist wiederholt und leicht von mehreren Schriftstellern über den Varietät- und Art-Begriff zurückgewiesen worden, und es scheint, dass man die Sache so betrachtet hat, als sei, wenn dies geschehen, die ganze Frage endgültig erledigt; aber die hier entwickelte Ansicht macht eine solche Hypothese ganz überflüssig, indem sie zeigt, dass ähnliche Resultate durch die Thätigkeit von Principien, welche in der Natur beständig an der Arbeit sind, hervorgerufen werden müssen." (Wallace 1859, zit. n. Wallace 1870, s. 47, deutsch).

Was Wallace also im Unterschied zu Darwin besonders kennzeichnet, ist eine strikt durchgehaltene Ablehnung jeder Art von Kompromiss mit Lamarckistischen Vorstellungen. Damit nähert sich Wallace bereits wesentlich stärker an jene Richtung der Evolutionsbiologie an, die schließlich, unter Verwerfung einiger von Darwin (und auch Spencer, mit dem Weismann in eine Debatte eintritt) vertretener Hypothesen, vor allem der Vererbung erworbener Merkmale, durch Weismann begründet werden sollte.

Eine Gemeinsamkeit mit Darwin kann aber in der besonderen Organismussicht gefunden werden.

Wie bei Darwin wurde durch Wallace der Natur der Organismen nicht weiter nachgespürt. Auch er erfasste Lebewesen naturalistisch, von ihrer Merkmalstruktur her.

Durch die Betonung der geologischen Sicht aber war noch eine Beziehung zu kausalen Sichtweisen gegeben, die es auch erlaubte, Lebewesen in einen allgemeinen naturwissenschaftlichen Kontext zu stellen und damit auch eine theoretische Erfassung ermöglicht hätte.

Allerdings wurde, wohl auch infolge der besonderen Biographie von Wallace (Riess 1993), dieser mögliche Gedankenstrang nicht weiter verfolgt.

Mit Darwin verband Wallace vor allem ein intensives Studium der Schriften von Malthus, von denen v. a. die Idee der Externauslese übernommen wurde.

„The most interesting coincidence in the matter, I think, is, that I, as *well as Darwin*, was led to the theory itself through Malthus – in my case it was his elaborate account of the action of „preventive checks" in keeping down the population of savage races to a tolerable fixed but scanty number." (Wallace 1887, aus „an Autobiography of Ch. Darwin (1892), s. 200)

Ohne die schon bei Malthus vorgestellten Basistheoreme ist eigentlich der durch ihn und Darwin begründete Selektionismus undenkbar, denn sie lieferten das theoretische Rüstzeug zu ihrer Erarbeitung .

Edward Blyth (1810 – 1873)

Wesentliche Gedanken, die später in der Diskussion um Darwins und Wallaces Theorien eine Rolle spielen sollten, finden sich bereits bei Edward Blyth vorgebildet (s. auch Eiseley 1979). Blyth, der von religiösen Motiven bestimmt war und bei der Entwicklung der Lebewesen auch außernatürliche Kräfte am Werk sah, versuchte dennoch Interpretationen, die durchaus dem wissenschaftlichen Entwicklungsstand seiner Zeit entsprachen und sich vor allem in die Denkweisen Englands des frühen 18. Jahrhunderts einfügten. Er veröffentlichte zwischen 1835 und 1837 in der in London herausgegebenen Zeitschrift „The Magazine of Natural History" in London mehrere Arbeiten über „Variationenbildung bei Tieren", „saisonale und andere Abwandlungen bei Vögeln" und „Psychologische Unterschiede zwischen Menschen und anderen Tieren". Das Augenmerk Blyths war in diesen Arbeiten auf folgende Punkte konzentriert:

Variationenbildung und ihre Ursachen
Variation durch Züchtung

Typus und Abweichungen
Standortanpassung
Auslese

Blyth (1835) unterscheidet zwischen „simple variations, acquired variations, breeds, and true varieties", wobei er unter ersteren Variationen versteht, die sich nur graduell von „wahren Variationen unterscheiden sollen, also vor allem Farb- und andere Variataionen.
Bei der Variationenbildung sah Blyth einen direkten Einfluss der Umgebung und der Lebensbedingungen, der auch verschiedene Eigenschaften formen sollte. Durch solche Einflüsse entstehen die „acquired variations". Blyth schreibt:

„The Iceland breed of sheep, which feeds on the nutritious lichens of that island, is of large size; and, like the other ruminant animals which subsist on similar food, is remarkable for an extraordinary development of horns. Another example of *acquired variation*, dependent solely on the supply of nutriment, may be observed in the deciduous horns of the deer family, which are well known to be large or small according to the quality of their food. That *temperature* also does exert an influence greater or less, according to the species of animal, is very evidently shown in the case of the donkey, of which there are no breeds, nor true varieties, and but very few simple variations [VII, 590]: this animal is every where found large or small, according to the climate it inhabits.[4]
The influence of particular *sorts* of food may be exemplified by the well-known property of madder *(Rubia tinctorum)*, which colors the secretions, and tinges even the bones of the animals which feed on it of a blood-red color. and, as another familiar instance, may be cited the fact, equally well known, of bullfinches, and one or two other small birds, becoming wholly black when fed entirely on hempseed. I have known, however, this change to take place in a bird (the small aberdevatt finch, so common in the shops), which had been wholly fed on canary seed; yet this by no means invalidates the fact, so often observed, of its being very frequently brought about by the direct influence of the former diet. In several instances which have fallen under my own observation, feeding only on hempseed has invariably superinduced the change." (zit. aus Bradbury 2000, Appendix, s. 2/3).

Besonders typische Beispiele für „acquired variations" sollen unter den Bedingungen der Domestikation entstehen.

„The most remarkable of acquired variations are those brought about in animals in a state of confinement or domestication: in which case an animal is supplied regularly with abundance of very nutritious, though often unnatural, food, without the trouble and exertion of having to seek for it, and it becomes, in consequence, bulky and lazy, and in a few generations often very large; while the muscles of the organs of locomotion, from being but little called into action, become rigid and comparatively powerless, or are not developed to their full size. The common domestic breeds of the rabbit, ferret, guinea-pig, turkey, goose, and duck, are thus probably only acquired variations, which, from the causes above-mentioned, have in the course of generations, become much larger and heavier (excepting, however, in the case of the turkey) than their wild prototypes, and less fitted for locomotion; but which, if turned loose into their natural haunts, would most probably return, in a very few generations, to the form, size, and degree of locomotive ability proper to the species when naturally conditioned." (zit aus Bradbury 2000, Appendix, s. 3).

Größtes Gewicht vor allem als Beispiel für die Mechanismen der Variationenbildung wird der Züchtung beigemessen, die Blyth ausdrücklich erwähnt:

„*Breeds* are my third class of varieties; and though these may possibly be sometimes formed by accidental isolation in a state of nature, yet they are, for the most part, artificially brought about by the direct agency of *man*.[7] It is a general law of nature for all creatures to propagate the like of themselves: and this extends even to the most trivial minutiae, to the slightest individual peculiarities; and thus, among ourselves, we see a family likeness transmitted from generation to generation." (zit aus Bradbury 2000, Appendix, s. 3).

Durch Absonderung können Eigenschaften verstärkt und eine größere Abweichung vom Originaltyp bewirkt werden:

„When two animals are matched together, each remarkable for a certain given peculiarity, no matter how trivial, there is also a decided tendency in nature for that peculiarity to *increase*; and if the produce of these animals be set apart, and only those in which the same peculiarity is most apparent, be selected to breed from, the next generation will possess it in a still *more* remarkable degree; and so on, till at length the variety I designate a *breed*, is formed, which may be very unlike the original type." (zit aus Bradbury 2000, Appendix, s. 3).

Auslese führt aber auch immer zu einer Aussonderung jene Indivduen aus dem Reproduktionsprozess, die den Umweltbedingungen, unter denen sie leben, nicht oder ungenügend gewachsen sind. In diesem Zusammenhang taucht schon bei Blyth der Terminus „struggle for existence" auf.. Blyth meint, dass jeweils der Wildtyp einer Art auch der Lebensweise unter „natürlichen Bedingungen" am bestengerecht wird.

„The original form of a species is *unquestionably* better adapted to its *natural* habits than any modification of that form; and, as the sexual passions excite to rivalry and conflict, and the stronger must always prevail over the weaker, the latter, in a state of nature, is allowed but few opportunities of continuing its race. In a large herd of cattle, the strongest bull drives from him all the younger and weaker individuals of his own sex, and remains sole master of the herd; so that all the young which are produced must have had their origin from one which possessed the maximum of power and physical strength; and which, consequently, in the struggle for existence, was the best able to maintain his ground, and defend himself from every enemy.." (zit aus Bradbury 2000, Appendix, s. 3).

Diesem Kampf um ihre Existenz werden die für ihr Leben bestgerüsteten Individuen am ehesten gerecht, was sich wiederum in einer größeren Anzahl von Nachkommen auswirkt. Von dieser Sicht spannt nun Blyth den Bogen zurück zur menschlichen Züchterpraxis, die also schon bei ihm mit den Abläufen in der Natur weitgehend gleichgesetzt werden.

„In like manner, among animals which procure their food by means of their agility, strength, or delicacy of sense, the one best organized must always obtain the greatest quantity; and must, therefore, become physically the strongest, and be thus enabled, by routing its opponents, to transmit its superior qualities to a greater number of offspring. The same law, therefore, which was intended by Providence to keep up the typical qualities of a species, can be easily converted by man into a means of raising different varieties; but it is also clear that, if man did not keep up these breeds by regulating the sexual intercourse, they would all naturally soon revert to the original type. Farther, it is only on this principle that we can satisfactorily account for the degenerating effects said to be produced by the muchcensured practice of „breeding in and in." (zit aus Bradbury 2000, Appendix, s. 4).

Aufrechterhalten wird die Lebensfähigkeit und –tüchtigkeit der Organismen durch die Stärksten, welche dann an die nächste Generation auch ihre Eigenschaften weitergeben, während alle anderen an den Rand gedrängt werden. Dafür wird direkt die Auslese, indirekt aber auch eine weise Vorsehung verantwortlich gemacht.

„Still, however, it may not be impertinent to remark here, that, as in the brute creation, by a wise provision, the typical characters of a species are, in a state of nature, preserved by those individuals chiefly propagating, whose organisation is the most perfect, and which, consequently, by their superior energy and physical powers, are enabled to vanquish and drive away the weak and sickly, so in the human race degeneration is, in great measure, prevented by the innate and natural preference which, and this is the principal and is always given to the most comely main reason why the varieties which are produced in savage tribes, must generally either become extinct in the first generation, or, if propagated, would most likely be left to themselves, and so become the origin of a new race; and in this we see an adequate cause for the obscurity in which the origin of different races is involved." (zit aus Bradbury 2000, Appendix, s. 6).

Im Weiteren spielt Blyth offen auf das Anpassungsproblem an und postuliert eine allgemeine Form von Tauglichkeit unter bestimmten Lebensumständen, die aber indirekt nicht mechanistisch, sondern gemäß seiner weltanschaulichen Einstellung, die, wie bereits erwähnt, durchaus in seine Zeit passt, letztlich durch eine „Erste Ursache" bewirkt ist.

„There has been, strangely enough, a difference of opinion among naturalists, as to whether these seasonal changes of colour were intended by Providence as an adaptation to change of temperature, or as a means of preserving the various species from the observation of their foes, by adapting their hues to the colour of the surface; against which latter opinion it has been plausibly enough argued, that „nature provides for the preyer as well as for the prey." The fact is, they answer *both* purposes; and they are among those striking instances of *design*, which so clearly and forcibly attest the existence of an omniscient great First Cause." (zit aus Bradbury 2000, Appendix, s. 7).

Die präzise Einpassung in bestimmte Umweltbedingungen ist aber nun, entsprechend Blyths Teil eines universalen Schöpfungsplans, in dem jede Art in ein „natürliches System" eingepasst ist. Diese Einpassung bezeichnet Blyth als adaptives System, während spezielle Modifikationen, die dann noch zu Aufdifferenzierungen innerhalb der Art führt, als physiologisches System bezeichnet werden.

Eine Veränderung der Lebensbedingungen hat nach Blyth unweigerlich auch das Verschwinden einer auf solche Weise eingepassten Art zur Folge. Er schreibt 1836/37:

„The true physiological system is evidently one of irregular and indefinite *radiation*, and of reiterate divergence and ramification from a varying number of successively subordinate typical plans; often modified in the extremes, till the general aspect has become entirely changed, but still retaining, to the very ultimate limits, certain fixed and constant distinctive characters, by which the true affinities of species may be always known; the modifications of each successive type being always in direct relation to particular localities, or to peculiar modes of procuring sustenance; in short, to the particular circumstances under which a species was appointed to exist in the locality which it indigenously inhabits, where alone its presence forms part of the grand system of the universe, and tends to preserve the balance of organic being, and, removed whence (as is somewhere well remarked by Mudie), a plant or animal is little else than a „disjointed fragment." (zit aus Bradbury 2000, Appendix, s. 16).

Anpassung selber setzt ein Abweichen von einem mehr generellen Typ voraus, wobei aber Blyth noch nicht die Konsequenz zieht, den Anpassungsvorgang selber mechanistisch zu interpretieren, wie dies nach ihm Wallace und Darwin taten.

„All of these graduate, through a series of species, into almost every form referable to their respective groups; and such must necessarily be the case with the more characteristic examples of every general plan of structure, of whatever value. Typical forms, in fact, as a leading rule, are merely those examples of each plan which are the least bound, as a matter of necessity, to particular localities; and we accordingly find them (I mean the *forms*, rather than species) to be of comparatively general distribution; whereas the more one of these plans is modified to suit any particular purpose, the more completely it is adapted to any peculiar sort of locality or mode of life: the *adaptation*, of course, implies a receding from the general, or central, type; and the species may therefore, in technical language, be termed *aberrant*, even though its deviation be a farther development of characters peculiar to its group." (zit aus Bradbury 2000, Appendix, s. 18).

Wenn Blyth nun auch die letzte Konsequenz aus seinem Denken nicht zog und nicht ausdrücklich ein Theorie des organismischen Wandels bzw. des Artenwandels formulierte, muss doch festgehalten werden, dass in seinen Abhandlungen wesentliche Gedanken auftauchen, die später durch Wallace und Darwin wieder formuliert wurden und in deren Theorien eingingen.

Dass Darwin diese Aufsätze nicht bekannt gewesen sein sollen oder keinen Einfluss auf sein Denken hatten, wie dies z. B. Mayr (1984) behauptet, ist eher unwahr-scheinlich (Eiseley 1979, Bradbury 2000).

Herbert Spencer (1820-1903)

Einer der wichtigsten Theoretiker, vor allem was die Begriffsbildung in der Evolutionsdebatte betrifft, war Herbert Spencer. Spencer stand von seinen philosophischen Grundpositionen her in der Tradition von August Comte und J. St. Mill (1806-1873).

Deren Positivismus hatte vor allem die Entwicklung der empirischen Wissenschaften zum Ziel. Philosophie resultiert dann nach ihren Intentionen aus eben den empirischen Wissenschaften.

Comte postuliert eine Rangordnung der empirischen Wissenschaften, nämlich mit der Mathematik an der Spitze, den dann die Astronomie, Physik, Chemie, Biologie und Soziologie folgen. Er unterscheidet in seiner Philosophie drei Zeitalter der geistigen Entwicklung der Menschheit, nämlich eine theologische, eine metaphysische Stufe und eine Stufe der positiven Wissenschaft.

Philosophie bedeutet für die Positivisten das Ordnen der Wissenschaft im Hinblick auf eine Verbesserung des menschlichen Lebens. In die englische positivistische Philosophie gehen sowohl der Materialismus (Hobbes) als auch der Senusalismus (Locke), der Utilitarismus (Bentham) und der Skeptizismus (Hume) ein. Mill hatte in seinen erkenntnistheoretischen Arbeiten die Psychologie zur Grundlage genommen und Spencer erweiterte schließlich diesen Ansatz zu einer biologisch-evolutionären Erkenntnistheorie, die im 20. Jahrhundert, wenn auch mit darwinistischen Begründungen, mehrere prominente Vertreter finden sollte.

Spencer war von Ideen deutscher Philosophen, namentlich von Schelling, beeinflusst, von dem er vor allem seine Sicht einer produktiven Natur übernahm. Weiters hatte er sich auch mit Veröffentlichungen deutscher Biologen, vor allem mit den Arbeiten K. E. v. Baers befasst, dessen intentionales Weltbild von einem allmählichen Fortschritt Übereinstimmungen mit Spencers positivistischen Vorgaben aufwies.

1852 erscheint in London Spencers „Theory of population deduced from the general law of animal fertility." In diesem Werk gebraucht Spencer die Begriffe „survival of the fittest" und „struggle for existence". Auch der Terminus „Evolution" taucht hier bereits lange vor Darwins Werken auf, doch meint Spencer damit, im Anschluss an Schelling und Herder, ursprünglich ein geistiges Fortschreiten bzw. Entfalten der Menschheit.

Ebenfalls 1852 erscheint „The Development Hypothesis", 1855 „Prinzipien der Psychologie", 1857 „Fortschritt, sein Gesetz und seine Ursachen", 1862 „Die ersten Prinzipien" und „The Principles of Biology" sowie 1866 „Die Abstammung der Arten"

Das Umfassende Werk Spencers, das vor allem die Naturwissenschaften, aber auch die Psychologie und Gesellschaftswissenschaften zum Inhalt hat, ist von für ihn und seine positivistische Grundeinstellung charakteristischen Grundpostulaten gekennzeichnet:

Seine „ersten Prinzipien" sind :

Relativität der Erkenntnis
Denken nur in BeziehungenRhythmizität der Natur

Die Natur verändert sich und folgt einem allgemeinen Entwicklungsgesetz, das folgende Hauptpunkte umfasst:

Entwicklung vom unbestimmten, zusammenhanglosen Homogenen zum bestimmten, zusammenhangsvollen Heterogenen
Integration von Teilen zu gegenseitiger Abhängigkeit
schützendes Geflecht von Beziehungen
Gesetz der Absonderung: Absonderung von homogenem Ganzen führt durch unterschiedliche Umwelten zu abweichenden Produkten (z. B. Menschengruppen)
Allgemeine Entwicklung zum Gleichgewicht und zur Desintegration als Endzustand

Für die Biologie stellt Spencer folgende Grundsätze auf:

Leben ist nicht restlos in physikalischen und chemischen Gesetzen fassbar (Gegensatz zu anderen Aussagen über Reduzierbarkeit)
Die Fruchtbarkeit ist an Umweltbedingungen angepasst
Teilungsvorgänge bewahren bestimmte Oberflächen-Volumsrelationen
Das Wachstum ist umgekehrt proportional dem Grad der Energieverausgabung
Die Fortpflanzung ist dem Grad des Wachsens proportional
Neolamarckismus: Organismen können sich an Umweltgegebenheiten anpassen
So erworbene Merkmale können weitervererbt werden

Bei Spencer findet sich wie bei Darwin und Wallace, ein Bezug auf Malthus: Für ihn ist aber der Druck des Bevölkerungswachstums vor allem die Ursache des Fortschritts. Die Psychologie verbindet er mit der Biologie und postuliert:

Entstehung von Nerven aus Bindegewebe
Entstehung von Instinkten aus Verknüpfung von Reflexen

Geistige Kategorien als Gattungserfahrungen (Vorläufer der Evolutionären Erkenntnistheorie).

Wie Schelling versucht Spencer eine allgemeine Einheit alles Seienden zu begründen und sieht in materiellen Erscheinungen den für den Menschen am leichtesten erfassbaren Ausdruck dieser Einheit.
Evolution wird ihm so nach Frischeisen-Köhler (1925, s. 559/560) zu einer

„Integration von Materie, während welcher die Materie von einer unbestimmten unzusammenhängenden Gleichartigkeit zu einer bestimmmten zusammenhängenden Ungleichartigkeit übergeht ..."

Im Unterschied zu Schelling kann aber für Spencer die Entwicklung der Welt und der organischen Strukturen nur als eine Art Umaggregieren aufgefasst werden. Spencer rekurriert als mit der biologischen Theorienbildung seiner Zeit vertrauter Denker folgerichtig auf den Anpassungsaspekt der Lamarckschen Lehre, die ja neben den Ansichten Geoffroys die einzige konsistente Theorie der organischen Entwicklung bot. Er schreibt 1852 in „The development hypothesis", die vorerst anonym in London erscheint:

„Those who cavalierly reject the Theory of Evolution as not being adequately supported by facts seem to forget that their own theory is supported by no facts at all. Like the majority of men who are born to a given belief, they demand the most rigorous proof of any adverse belief, but assume that their own needs none. Here we find, scattered over the globe, vegetable and animal organisms numbering, of the one kind (according to Humboldt), some 320,000 species, and of the other, some 2,000,000 species (see Carpenter) and if to these we add the numbers of animal and vegetable species which have become extinct, we may safely estimate the number of species that have existed, and are existing, on the Earth, at not less than ten millions. Well, which is the most rational theory about these ten millions of species? Is it most likely that there have been ten millions of special creations? Or is it most likely that, by continual modifications due to change of circumstances, ten millions of varieties have been produced, as varieties are being produced still?
Doubtless many will reply that they can more easily conceive ten millions of special creations to have taken place, than they can conceive that ten millions of varieties have arisen by successive modifications. All such, however, will find, on inquiry, that they are under an illusion." (Spencer 1852, zit. aus http://65.107.211.206/science/science_texts/spencer_dev_hypothesis.html, S.1).

In „The principles of Biology" setzt sich Spencer mit den verschiedenen Mechanismen der Arterhaltung auseinander:. Er postuliert eine enge Beziehung zwischen Anpassung an die Lebensbedingungen und Fertilität, die wiederum über das Überleben oder Aussterben von Arten entscheidet.

„If organisms have been evolved, their respective powers of mitiplication must have been determined by natural causes. Grant that the countless specialities of structure and function in plants and animals, have arisen from the actions and reactions between them and their environments, continued from generation to generation; and it follows that from these actions and re-actions have also arisen those countless degrees of fertility which we sec among them. As in all other respects an adaptation of each species to its conditions of existence is directly or indirectly brought about; so must there be directly or indirectly brought about an adaptation of its reproductive activity to its conditions of existence.
We may expect to find, too, that permanent and temporary differences of fertility have the same general interpretation. If the small variations of structure and function that arise within the limits

of each species are due to actions like those which, by their long-accumulating effects, have produced the immense contrasts between the various types; we may conclude that, similarly, the actions to which changes in the rate of multiplication of each species are due, also produce, in great periods of time, the enormous differences between the rates of multiplication of different species." (Spencer 1862, S. 411/412).

Aus einem reichen Fundus an Detailwissen schöpfend umreißt Spencer dann verschiedene Modi der organismischen Anpassung:

„There are both active and passive adaptations by which organisms are enabled to survive adverse influences. Plants show us but few active adaptations: That of the Pitcher plant and these of the reproductive parts of some flowers (which do not, however, conduce to self-preservation) are exceptional instances. But plants have various passive adaptations; as thorns, stinging hairs, poisoneus and acrid juices, repugnant odours, and the woolliness or toughness that makes their leaves uneatable. Animals exhibit far mere numerous adjustments, both passive and active. In some cases they survive desiccation, they hibernate, they acquire thicker clothing, and so are fitted to bear unfavourable inorganic actions; and they are in many cases fitted passively to meet the adverse actions of other organisms, by bearing spines or armour or shells, by simulating neighbouring objects in colour or form or both, by emitting disagreeable odours, or by having disgusting tastes. In still mere numerous ways they actively contend with unfavourable conditions." (Spencer 1862, S. 414/415).

Fast modern mutet Spencers Exkurs zu verschiedenen „Fortpflanzungsstrategien" an, die bis heute die Literatur dominieren:

„The second process by which extinction is prevented - the formation of new individuals to replace the individuals destroyed - is carried on, as described in the chapter on "Genesis ", by two methods, the sexual and the asexual. Plants multiply by spontaneous fission, by germination, by proliferation, and by the evolution of young ones from detached cells and seales and leaves; and they also multiply by the casting oft of spores and sporangia and seeds. In like manner among animals, there are varied kinds of agamogenesis, from spontaneous fission up to parthenogenesis, all of them conducing to rapid increase of numbers; and we have the more familiar process of gamogenesis, also carried on in a great variety of ways. This formation of new individuals to replace the old, is, however, inadequately conceived if we contemplate only the number born or detached on each occasion. There are tour factors, all variable, on which the rate of multiplication depends. The first is the age at which reproduction commences; the second is the frequency with which breeds are produced; the third is the number contained in each breed; and the fourth is the length of time during which the bringing forth of breeds continues." (Spencer 1862, S. 415).

Unter Betonung dieses Anpassungsaspekts entwickelte er eine Erkenntnistheorie, die apriorische Wahrheiten als ererbte Gattungserfahrungen vorstellt. Er bezeichnet sie als „umgestalteten Realismus". Bei Frischeisen-Köhler (1925) wird dies, mit Seitenblick auf den von Spencer vertretenen Empirismus folgendermaßen dargestellt:

„Aus dem großen enzyklopädischen, neun Bände umfassenden System, das S p e n c e r mit erstaunlicher Geduld und mit einem noch erstaunlicheren Fleiß (später mit Hilfe eines ganzen Stabes von Sekretären, die die „Tatsachen" exzerpieren mußten) zusammenstellte, mögen hier nur zwei Punkte hervorgehoben werden, durch welche er den Millschen Empirismus und Radikalismus zu überwinden glaubte. Denn im Licht der Evolution betrachtet, lassen sich sämtliche apriorische Wahrheiten als vererbte Gattungserfahrungen auffassen, und insofern hat doch der Empirismus für die Gattung, die intuitive Schule für das Individuum recht. Eben darum legte S p e n c e r ein so hohes Gewicht auf die Lehre von der Vererbung erworbener Eigenschaften, die er in einem denkwürdigen Streit gegen den Neodarwinisten August Weismann zu verteidigen suchte." (Frischeisen-Köhler 1925, S. 560).

Gegen August Weismann verfasst Spencer ein sehr kritisches Werk mit dem Titel „The inadequancy of natural selection (1892)", das von diesem, der sowohl Moriz Wagner als auch Spencer als Vertreter von seinen neodarwinistischen widersprechenden Ansätzen, ablehnt, 1893 mit der Arbeit über „Die Allmacht der Naturzüchtung" beantwortet wird.

Moriz Wagner (1813-1887)

Moriz Wagner ist weitgehend der Vergessenheit anheimgefallen, obwohl er zu seiner Zeit zu den radikalsten und scharfsinnigsten Kritikern und Kontrahenten Charles Darwins gehörte und auch in eine heftig geführte Auseinandersetzung mit August Weismann verwickelt war.

Sein Neffe gleichen Namens, der seine wichtigsten Schriften 1888 neu herausgab, teilte das Werk Wagners in drei Perioden ein, die durch unterschiedliche Gewichtungen geprägt sind:

1868-1870 Migrationsgesetz als Ergänzung der Darwinschen Zuchtwahllehre
1870-1875 Kritik der Darwinschen Zuchtwahllehre, der die Separationstheorie gegenübergestellt wird, Verteidigung der Lamarckschen Deszendenztheorie
1875-1887 Präzisierung der Theorie und Zusammenfassung in 21 Thesen, Replik auf Leopold von Buch

1868 stellt Wagner erstmals eine spezielle Theorie der Artentstehung und des stammesgeschichtlichen Wandels vor, die er als „Migrationstheorie" bezeichnet. Wagner beruft sich in seinem Werk mehrmals ausdrücklich auf Leopold von Buch, der in seiner Beschreibung der Kanarischen Inseln (v. Buch 1825) die Entstehung von Varietäten durch Wanderung und besondere Lebenserfordernisse in neu erschlossenen Lebensräumen zu begründen suchte.

Er weiß sich in dieser Periode noch weitgehend eins mit Darwin, dessen Tranmustationslehre er seine eigene, vorerst als eine Art klärender Ergänzung und Begründung, anzufügen glaubt.

Wagner konzentriert sich in seiner Argumentation auf die zentrale Aussage des Frühdarwinismus, nämlich dass Arten sich von sich aus, auch in ihrem Gesamtbestand, durch zufällige oder umweltinduzierte Veränderung sowie durch Gebrauch und Nichtgebrauch von Organen („lamarckistische" Anpassung) sowie Selektion der Bestangepassten Individuen wandeln könnten.

Dieser Ansicht setzt er nach ausgedehnten Reisen viele eigene Beobachtungen sowie pflanzen- und tiergeographische Fakten entgegen, die zeigen, dass gerade nah verwandte Arten fast immer durch praktisch unüberwindliche Barrieren getrennt sind.

Wagner zieht daraus den Schluss, dass solche Barrieren nötig sind, um überhaupt die Entstehung neuer Arten aus Stammarten, von denen sie sich unterscheiden, zu ermöglichen und stellt der Darwinschen Sicht die These entgegen, dass Veränderungen praktisch nie im Hauptbestand einer Art vor sich gehen würden, da bei diesem alle sich

abzeichnenden Differenzierungen durch Neuvermischungen immer wieder aufgehoben würden.
Die Veränderungen erfolgen nach Wagner nur in vom Gros der Individuen abgetrennten Teilen der Arten, die meist wenige Individuen umfassen. Diese Teile unterscheiden sich zumeist von der Masse der Artangehörigen und wenn sie isoliert werden, etwa durch Besiedelung neuer Lebensräume, dann könnten sie von der Hauptmenge unterscheidende Merkmale durch Inzucht sowie durch auch von Wagner durchaus im Darwinschen Sinne neolamarckistisch verstandene Anpassung ihre gesonderten Merkmale verstärken. Vor allem durch die Ausbildung von Kreuzungsbarrieren gegenüber der Stammart käme es zu einer immer stärkeren Auseinanderentwicklung, bis einerseits die Wiedervermischung aus biologischen Gründen nicht mehr möglich sei und andererseits bei der Tochterart durch Vermehrung ebenfalls ein stabiler, die Veränderung unmöglich machender Zustand erreicht sei.

„Die Bildung einer wirklichen Varietät, welche Herr Darwin bekanntlich als „beginnende Art" betrachtet, wird der Natur nur da gelingen, wo wenige Individuen die begrenzenden Schranken ihres Standortes überschreitend sich von ihren Artgenossen auf lange Zeit räumlich absondern können. Die Einwanderung auf ein neues Gebiet, wo eine Art zum ersten Male auftritt, wird stets eine gewisse Summe von Veränderungen in den Lebensbedingungen mit sich bringen, namentlich in Bezug auf Quantität und Qualität der Nahrung. Darwin legt in seiner neuesten inhaltreichen Schrift über „das Variiren der Tiere und Pflanzen im Zustand der Domestication" auf den Einfluss der Ernährung mit Recht ein sehr grosses Gewicht. Bei reicherer Nahrung, welche stets den Anstoss zu manchen inneren physiologischen Veränderungen des Organismus geben muss, werden die Tiere zugleich verhindert, sich soviel Bewegung wie früher zu machen. Nichtgebrauch einzelner Körperteile wird diese dann reduzieren. Korrelation des Wachstums verknüpft die Organisation so, dass, wenn ein Körperteil variirt, andere Teile gleichfalls variiren müssen.
Mit diesen Veränderungen der Lebensbedingungen, in welchen die klimatischen Verhältnisse nur einen sehr geringen direkten Einfluss haben, muss die jedem Organismus innewohnende Eigenschaft der individuellen Veränderlichkeit, ohne welche die Zuchtwahl überhaupt nicht denkbar wäre, eine gesteigerte Anregung erhalten. Wird diese Steigerung in der Plastizität der Organisation durch eine Reihe von Generationen bei langer örtlicher Isolierung in einer bestimmten Richtung durch lokale Verhältnisse unterstützt, so wird daraus bei fortgesetzter Zuchtwahl eine sogenannte konstante Varietät oder richtiger gesagt eine beginnende Art entstehen. Die ersten veränderten Abkömmlinge solcher eingewanderter Kolonisten bilden dann das Stammpaar einer neuen Spezies. Ihre neue Heimat wird der Mittelpunkt des Verbreitungsbezirks der neuen Art.
Die Entstehung und Fortbildung einer neuen Rasse, wird aber immer gefährdet sein, wo zahlreiche nachrückende Individuen der gleichen Art durch allgemeine Vermischung, durch häufiges Durcheinanderkreuzen sie stören und wohl auch meist unterdrücken. Ohne eine lange Zeit dauernde Trennung der Kolonisten von ihren früheren Artgenossen kann nach meiner Überzeugung die Bildung einer neuen Rasse nicht gelingen, kann die Zuchtwahl überhaupt nicht stattfinden.
Die freie Kreuzung macht, wie die Erfahrung bei der künstlichen Züchtung von Tieren und Pflanzen in unwiderlegbarer Weise lehrt, nicht nur die Bildung neuer Rassen unmöglich, sondern zerstört stets wieder die begonnenen individuellen Varietäten. Sie ist die wesentliche Ursache, wenn die individuelle Variabilität durch verschiedene Generationen nicht zu einer fortdauernd verändernden Wirkung gelangt. Unbeschränkte Kreuzung, ungehinderte geschlechtliche Vermischung aller Individuen einer Spezies wird stets Gleichförmigkeit erzeugen und Varietäten, deren Merkmale nicht durch eine Reihe von Generationen fixiert worden sind, wieder in den Urschlag zurückstossen." (Wagner 1868, zit. aus Wagner 1889, S. 64/65).

Wagner sieht in den Organismen eine quasi selbsttätige Variationstendenz am Werk, die
gerade im Falle von Isolation Unterschiede zum Stammartbestand verstärken sollen. Wie
Darwin rekurriert er dabei auf vermeintliche Züchtererfahrungen, die besagen sollten,
dass einmal angestossene Veränderungen, welche zur Bildung neuer Variationen führen,
sich verstärken.

„Die Variationstendenz, welche schon in der persönlichen Eigentümlichkeit eines jeden jungen
Individuums sich äussert und in diesem individuellen Charakter jedes neuen Einzelwesens
gleichsam schon die beginnende Varietät andeutet, also damit auch bereits die Grundbedingung
zur Bildung einer neuen Art besitzt, bringt eine wirkliche Varietät, d. h. eine beginnende neue Art
nur dadurch hervor, dass von Zeit zu Zeit entweder ein einzelnes Individuum oder ein Paar - bei
den Säugetieren und Reptilien dürfte es wohl in der Regel nur ein trächtiges Weibchen, bei den
Vögeln, welche meist in Ehe leben, häufiger ein Paar, bei den Pflanzen aber nur ein befruchteter
Same sich vom Verbreitungsgebiet der Stammart räumlich sich lostrennt und an einem neuen
Standort, meist in der Nachbarschaft der früheren Heimat, aber gewöhnlich durch die Schranke
eines Gebirges, einer Wüste oder eines Meeres, oft auch nur eines breiten Stromes von ihr
geschieden, eine isolierte Kolonie gründet.
Durch die geographische Isolierung eines Individuums werden dessen nächste Nachkommen der
kompensierenden Wirkung der Kreuzung zahlreicher Individuen entrückt, welche nach der
Erfahrung aller Tierzüchter stets Gleichförmigkeit erzeugt. Durch geschwisterliche oder nächste
verwandtschaftliche Paarung aber müssen zugleich die individuellen Merkmale des isolierten
Stammpaares oder Einzelwesens in dessen nächsten Nachkommen sich steigern, also im taufe
mehrerer Generationen stärker und schärfer sich ausprägen. Auch das ist eine Erfahrung der
künstlichen Züchtung, dass, wenn einmal bei den domestizierten Tieren oder Pflanzen der
Anstoss zu einer neuen Variation gegeben ist, dieselbe in den nächsten Nachkommen immer
noch viel stärker hervortritt und sich in den folgenden Generationen noch weiter steigert, bis sie
den möglichsten Höhepunkt ihrer Ausbildung erreicht hat, dann schwächer wird und nach einer
gewissen Reihe von Generationen stille steht. Die individuellen Eigentümlichkeiten der direkten
Vorfahren, nämlich der Eltern und Grosseltern des Emigranten und Gründers einer isolierten
Kolonie, welcher der Stammhalter einer neuen Rasse, Abart oder Art wird, dürften bei dem
morphologischen Bildungsprozess der neuen Form durch Atavismus auf deren typische Richtung
gleichfalls nachwirken, daher auf deren spezifische Ausprägung immer noch einigen bestimmenden Einfluss üben.
Die Veränderung der äusseren Lebensbedingungen in der neuen Heimat, welche bei etwas
anderen Verhältnissen des Bodens und des Klimas wohl hauptsächlich darin besteht, dass die
ersten Kolonisten durch einen längeren Zeitraum von der starken Konkurrenz zahlreicher
Artgenossen bei der Ernährung und Fortpflanzung verschont bleiben, also im Vergleich mit dem
früheren Standort sich reichlicher und mit verminderter Anstrengung ernähren und in der
kräftigsten Jugendzeit sich paaren können, dürfte neben anderen physischen und lokalen
Einflüssen des neuen Wohnorts auf den Gang und die Richtung der morphologischen
Umprägung der ersteh Koloniebewohner niemals ohne einige Einwirkung, aber im ganzen doch
viel weniger massgebend für die neue Form sein, als die persönlichen Eigentümlichkeiten des
eingewanderten Stammvaters oder der Stammmutter und die individuellen Merkmale ihrer
unmittelbaren Ahnen. Je stärker und ausgezeichneter die individuellen Eigentümlichkeiten, d. h.
die äusseren und die inneren morphologischen und physiologischen Abweichungen vom
normalen Habitus der Stammart bei einem isolierten Kolonisten und dessen direkten Ahnen
vorhanden waren und je mehr zugleich die klimatischen Verhältnisse und übrigen
Existenzbedingungen, besonders Qualität und Quantität der Nahrung von denen des früheren
Standortes differieren, desto grösser muss auch die morphologische Verschiedenheit der neuen
Abart oder Art von der älteren Stammart ausfallen und desto entschiedener wird am Schlusse
dieses typischen Umgestaltungsprozesses die neue Speziesform ausgeprägt erscheinen." (Wagner
1870, zit. aus Wagner 1889, S. 104/105).

In weiterer Folge radikalisiert Wagner seinen Ansatz insofern, als er zwar äußere Einflüsse anerkennt, die die Richtung der Veränderungen bei Artbildungsprozessen maßgeblich bestimmen, diesen aber grundsätzlich die Fähigkeit und Möglichkeit abspricht, die Artbildung an sich zu initiieren. Dem „Kampf ums Dasein" kommt nach Wagner nur mehr ein stabilisierender Einfluss zu. Vergleichende Gegenüberstellungen von Darwins „Selectionstheorie" und seiner eigenen „Separationstheorie" sollen die Differenzen nun möglichst prägnant und scharf hervorstreichen.

„Der aufmerksame Leser des Darwin'schen Werkes: „On the origin of species" wird ohne Mühe den bedeutenden Unterschied seiner Selectionslehre von der eben dargelegten Isolierungstheorie erkennen. Die Isolierung eines Individuums oder Paares ist bei allen Organismen, welche durch Kreuzung sich fortpflanzen, die notwendige Bedingung, also die nächste Ursache: dass eine neue typische Form entsteht. Alle übrigen bei dem Bildungsprozess der Art mitwirkenden Faktoren, welche ich oben anführte, influieren sämtlich nur auf die Richtung und den Gang der Veränderung, bestimmen also nur: wie die neue typische Form in den Abkömmlingen eines isolierten Ansiedlers sich gestaltet. Alle diese Faktoren stellen demnach durch ihre Zusammenwirkung am Ende des Umprägungsprozesses zwar den Grad der Verschiedenheit fest, welchen die neue Form als Rasse, Abart oder Art gegenüber der alten Stammspezies erreicht, sind aber nicht die nächste Ursache, geben nicht den ersten Anstoss zu diesem Umgestaltungsprozess, der nur durch Separation einzelner Individuen vom Wohngebiete der Art erfolgt." (Wagner 1870, zit. aus Wagner 1889, S. 107).

Vollends distanziert sich Wagner schließlich von Darwin, wenn er nur mehr zwei Gemeinsamkeiten überhaupt zulässt:

„Beide Theorien, die Zuchtwahllehre wie die Absonderungstheorie, haben nur die beiden Grundursachen oder, richtiger gesagt, die Grundbedingungen der Artbildung mit einander gemein, nämlich die individuelle Variabilität und die Vererbungsfähigkeit neuer Merkmale. Diese beiden Ausgangspunkte des Prozesses der Formbildung dürfen nicht mit der zwingenden mechanischen Ursache der Entstehung neuer Arten und konstanter Varietäten verwechselt werden. Aus diesen zwei ersten Faktoren, ohne welche die Artbildung überhaupt unmöglich wäre, würde in der Natur ebenso wenig eine neue Spezies wirklich hervorgehen, wie aus dem blossen Dasein von Männchen und Weibchen im Tierreich ein neues Individuum entstehen könnte, wenn der Zeugungsakt nicht dazu käme. Die individuelle Variabilität und die Vererbungsfähigkeit persönlicher Merkmale sind in ihrer formbildenden Wirksamkeit teils durch den absorbierenden Einfluss der Kreuzung, teils durch gleiche Lebensbedingungen im gleichen Wohngebiet der Art gebunden. In den letzteren beiden Faktoren liegt das konservatives, die Erhaltung der Speziesform begünstigendes Moment. Ein anderer Faktor, eine treibende und zwingende mechanische Ursache, muss im Naturleben eingreifen, um gegen dieses konservative Moment zu reagieren und die Entstehung neuer Arten thatsächlich zu bewirken." (Wagner 1880, zit. aus Wagner 1889, S. 400).

In diese theoretische Entwicklung passt, dass Wagner auch jenes zentrale Dogma angreift, das eigentlich jenen Kernbestand des Darwinismus ausmacht, den er bis in die Gegenwart durch alle eigenen Transmutationen hindurch beibehalten hat, nämlich die Anpassungshypothese. Sie spielte ja sowohl bei Darwin als auch bei Wallace die zentrale Rolle schlechthin. Wallace versuchte sie vor allem durch ausführliche Abhandlungen über Warn- und Tarnfärbungen, über Mimikry, zu untermauern. Wagner vermeint nun, gerade für diese Paradebeispiele der vermuteten (Extern-)Selektion und damit der Anpassung, neue und besser verständliche Begründungen gefunden zu haben. Diese könnten durchaus in der modernen Debatte wieder eine bedeutsame Rolle spielen.

„Die unbestreitbare Thatsache, dass unter den seltenen Tierformen, namentlich unter den Insekten, viele Arten mit günstigen Schutzmitteln in Form und Farbe ausgestattet sind und dennoch in einer vergleichsweise ässerst geringen Individuenzahl auftreten, ihrem Erlöschen also aller Wahrscheinlichkeit immer näher rücken, während neben ihnen andere jüngere nächstverwandte Speziesformen ohne solche morphologische Schutzmittel, also unter ungünstigen Bedingungen des Lebens, in sehr grosser Individuenzahl vorkommen, ist eines der stärksten Zeugnisse gegen die Selektionstheorie. Die Thatsache, dass günstige äussere Schutzmittel in Farbe und Form keine Garantie für die Erhaltung der Art gewähren und die Lebensdauer einer Speziesform zwar etwas zu verlängern, aber die zersetzende Wirkung der Zeit nicht aufzuhalten vermögen, können wir an vielen Beispielen unserer einheimischen Insektenfauna auf das bestimmteste nachweisen. Die Beweise für diese Thatsache wird der folgende Aufsatz erbringen" (Wagner 1875, zit. aus Wagner 1889, S. 294).

Wagner versucht nun, nachdem er den Überlebenswert von Tarn- und Warnfarben relativierte, das Erklärungsproblem für so viele scheinbare farbliche Anpassungen von Tieren an ihre Umgebung durch weitgehend autonome Erschließung von Umweltbedingungen bzw. Umwelten und ökologischen Nischen zu lösen.

„Die sogenannte „Mimicry", d. h. die auffallende Übereinstimmung oder Ähnlichkeit vieler Tiere in Form und Farbe mit ihrer Umgebung, z. B. mit dem Boden oder mit den Pflanzen, auf denen sie leben, oder mit anderen Tierarten, in deren Gesellschaft sie sieh vorzugsweise aufhalten, obwohl sie selbst oft ganz anderen Gattungen angehören, findet durch das Migrationsgesetz eine sehr einfache Erklärung. Der allen Tieren eigene Instinkt der Selbsterhaltung, welcher ihnen eine stete Furcht vor Gefahr und Verfolgung einflösst, wird ausscheidende Emigranten, besonders abnorme individuelle Varietäten, welche den Standort ihrer Stammart verlassen, um den Neckereien und Verfolgungen ihrer normalen Artgenossen sich zu entziehen, stets bestimmen, einen neuen Standort zu wählen, der zu ihrer Form und Farbe passt und ihnen den möglichsten Schutz und Vorteil bietet. So z. B. haben sich weisse Abarten, sogenannte Albinos, welche von Zeit zu Zeit aus noch unbekannten physiologischen Ursachen als individuelle Variationen entstehen, bei ihren Migrationen wahrscheinlich immer vorzugsweise gegen die nördliche Zone oder gegen die höchsten Regionen der nächst gelegenen Hochgebirge gewendet. Hellbraune oder gelbfarbige Varietäten, welche in nicht allzugrosser Entfernung vom Wohngebiete ihrer Stammart eine Steppe oder Wüste zur Wahl eines neuen Standortes, also zur Bildung einer isolierten Kolonie zur Verfügung hatten, werden vom Instinkt der Selbsterhaltung getrieben, dieselben vorzugsweise aufgesucht haben. Die vorherrschend weissen Farben bei vielen Tieren der Polarzone und der höchsten Gebirgsregionen, die vorherrschend bräunlichen Formen besonders unter den Raubtieren, Nagetieren, Vögeln etc. der Steppen, die gelbe Farbe der Wüstentiere sind durch die Wanderungen und Kolonienbildungen solcher ausscheidender Emigranten sehr einfach zu erklären. Es ist, wie bemerkt, der einfache Selbsterhaltungstrieb, der z B. eine variirende Käferform, welche einem dürren Baumblatt ähnlich sieht, sehr leicht veranlassen muss, vorzugsweise auf den faulenden Blät-tern des Waldbodens sich aufzuhalten, die ihr Schutz gegen Verfolgung bieten. Selbst die abnormsten Varietäten, welche dieser Instinkt zur Wahl eines geeigneten Standortes leitet, können bei längerer Isolierung zur Konstanz sich ausprägen. Eines der merkwürdigsten Beispiele von „Mimicry" bietet z. B. die Raupe unserer einheimischen *Catocala Parnympha*, welche dem Zweige der Dornschlehe, auf dem sie lebt, an Form und Farbe merkwürdig gleicht und sogar auf dem achten Ring ihres Rückens einen aufwärts gerichteten Auswuchs oder Höcker trägt, welcher einem Dorn ihrer Futterpflanze in täuschendster Weise ähnlich sieht. Es ist durchaus naturgemäss anzunehmen, dass auch bei dieser Raupe der Instinkt der Selbsterhaltung sie antrieb, unter den verschiedenen Futterpflanzen, die sie verzehren kann, vorzugsweise nur diejenige zu ihrem Aufenthalt zu wählen, deren Form und Farbe ihr einen so vollkommenen Schutz bot. Auch die bei tropischen Insekten, besonders bei Schmetterlingen vorkommende "Mimicry" die von Wallace und Bates ausführlich beschrieben wurde, wir meinen das gesellige Zusammenleben von Arten aus verschiedenen Gattungen, welche ungeachtet dieser generischen Verschiedenheit doch mindestens in der Farbe eine gewisse Ähnlichkeit zeigen, erklärt sich einfach durch das Migrationsgesetz. Der Instinkt der Selbsterhaltung veranlasste solche aus abnormen Varietäten durch Sonderung entstandene Arten sich nicht nur von ihren anders gefärbten Gattungs-Verwandten dauernd ferne zu halten, sondern auch unter anderen gesellig lebenden und in massenhafter Individuenzahl vorkommenden Arten, mit denen ihre Färbung zusammenstimmte und demnach die Gefahr der Verfolgung verminderte, sich niederzulassen." (Wagner 1875, zit. aus Wagner 1889, S. 294-296).

Zusammenfassend kann Wagner schließlich feststellen:

„Die beiden Hauptthesen unserer Theorie, welche, durch bedeutsame chorologische Thatsachen unterstützt und bestätigt, von unseren Gegnern niemals widerlegt wurden, lauten:

1) Jede dauernde räumliche Absonderung einzelner oder weniger Emigranten von einer Stammart, welche noch im Stadium der Variationsfähigkeit steht, erzwingt auf Grund der Variabilität und der Vererbung eine konstante Differenzierung, indem sie unter Mitwirkung veränderter Lebensbedingungen, die jeden Standortwechsel begleiten, auch di minimalsten individuellen Merkmale der ersten Kolonisten bei blutsverwandter Fortpflanzung fortbildet und befestigt.

2) Keine konstante Varietät oder Art entsteht ohne Ausscheidung einzelner oder weniger Individuen von der Stammart und ohne Ansiedelung an einem neuen Standort, weil Massenkreuzung und Gleichheit der Lebensbedingungen in einem zusammenhängenden Wohngebiet immer absorbierend und nivellierend wirken müssen und individuelle Variationen stets wieder in die Stammart zurückdrängen." (Wagner 1883, zit. aus Wagner 1889, S. 356).

Hauptfaktoren der Artbildung sind also nach Wagner:

1) Variation
2) Migration
3) Expansion
4) Isolation

Wagner nimmt damit einige wichtige Konzepte vorweg, die in der Synthetischen Theorie der Evolution eine Rolle spielen sollten, nämlich das Konzept der genetischen Drift und das der Gründerpopulation.

Ebenfalls bereits vorweggenommen und theoretisch begründet ist das Konzept der Stasis und des Unterbrochenen Gleichgewichts nach Gould & Eldredge.

Das Verhältnis zu Darwin, das zunehmend kritisch wird, ist durch einige Übereinstimmungen, vor allem aber durch ganz prägnante Unterschiede gekennzeichnet:

Unterschiede zwischen Zuchtwahl- und Sonderungstheorie	
Zuchtwahltheorie	Sonderungstheorie
Speziesbildung: Lange Zeiträume, Umwandlungsprozess	Speziesbildung: Kurze Zeiträume, „Ausscheidungsakt"
Umwandlung des ges. Artbestands	Stammart unverändert
„Kampf ums Dasein" verändernd	„Kampf ums Dasein" stabilisierend
Gemeinsamkeit zwischen Zuchtwahl- und Sonderungstheorie:	
Individuelle Variabilität und Lamarcksche Anpassung	

Mit diesen teilweise in scharfem Gegensatz zum Darwinschen Anpassungsdenken stehenden Theoremen trifft sich Wagner weitgehend mit J. T. Gulick.(1832-1923), der sich ebenfalls von Darwin distanzierte und ähnliche Ansichten in bezug auf die Differenzierung durch Migrationen und Gründerpopulationen vertrat.

August Weismann (1834-1914)

Ein führender Darwinist, der vor allem den schon bei Darwin angelegten Reduktionismus (auf Merkmale) ins Extrem vorantrieb, war August Weismann (1834-1914). Weismann beschäftigte sich frühzeitig mit Problemen der evolutiven Veränderung und wurde zum Hauptkritiker und prominentesten Gegenspieler Moritz Wagners.

Weismann (1872, 1913) versuchte Wagners Migrationstheorie zu widerlegen. Er ging auf von Wagner erwähnte und im Sinne der Migrationstheorie interpretierte Fossilbefunde aus dem Steinheimer See, Beispiele vermeintlicher sympatrischer Speziation bei verschiedenen Lepidopteren (Schmetterlingen) sowie Beispiele von geschlechtlicher Zuchtwahl ein und stellte Wagners Thesen eigene Interpretationen im Sinne sympatri-scher Artaufspaltung entgegen. Weismanns Hauptargument bildete die angeblich an der Fossilabfolge in übereinanderliegenden Schichten ablesbare sympatrische Aufspaltung einer Schneckenart in mehrere Tochterarten. In dieser Hinsicht kann darauf hingewiesen werden, dass die sympatrische Artbildung, auf der Weismann so insistierte, in der modernen Evolutionsforschung nur mehr als Ausnahmeerscheinung gilt, die zudem meist auf besonderen Mechanismen, v. a. Polyploidisierung beruht (Storch, Welsch & Wink 2000).

Der Schwerpunkt von Weismanns Tätigkeit lag aber in Studien zur Funktion der Zelle und ihrer Bestandteile.

In gründlichen Recherchen waren v. a. durch Richard und Oskar Hertwig und Theodor Boveri die Zellteilungsmechanismen untersucht worden. Man hatte die Zentrosomen entdeckt und auch die Spermien- und Eizellbildung sowie Befruchtungsvorgänge dargestellt. Weiters wurden bei in Teilung begriffenen Zellen die Chromosomenzahlen ermittelt. Edouard-Joseph-Louise-Marie van Beneden (1887) entdeckte, dass jede Spezies mit einer bestimmten für sie typischen Anzahl von Chromosomen ausgestattet ist. Außerdem findet er heraus, dass während der Keimzell-Entwicklung der Chromosomensatz halbiert wird (Meiose).

Als durch geeignete Färbemethoden von anderen Zellteilen unterscheidbare Bildung rückte damit der Kern in den Mittelpunkt des Interesses. Es fiel auf, dass, nach Teilungen jede Tochterzelle wieder mit Kern ausgestattet ist und dass der Befruchtungsvorgang von Kernverschmelzungen begleitet wird.

Damit lag die prominente Rolle des Zellkerns bei der spezifischen Ausbildung der Zellen und der aus ihnen aufgebauten Gewebe eigentlich schon nahe. Weismann bezeichnete die Erbträger, die wir heute als Chromosomen bezeichnen, als Iden. Er beschrieb bei ihnen nicht nur Teilungsprozesse, und zwar sowohl die Mitose somatischer

Zellen, als auch die Reduktions- oder Reifungsteilung, sondern stellte auch bereits Spekulationen über Austauschprozesse an, die heute als Cross Over bekannt sind.

Weismann vermutete nun in den Differenzierungsabläufen während der durch ständige Zellteilungen geprägten Epigenese eine immer feinere Auf- und Verteilung einer speziellen, die Zellen und Gewebe durchstrukturierenden Erbsubstanz.

In den ursprünglichen Zygoten, jenen einzelligen Entwicklungsstadien, aus denen später die mehrzelligen Organismen hervorgehen, befinden sich nach ihm Kerne, die noch das vollständige, zum Aufbau des gesamten Organismus notwendige Keimplasma enthalten. Diese Kerne machen nun sukzessive Teilungsschritte durch, während derer sich ein Teil des Keimplasmas in spezifischer Weise aufteilt und eben so die Ausbildung der verschiedenen Körperteile bewirkt. Der andere Teil bleibt in seiner Struktur erhalten und bildet die Grundlage für die Weitergabe an nachfolgende Generationen. Auch regenerationsfähige Gewebe enthalten Zellen mit komplexem Keimplasma. Als materielle Grundlagen der Vererbung benennt Weismann hypothetische Einheiten, die sog. Iden oder Idanten (Weismann 1892), die man u. U. mit der Erbsubstanz gleichsetzen kann. Sie bestehen wieder aus sog. Determinanten, die unmittelbar die Differenzierung der Zellen bewirken. Die Determinanten setzen sich ihrerseits wieder aus arbiträren Elementen zusammen, die Weismann als Biophoren bezeichnet.

Nur ein solcher Zellstamm, der sich frühzeitig von der allgemeinen epigenetischen Entwicklung abkoppelt, behält das Keimplasma im vollständigen Zustand. Aus ihm gehen die Geschlechtszellen hervor. Die zelluläre Entwicklungslinie, die zu den Keimzellen und über diese zu neuen Organismen mit ihnen entsprechenden Zellstämmen führt, bezeichnete Weismann als Keimbahnen.

Weismann hatte mit dieser Theorie ein Pendant, ja eine Umkehr der Darwinschen Keimchentheorie (bei Bowler 2003 schematisiert) entwickelt, dabei aber den schon bei Darwin angelegten Reduktionismus rigoros verschärft.

Diese Umkehr sollte sich aber nun auch in einer zweiten Hinsicht als Verschärfung erweisen: Weismann „darwinisierte" quasi den Darwinismus, indem er die in Darwins Keimchentheorie angelegten „lamarckistischen" Tendenzen ausmerzte.

Er bezog seine Keimbahntheorie in ein allgemeines Bild von Selektion und Anpassung ein.

Anhand von Beispielen, die in Anbetracht der vertretenen Tendenz sorgsam ausgewählt erscheinen, begründet Weismann die Unterschiede in Aufbau und Merkmalsausprägung von Tieren (und auch Pflanzen) als durch Auslese erzwungene Spezialentwicklungen von Grundtypen. Die Wale sind z. B. nach ihm aufgrund von Zwängen des aquatischen (Wasser-) Lebens in ihrer speziellen Ausprägung entstanden. Nur Anpassung könne überhaupt evolutive Entwicklung und Differenzierung bewirken. Damit grenzt sich Weismann auch von Carl Wilhelm v. Naegeli (1817-1891) ab, der noch innere Entwicklungskräfte als Evolutionsursachen annahm.

Die Selektion erfordert aber erbliche Variation, um überhaupt differenziert angreifen zu können. Diese erbliche Variation wird aber nun eben nicht durch externe Einflüsse bewirkt. Weismann führt als Negativbeispiel dafür die beobachtbare Tatsache an, dass zahlreiche Pflanzenarten an verschiedenen Standorten mit unterschiedlichen Bedingungen deutlich voneinander differierende Ausprägungen zeigen, die sich aber durch einen Wechsel der Lokalität sofort aufheben bzw. ändern lassen. Man würde in heutiger Sprache von erblichen Variationsnormen sprechen.

Weismann sieht diese als eklatantesten Beweis dafür, dass diese Einflüsse nicht auf das Keimplasma einwirken können.

Um aber nun nach dieser Zurückweisung des Lamarckismus trotzdem noch seine geläuterte Apassungshypothese begründen zu können, muss er nun nach neuen Erklärungen suchen. Er findet sie in der sexuellen, bei ihm „amphigon" genannten Fortpflanzung und der sog. „Panmixie".

Durch die Kombination von Charakteren väterlicher und mütterlicher Herkunft, die in jeder Generation neue Varianten schafft, muss die Differenzierung ständig voranschreiten.

Um diese Differenzierung begründen zu können, musste Weismann aber die Verschiedenheit der Eigenschaften, die es jeweils zu kombinieren gilt, auch plausibel herleiten. Dazu seiner Zeit das Phänomen der Mutation noch unbekannt war, musste er eine Gruppe suchen, bei der man die Unterschiede leicht begründen konnte.

Weismann differenziert: In Gruppen, wo direkter verändernder und erblich fixierbarer Einfluss von außen her zugelassen wird und in andere, wo sich die Umwelt zwar auf individuelle Eigenschaften, nicht aber auf die Nachkommen auswirkt.

Die erste Gruppe würde nach Weismann von den Einzellern repräsentiert. Diese hätten dann im Laufe der Zeit die Fähigkeit zur „Amphigonie" (Verschmelzung getrenntgeschlechtlicher Gameten) entwickelt und sich teilweise auch zu Mehrzellern weiterentwickelt, bei denen dann eben nur mehr das selektive Überleben bestimmter Varianten, die aber durch Rekombination entstehen, als extern bestimmter Einfluss und als verändernde Tendenz zugelassen ist.

Um aber auch bei anderen Gruppen die Variation zu begründen dehnt Weismann den Geltungsbereich der Selektion bzw. des Kampfes um das Überleben in das Keimplasma hinein aus und postuliert einen Kampf zwischen den Anlagen der verschiedenen Organe, aus dem manche gestärkt, andere geschwächt hervorgehen würden, was sich dann in der Ausprägung der von ihnen ausgebauten Organe auswirke.

Dadurch entsteht eine Beziehung zur und eine tragfähige Grundlage für den Durchbruch der klassischen Genetik, die durch Gregor Mendel begründet, von Correns, De Vries und Tschermak-Seysenegg wiederentdeckt bzw. weiterentwickelt wurde. Sie ist durch einige signifikante Merkmale bestimmt.

Die Züchtungsexperimente, die zu den Mendelschen Regeln führten, betreffen nur ausgewählte Merkmale, die praktisch keine Variationsbreite feststellen lassen. Damit aber ergibt sich folgerichtig, dass die Merkmalsausprägung durch die ihnen zugrundegelegten speziellen Mechanismen, Erbanlagen, bestimmt werden und nicht etwa auch durch Umwelteinflüsse oder Gegebenheiten der organismischen Konstitution.

Die Erscheinung der intermediären Vererbung bzw. von Dominanz und Rezessivität verstärken diesen Eindruck noch. Merkmalsausprägung bei dominantem, aber auch bei intermediärem Erbgang lässt sich auf diesen Grundlagen als ausschließliches Wechselspiel von Erbanlagen untereinander verstehen und damit ist die Grundlage für eine umfassende Veränderung des Darwinschen Ansatzes geschaffen. Nun kann die Vererbung erworbener Merkmale, die bei Darwin noch eine gewichtige Rolle spielt und die in Darwins Keimchentheorie theoretisch untermauert werden sollte, verworfen werden. Durch die Erhellung der Kernverschmelzungs- und Kernteilungsprozesse werden Erbgänge und damit auch Mendels Gesetze verständlicher. Ein besonders wichtiges Resultat aber ist, dass mit dem somit etablierten „Ultradarwinismus" einem genetisch orientierten Reduktionismus die Bahn bereitet wurde, der in weiterer Folge die Entwicklung der Biologie dominieren sollte. Weismann schreibt 1892:

„Als ich vor etwa zehn Jahren anfing, mich ernstlicher dem Vererbungsproblem zuzuwenden, war *es* zuerst die Existenz einer besondern Vererbungssubstanz, die sich mir aufdrängte, einer organisirten, lebenden Substanz, welche von einer Generation der andern überliefert wird, im Gegensatz stehend zu derjenigen Substanz welche den vergänglichen Körper des Einzelwesens ausmacht. So entstanden die Schriften' über das Keimplasma und die Continuität des Keimplasma's. Dies leitete zugleich dazu hin, die bisher angenommene Vererbung der vom Körper erworbenen Abänderungen in Zweifel zu ziehen, und genaueres Eingehen, verbunden mit dem Experiment, befestigte mehr und mehr die Überzeugung, dass eine derartige Vererbung in der That nicht besteht." (Weismann1892, s. XI)

Ausgehend von der Theorie des Keimplasmas wendet sich Weismann der Differenzierung der Gewebe und Zellen in den Organismen zu. Dabei setzt er sich vor allem mit Wilhelm Roux auseinander, der zwar die Chromosomen bereits kannte und in ihnen auch Träger der Vererbung vermutete, die Differenzierung aber als Resultat eines „Kampfes" der einzelnen Teile der Körper betrachtete.

Weismann folgt dieser Sichtweise zum Teil. Entsprechend seiner universellen Interpretation der Selektion postuliert er auch für den Körper den Status einer Umwelt, die nun iherseits selektorisch wirkt, wodurch es zu lebensfördernden, man könnte metaphorisch auch sagen „sinnvollen" Differenzierungen und Anordnungen von Zellen und Geweben kommt.

„Man kann sehr wohl schon dieses einfache Herabsinken eines Organs durch Nichtgebrauch und seine Vergrösserung bei Vielgebrauch als die Folge eines Selektionsprozesses betrachten, indem man eben nicht nur das einzelne Organ, sondern den ganzen Organismus, dessen integrirenden Theil es bildet, ins Auge fasst. Wohl könnte man sich ja auch dabei beruhigen, zu sagen: das Organ nimmt zu, weil es häufig von seinem strukturellen Reiz getroffen wird, dieser trophisch wirkt. Einen Schritt weiter aber führt die Erwägung, dass kein Theil des Organismus unabhängig für sich dasteht, dass alle um den einmal gegebenen Nahrungsvorrath des Blutes miteinander konkurriren, und dass also kein Organ dauernd zunehmen kann, ohne nicht anderen einen Theil der Nahrung zu entziehen." (Weismann 1892, s. 270)

Diese „Histonalselektion", die von der Personalselektion und der Germinalselektion zu unterscheiden ist, führt also in Analogie zu den darwinistischen Ausleseprozessen zu komplexen Körperstrukturen. Die Histonalselektion kommt in jeder Generation, bei jedem neuen Organismus wieder von neuem in Gang. Allerdings erklärt sie viele individuelle Unterschiede durch Gebrauch oder Nichtgebrauch, bzw. durch verschieden starke Beanspruchung. Weismann nähert sich damit dem Ansatz von Roux an.

„Wenn also ein Organ durch häufigen Gebrauch zunimmt, so werden andere, weniger gebrauchte dadurch im Wachsthum zurückgehalten und zwar im Verhältniss zur Häufigkeit ihrer Funktionirung. Mit anderen Worten: es findet eine Selbstregulirung der Organe in bezug auf ihren Grössenzustand statt entsprechend der Stärke ihrer Benutzung, und es liegt auf der Hand, dass diese Regulirung genau dem Bedürfniss entspricht, also von höchster Zweckmässigkeit ist Aber nicht nur eine Regulirung im Ausbildungsgrad ganzer Organe kommt durch diese Histonal- oder Gewebe-Selektion zu Stande, sondern auch die Verflechtung und Anordnung der verschiedenen Elemente, welche ein bestimmtes Organ zusammensetzen, also die feinere histologische Struktur desselben, die wunderbaren Zweckmässigkeiten des Gewebe-Baues. In ähnlicher Weise erklärte Roux aus dem »Kampf der Theile« die auffälligen Zweckmässigkeiten im Verlauf, der Verzweigung und der Lumen-Gestaltung der Blutgefässe, die Richtung der sich in der Schwanzflosse des Delphins durchkreuzenden Bindegewebszüge, oder die Faserrichtungen im Trommelfell, überhaupt viele Zweckmässigkeiten der histologischen Struktur." (Weismann 1892, 270/271).

Wesentlich ist an diesen Äußerungen, dass Weismann damit einen Teil der körperlichen Differenzierung von der durch das Keimplasma geprägten Vererbung und damit von der Keimbahn weg in die je eigene Entwicklungsgeschichte jedes Einzelorganismus verlegt. Vererbt wird eine bestimmte Reaktionsnorm, durch die dann spezielle Differenzierungen durch quasi-selektive Prozesse möglich sind. Davon schließt Weismann schließlich auf die „Allmacht" der Selektion. Selektion zügelt und kanalisiert gleichsam die ungerichtete Vermischung des Keimplasmas bei sexueller Fortpflanzung und Veränderung des Erbguts, die aber erst durch die Mutationslehre (De Vries 1901-1903) als Evolutionsfaktoren in die Theorie eingeführt wurden.

Durch seine Theorie der Vererbung, die man auch in Anlehnung an Boveri chromosomale Vererbung nennen könnte und die als sog. „Weismann-Doktrin" in die Literatur einging, war der Weg zur modernen, experimentellen Genetik sowie zur Synthetischen Theorie der Evolution, bzw. zum sog. „Ultradarwinismus" frei.

Dies umso mehr, als durch Weismann, der sich in dieser Hinsicht eher mit den Intentionen von A. R. Wallace traf, die lamarckistischen Elemente in Darwins Lehre radikal zurückgewiesen wurden (s. auch Riedl 2002).

Beibehalten und radikalisiert wurde die selektive Anpassung als Grundmechanismus der Evolution, deren Einfluss bei Weismann metaphorisch zur „Allmacht" hypostasiert wurde.

Damit stellt die Evolutionstheorie Weismannscher Prägung eine gegenüber den Darwinschen Ansätzen wesentlich abgeänderte Theorie dar, die nur mehr mit Einschränkung als „darwinistisch" bezeichnet werden dürfte. Allerdings waren es genau die Weismannschen Theorien, die den modernen Neodarwinismus begründen sollten.

Genetik und Mutationstheorie

Die Weismannsche Sicht wurde durch die Experimentiermethoden der klassischen Genetik unterstützt, die durch Gregor Mendel (1822-1884), allerdings ohne zu dessen

Lebzeiten besondere Beachtung zu finden, begründet, von Correns, Tschermak-Seysenegg und De Vries (1901-1903, 1906) wiederentdeckt bzw. weiterentwickelt wurden.

Die klassischen Züchtungsexperimente, die zu den „Mendelschen Regeln" führten, betrafen nur ausgewählte Merkmale, die keine Variationsbreite feststellen lassen, sondern einem „Entweder/Oder"-Muster folgten.

Damit aber ergibt sich wie selbstverständlich, dass die scharf abgrenzbare Merkmalsausprägung durch die ihnen zugrundegelegten speziellen Mechanismen, Erbanlagen, bestimmt werden und nicht etwa auch durch Umwelteinflüsse oder Gegebenheiten der organismischen Konstitution modifiziert sind.

Die Erscheinung der intermediären Vererbung bzw. von Dominanz und Rezessivität verstärkten diesen Eindruck noch. Merkmalsausprägung bei dominantem, aber auch bei intermediärem Erbgang lässt sich auf diesen Grundlagen als ausschließliches Wechselspiel von Erbanlagen untereinander verstehen und damit ist auch schon eine Grundlage für die Weiterführung und abermalige Radikalisierung reduktionistischer Tendenzen, die schon weitgehend durch Weismann im Ansatz geleistet war, gegeben.

Eine Fokussierung auf die Mendelschen Erbgänge sollte aber letztlich Ansichten fördern, welche die Darwinschen Züchteranaalogien geradezu konterkarierten und letztlich zur Formulierung einer eigenen Mutationstheorie durch de Vries und in seiner Nachfolge Morgan (1903, 1909) führen sollte, die in vieler Hinsicht im Gegensatz zur Darwinschen Evolutionslehre stand Morgan stützte sich dabei vor allem auf die Arbeiten von de Vries und auch von Bateson.

Hugo De Vries (1848-1935)

Hugo De Vries (1901-1903, 1906) hatte neben seinen Untersuchungen von Mendelschen Erbgängen an der in Europa eingeschleppten amerikanischen Nachtkerze *Oenothera lamarckiana* sprunghafte morphologische Veränderungen von einer Generation zur nächsten beobachtet.

Weitere Untersuchungen bei *Oenothera*, aber auch bei anderen Pflanzen führten ihn zu dem Schluss, dass solche Sprünge, die er als Mutationen bezeichnete, erstens öfter vorkommen, ja in der lebenden Natur eine allgemeine Erscheinung seien, die nur deswegen wenig bekannt seien, weil die Beobachter voreingenommen an ihre Objekte herangingen.

Gerade die bei *Oenothera lamarckiana* beobachteten Veränderungen erwiesen sich bei späteren Untersuchungen als Folgen von Polyploidie, das diese Art tetraploid ist. Die Artentstehung durch plötzlich auftretende Polyploidie ist bei Gefäßpflanzen relativ häufig, bei de Vries' Überlegungen spielte dieser Mechanismus aber noch keine besondere Rolle. Sohn (2001) beschreibt die weiteren Untersuchungen folgendermaßen:

„Bateson vermutete bereits 1902, daß es sieh bei *Oenothera Lamarckiana* um eine Hybride handle, neue Formen deshalb durch Aufspaltung der Merkmale, nicht aber durch Mutation zu erklären seien. In den folgenden Jahren wurden zahlreiche Versuche mit Oenotheren durchgeführt. 1907 fand Anne M. Lutz heraus, daß der Mutant *Oenothera gigas* eine Tetraploide mit 28 Chromosomen anstatt der für Oenotheren üblichen 14 Chromosomen ist. 1914 wurde festgestellt, daß ungefähr die Hälfte der Samen der Oenotherakulturen unfruchtbar ist. Durch diesen Sachverhalt zu Untersuchungen veranlaßt, stellte Otto Renner fest, daß es sich bei *Oenothera Lamarckiana* um eine Dauerheterozygote handelt, die zwei Chromosomensätze hat, welche gemeinsam transmittiert werden und von ihm *Velutina* und *Velans* genannt wurden. Bei den durch Selbsten erzeugten Nachkommen können vier verschiedene Kombinationen auftreten, von denen, wie Renner feststellte, zwei unfruchtbar sind." (Sohn 2001, S. 26).

De Vries nahm auf Grund seiner Befunde an, dass mutative Veränderungen die Ursache für die Entstehung von Arten seien. Er baute so auf seinen Befunden eine eigene Theorie der Artentstehung auf, die er von der klassischen Darwinschen Sicht deutlich absetzt. Dies wird in seinen Schriften mit unterschiedlicher Deutlichkeit und Radikalität herausgearbeitet.

Vor allem die Zuchtwahlhypothese des Darwinismus, die wesentlich radikaler als von Darwin durch Wallace vertreten wurde, wird kritisiert. De Vries analysiert vor allem die Hinweise auf Kulturrassen, die nach Darwin und Wallace ja die Paradebeispiele für künstliche Zuchtwahl und damit Modelle für die natürliche Selektion darstellen sollen:

„Die cultivirten Unterarten sind in den bekannten Fällen meist älter als die Cultur, was WALLACE z.B. selbst für die Rassen der Hunde hervorhebt; wie sie entstanden sind, weiss man gar nicht, auch nicht für die vielleicht in der Cultur entstandenen.
Auf diesem schwachen Grunde baut nun WALLACE weiter fort (p. 12): *„It is therefore proved that if any particular kind of variation is preserved and bred from, the variation itself goes on icereasing in amount to an enormous extent; and the bearing of this on the question of the origin of species is most important.*
Dieser Satz wird aber gar nicht bewiesen; im Gegentheil, seine Richtigkeit wird nur behufs der Beweisführung angenommen, sowohl von DARWIN und WALLACE, als von ihren sämmtlichen Anhängern.
WALLACE überspringt diesen Punkt in seinem Buche; er widmet ihm weder eine eingehende Kritik, noch einen besonderen Abschnitt. Auch bei der Behandlung der einzelnen Beispiele wird dieser Satz ohne weitere Prüfung als gültig angenommen. Am klarsten sieht man dieses bei der Besprechung der Aepfel.: Es sei bekannt, dass alle unsere Apfelsorten vom wilden *Pyrus Malus* abstammen und dass aus diesem über tausend verschiedene Sorten hervorgebracht sind. Es macht dies den Eindruck, als ob die Cultur diese zahllosen Formen erzeugt hätte. Thatsächlich aber ist der Apfel im wilden Zustande eine polymorphe, an Unterarten sehr reiche Species, und sind die gut unterschiedenen Typen, welche jetzt cultivirt werden, bereits unter den wilden Formen vorhanden. Nur sind jedesmal die Holzäpfel in grosse, saftige und schmackhafte Früchte durch die Cultur umgewandelt worden." (De Vries 1901, S. 30).

Für die Selektion und ihre Ergebnisse sieht De Vries Grenzen, die sowohl in Kultur als noch viel mehr unter natürlichen Lebensumständen die Entwicklung limitieren sollen und vor allem auch verhindern, dass Neues entstehe.

„Dass die individuelle Variation durch Selection stets weiter gehe und *to an enormous extent* heranwachse, ist eine völlig unbewiesene Voraussetzung. Dieses ist der schwache Punkt der WALLACE'schen Selectioristheorie.
Ich gestehe, dass mit dieser Voraussetzung die Adaptationserscheinungen leicht und einfach zu erklären wären, und dass dieses ein sehr kräftiges Argument für sie bildet. Und so lange es sich nur um jene Erklärung handelt, hätte es vielleicht keinen Zweck, sich gegen die Hypothese auszusprechen.
Aber sie ist in sich unrichtig. Zuchtwahl führt zwar zu praktisch enormen Ergebnissen, das ist aber etwas ganz anderes, als biologisch enorme Veränderungen. Wenn man den Ertrag seiner Aecker um die Hälfte vermehren kann, so braucht das vom Gesichtspunkte der Entstehung der Arten noch gar keine Bedeutung zu haben. „ De Vries 1901, s 30/31).

De Vries bringt seine Kritik nicht an, ohne auf die Breite des Darwinschen (bzw. Wallaceschen) geistigen Spektrums hinzuweisen, das sehr viele Ansätze unter einen Hut zu bringen erlaubt. Er meint aber, den experimentellen Beweis antreten zu könne, dass sog. „elementare Arten" mutativ entstehen und nicht durch Variabilität und Selektion.

Im Gegensatz zu den Mutationen, welche Neues hervorbringen, können „Fluktuationen" von Merkmalen zwar Abweichungen von der Norm, von den Art- oder Varietätsmerkmalen bewirken, jedoch verstärken sie nach de Vries nur bereits Vorhandenes und könne daher á la longue keine echten Veränderungen bewirken. Dies auch aus dem Grund, dass bei Abweichungen immer auch regressive Entwicklungen eintreten.

Die Darwinsche Zuchtwahl bekommt bei De Vries einen anderen Stellenwert. Sie liest vor allem unter bereits vorhandenen (durch Mutationen entstandenen) Arten die jeweils „besten" aus. Innerhalb dieser dann ausgelesenen, den Kampf ums Dasein bestehenden Arten findet dann auf der Grundlage der Fluktuation nochmals eine Auslese statt, die aber eben, wie de Vries schon betonte, nichts grundsätzlich Neues hervorbringen könne und überdies ständig von Regression bedroht ist.

Vehement wendet sich de Vries gegen von ihm vermutete Verwechslungen von extremen Fluktuationen und Mutationen, zitiert aber dabei wieder das am wenigsten taugliche Beispiel der *Oenothera lamarckiana*.

„Das Verhältnis zwischen der Mutabilität und der fluktuierenden Variabilität ist immer eine der Hauptschwierigkeiten für die Anhänger Darwins gewesen. Die Majorität nahm an, daß die Arten durch die langsame Anhäufung der leichten fluktuierenden Abweichungen entstehen, und daß die Mutationen nur als extreme Fluktuationen zu betrachten seien, die im wesentlichen durch eine fortgesetzte Auslese kleiner Unterschiede in einer und derselben Richtung erreicht würden." (De Vries 1906, S. 348).

In diesem Zusammenhang wird Darwin, von dessen Theorien De Vries einige ablehnt, nicht offen kritisiert, sondern auf einige Aussagen, die er auch machte, reduziert. Es klingen bereits die Grundideen des „Ultradarwinismus" bzw. der Synthetischen Theorie an, wenn De Vries in weiterer Folge doch wieder Anpassungsprozesse zulässt, allerdings nur durch ein Wechselspiel von (Zufalls-)Mutation und Selektion.

„Nach Darwin finden die Veränderungen nach allen Richtungen statt, ganz unabhängig von den herrschenden Umständen. Einige derselben können günstig sein, andere schädlich, viele ohne Bedeutung, weder nützlich noch schädlich. Einige der veränderten Organismen werden früher oder später zugrunde gehen, während andere überleben, und welche von ihnen sich erhalten werden, hängt offenbar von der Frage ab, ob ihre speziellen Veränderungen den vorhandenen Lebensbedingungen entsprechen oder nicht. Dies ist das, was Darwin „Kampf ums Dasein" genannt hat. Derselbe ist ein großes Sieb, und er wirkt nur als ein solches." (De Vries 1906, S. 349).

Dieses Sieb, das de Vries erwähnt, wirkt, wenn der Darwinsche Selektionsmechanismus akzeptiert wird, aber eben nur dann, auch schon bei minimalen Abweichungen mit Selektionsvor- oder Nachteilen. De Vries stellt aber gerade diese in Frage.

„Die ersten ganz kleinen Anfänge neuer Merkmale bieten der natürlichen Auslese kein Zuchtmaterial, sie sind im Kampf um's Dasein ohne Bedeutung. Dieser Vorwurf gegen die herrschende Selectionslehre ist wohl der bekannteste.......... Er führt die denkenden Forscher

immer mehr zu der Ansicht, dass nur stossweise Variation den ersten Anfang der Organe erklären kann. Nur die Mutationslehre überwindet schliesslich diese so vielfach gefühlten Schwierigkeiten, obgleich man nicht verkennen sollte, dass der Einwurf nur gegen die jetzige Form der Selectionstheorie und nicht gegen DARWIN's Meinung gerichtet ist. Denn wenn das Sieb der Auslese immer nur die Minderwerthigen auszuscheiden hat, und es sich nur darum handelt, das Mittel der Uebrigbleibenden zu erhöhen, so giebt, wie DARWIN so oft betont hat, am Ende auch der allergeringste Vorzug den Durchschlag.
Aber für die Mutationslehre bestehen jene ganz langsamen Uebergänge, jene äusserst kleinen Vorzüge einfach nicht. Die artenbildende Variabilität überspringt diese im Experiment und in den Erfahrungen des Gartenbaues, die Theorie kann also einstweilen auf sie verzichten." (De Vries 1903, S. 668).

Zusätzlich, und dies hängt gerade mit der durch den Darwinismus geforderten Wirksamkeit auch minimaler Selektionsvorteile zusammen, kann mit der Darwinschen Selektion nur die Entstehung vorteilhafter Eigenschaften erklärt werden. Im Unterschied dazu beansprucht De Vries für seine Mutationstheorie Erklärungsmöglichkeiten für prinzipiell alle Eigenschaften. Verantwortlich dafür ist die prinzipielle Richtungslosigkeit der Mutationen.

Thomas Hunt Morgan (1866-1945)

An die Kritik von de Vries schloss der Zoologe Thomas Hunt Morgan an. Morgan, der frühzeitig mit zahlreichen europäischen Zoologen, darunter vor allem Hans Driesch, in Berührung kam und in Europa zahlreiche Anregungen erhielt, hatte sich bereits mit der religiös motivierten Kritik von Mivart am Darwinismus auseinandergesetzt. Er ging in seiner eigenen Kritik am Darwinismus aber von einem konsequent materialistischen Standpunkt aus.

Morgan zog so wie De Vries insbesondere die darwinistische Anpassung durch Selektion in Zweifel. Morgan, der bestens mit der deutschen Naturphilosophie vertraut ist und ihr kritisch gegenübersteht, sieht in der Anpassungshypothese des Darwinismus viel Spekulatives, das der exakten wissenschaftlichen Überprüfung nicht standhält und auch begrifflich so verfasst ist, dass eine rationale Diskussion schwerfällt. In seiner Argumentation klingt bereits jene Kritik an, die später (1979) Gould und Lewontin üben sollten, wenn sie die Adaptation als Panglosssche Begründung (nach der Romanfigur Dr. Pangloss in Candide von R. Voltaire) bezeichnen (s. unten).

„Nägeli, in speaking of the methods of the earlier theorists in Germany, remarks with much acumen: „We might have expected that after the period of the nature-philosophizers, which in Germany crippled the best forces that might have been used for the advance of the science, we should have learnt something from experience, and have carefully guarded the field of real scientific world from philosophical speculation. But the outcome has shown that, in general, the philosophical, philological, and aesthetic expression always gets the upper hand, and a fundamental and exact treatment of scientific questions remains limited to a small circle. The public at large always shows a distinct preference for the so-called idealistic, poetic, and speculative modes of expression." The truth of this statement can scarcely be doubted when in our own time we have seen more than once the same method employed with great public applause. Nowhere is this more apparent than in the writings of many of the followers of Darwin in respect to the adaptations of living things. To imagine that a particular organ is useful to its possessor, and to account for its origin because of the imagined benefit conferred, is the general procedure of the followers of this school. Although protests have from time to time been raised against this unwarrantable way of settling the matter, they have been largely ignored and forgotten." (Morgan 1903, S. 452/453)

Letztlich lässt sich so, wie die Darwinisten argumentieren, jede Eigenschaft, die nur das Überleben eines Organismus ermöglicht, als Anpassung bezeichnen, doch fehlt dieser Begründungsstruktur die nötige Eindeutigkeit. Morgan untermauert dies mit einem Verweis auf Bateson:

„The fallacy of the argument has, for example, been admirably pointed out by Bateson in the following statement: In examining cases of variation I have not thought it necessary to speculate on the usefulness or harmfulness of the variations described. For reasons given in Section II such speculation, whether applied to normal structures or to Variation, is barren and profitless. If any one is curious on those questions of Adaptation, he may easily thus exercise his imagination. In any case of Variation there are a hundred ways in which it may be beneficial or detrimental. For instance, if the ‚hairy' variety of the moor-hen became established on an island, as many strange varieties have been, I do not doubt that ingenious persons would invite us to see how the hairiness fitted the bird in some special way for life in that island in particular. Their contention would be hard to deny, for on this class of speculation the only limitations are those of the ingenuity of the author. While the only test of utility is the success of the organism, even this does not indicate the utility of one part of the economy, but rather the net fitness of the whole." (zit. Aus Morgan 1903, S. 453/454).

Die Ansicht, dass Organismen mehr oder weniger an ihre Umwelt angepasst seien, ist nach Morgan vor allem dadurch zu begründen, dass der Anpassungsprozess nicht direkt beobachtet werden könne.

Neues kann nach Morgan nicht durch Selektion, sondern nur durch Mutation entstehen. Diese sieht er in jenem Stadium seiner wissenschaftlichen Entwicklung als größere und umfassendere Veränderung. Kleinere mutative Veränderungen werden nicht ins Kalkül gezogen.

Morgan sollte, von diesen Prämissen ausgehend, einer der Begründer der modernen Genetik werden, die in die molekulare Vererbungslehre einmündete. Im Rückblick auf seinen wissenschaftlichen und geistigen Werdegang sowie die Bedeutung, die gerade seine Forschungen auch für das Evolutionsdenken erlangten, bleibt eine Frage: Wäre diese Entwicklung bei engerer Anlehnung an originales Darwinsches Denken überhaupt möglich gewesen? Oder liegt seine Quintessenz in der radikalen Kritik an Darwin?

Fazit

Es kann also, wie nicht nur dieses letzte Beispiel zeigt, der Nachweis geführt werden, dass das in der biologischen Literatur Bild oft implizite enthaltene von Charles Darwin und seinem Werk, in dem Darwin als quasi monolithische geistige Größe eine neue Sicht und Theorie des organismischen Wandels begründete, durch nachträgliche Selektion von Fakten und Zitaten sowie nachträgliche Korrekturen entstanden ist..

Es verdankt sich einerseits einer selektiven Sicht und einem selektiven Nachvollzug des historischen Ablaufs der Entstehungs- und Rezeptionsgeschichte des „Darwinismus", andererseits einer Fokussierung auf eine Person, die für andere zeitgleich mit

Charles Darwin, vor oder nach ihm agierenden Denkern kaum mehr Raum außerhalb von Zusatzanmerkungen oder Fußnoten lässt.

Der kurze Überblick über die Beiträge verschiedener Autoren zum Evolutionsdenken verfolgt, wie aus dem Inhalt wohl deutlich wurde, keineswegs eine ungebührliche Herabsetzung Charles Darwins oder eine Minderung seiner Verdienste. Wohl aber soll er einen Beitrag dazu leisten, dass die immer noch aktuelle Auseinandersetzung mit Charles Darwins Werk wieder in Gang kommt und dabei einer Mythen- und Legendenbildung entgegengewirkt wird, welche die rationale, möglichst vorurteilsfreie Diskussion um die Evolution und ihre Mechanismen nur behindert.

Dies kann vor allem durch bewussten Rückgriff auf die Primärliteratur geschehen, der erst den Blick auf die vielfältige und faszinierende Geschichte des Evolutionsdenkens eröffnet, in deren Rahmen Charles Darwin ein faszinierendes, doch nicht das einzige Kapitel darstellt.

Insbesondere aber eröffnet der Blick auf die Entstehungs- und Rezeptionsgeschichte der sich unter den Bezeichnungen Darwinismus bzw. Neodarwinismus etablierenden Evolutionssicht, ihre biotheoretischen, aber auch zeitlich bedingten allgemeinen geistigen Voraussetzungen die Möglichkeit zu einer gründlichen und kritischen Auseinandersetzung mit deren Begründungsstruktur, die bislang erst in Ansätzen geleistet ist.

Eine solche Auseinandersetzung wird vor allem das zentrale und kaum hinterfragte Dogma der Externanpassung betreffen (Heikertinger 1954; Gould & Lewontine 1979; Edlinger, Gutmann & Weingarten 1991; Gudo u. Reichholf im selben Band).

Literatur

Bauer, O. (1924): Marx und Darwin. – Der Kampf 2, 169 ff., zit aus: O. Bauer (1980): Werkausgabe, Bd. 8. Wien: Europa Verlag, 191-203.

Beneden, E van (1883): Rcherches sur la maturatin de Ll'oeuf , la fécondation et la division cellulaire. - Arch. Biologie IV, 15, 16.

Blyth, E. (1835): The Varieties of Animals - Part 1 - 2 Appendix C - Seasonal and Other Changes in Birds Part 1-4. – London: The Journal of Natural History, zit. Aus Bradbury 2000, Appendix.

Blyth, E. (1837): Psychological Distinctions Between Man and Other Animals Part 1-4 – London: The Journal of Natural History, zit. Aus Bradbury 2000, Appendix.

Bowler, P. (2003): Evolution: The History of an Idea. – Berkeley / Los Angeles / London: Univ. of California Press.

Bradbury, A. J. (2000): Charles Darwin – The Truth. http://www3.mistral.co.uk/bradbury-ac/dar6.html

Clark, R. W. (1990): Charles Darwin. Biographie eines Mannes und einer Idee. – Frankfurt/M: Fischer.

Darwin, C. R. (1839): The Voyage of the Beagle. – London: Henry Colburn. Reprint 1989 London: Penguin Books.

Darwin, C. R. (1859): On the Origin of Species by Means of Natural Selection, 2 Vol. - London: Murray. (dt. 1963, Die Entstehung der Arten durch natürliche Zuchtwahl. - Stuttgart: Ph. Reclam u. 1992, Über die Entstehung der Arten durch natürliche Zuchtwahl. - Darmstadt: Wiss. Buchges.).

Darwin, Ch. R. (1868): The Variation of Animals and Plants under Domestication. 2 Vol. - London: Murray. (dt. 1873 u. 1887, Stuttgart: Schweizerbartsche Verlagshandlung.

Darwin, Ch. R. (1871): The Descent of Man, and Selection in Relation to Sex. - London: Murray (dt: 1919, Die Abstammung des Menschen und die geschlechtliche Zuchtauswahl. - Stuttgart: E. Schweizerbart).

Darwin Ch. R. (1892): The Autobiography of Charles Darwin. Ed. By Francis Darwin. - New York: Dover Publications Inc.

Darwin, E. (1794): Zoonomia. London: J. Johnson, 4 Vol.

Darwin, E. (1795): Zoonomie oder Gesetze des organischen Lebens. - Hannover: Hahn.

Edlinger K. (2004, im Druck): Alle Evolution ist Anpassung - Ist alle Evolution Anpassung? Eine Kritik der Darwinschen Anpassungsmetapher. - In: G. Fleck, K. Edlinger & Feigl, (Hrgb.) Die Theorie der Anpassung in Psychologie und Biologie. Frankkfurt: P. Lang - Europ. Verlag der Wissenschaften.

Edlinger, K. & W. F. Gutmann (2002): Organismus - Evolution - Erkenntnis. Grundzüge der Kritischen Evolutionstheorie und der Organismischen Konstruktionslehre. - Frankfurt a. M. / Berlin / Bern / Bruxelles / New York / Oxford / Wien: P. Lang - Europ. Verlag der Wissenschaften.

Eiseley, L. (1979): Darwin and the mysterious. Mr. X. - New York: E. P. Dutton.

Engels, F. (1962): Dialektik der Natur - In: Karl Marx/ Friedrich Engels - Werke. Berlin: (Karl) Dietz Verlag,. Band 20, 337-347.

Engels, E. M. (Hrgb.) (1995): Die Rezeption von Evolutionstheorien im 19. Jahrhundert. - Frankfurt/M.: Suhrkamp.

Engels, E. M. (1995): Biologische Ideen von Evolution im 19. Jahrhundert und ihre Leitfunktion. Eine Einleitung. - In: Engels, E. M. Hrgb.) (1995): Die Rezeption von Evolutionstheorien im 19. Jahrhundert. - Frankfurt/M.: Suhrkamp., 13-66.

Frischeisen-Köhler, M. (1925): Die Philosophie der Gegenwart. - In: Dessoir, M.: Die Geschichte der Philosophie. - Wiesbaden: Fourier, 553-630.

Glaubrecht, M. (2002): Der ewige Zweite. - Geo 12, 133-156.

Gould, St. J. & R. Lewontin (1979): The spandrels of San Marco and the panglossian Paradigm. - Proc. Roy. Soc. London B, 205 No. 1161, 581-598.

Gulick J. T. (1872): On Diversity of Evolution under One Set of External Conditions. - Journal of the Linnean Society (Zoology) 11, 496-505.

Gutmann, W. F. & K. Bonik (1981): Kritische Evolutionstheorie. Ein Beitrag zur Überwindung altdarwinistischer Dogmen. - Hildesheim: Gerstenberg.

Gutmann, W. F. & K. Edlinger (2002): Organismus und Umwelt - Zur Entstehung des Lebens, zur Evolution und Erschließung der Lebensräume. - Frankfurt a. M. / Berlin

/ Bern / Bruxelles / New York / Oxford / Wien: P.. Lang - Europ. Verlag der Wissenschaften

Haeckel, E. (1870): Natürliche Schöpfungsgeschichte. – Berlin: Reimer

Heikertinger, F. /1954): Das Rätsel der Mimikry und seine Lösung. Eine kritische Darstellung des Werdens, des Wesens und der Widerlegung der Tiertrachthypothesen. – Jena: VEB Gustav Fischer Verl.

Herbig, J. (1988): Nahrung für die Götter. Die kulturelle Neuerschaffung der Welt durch den Menschen. – München / Wien: Hanser.

Jahn, I. (Hrgb.) (2000): Geschichte der Biologie. Theorien, Methoden, Institutionen, Kurzbiographien. – Heidelberg / Berlin: Spektrum Akadem. Verl.

Jahn, I. & M. Schmitt (Hrgb.) (2001): Darwin & Co. Eine Geschichte der Biologie in Portratis. 2 Bde. - München: C. H. Beck.

Junker, Th. & U. Hossfeld (2001): Die Entdeckung der Evolution. Eine revolutionäre Theorie und ihre Geschichte. – Darmstadt: Wiss. Buchges.

Kammerer, P. (1915): Allgemeine Biologie. – Stuttgart / Berlin: Deutsche Verlagsanstalt.

Koestler, A. (1972): Der Krötenküsser. Der Fall des Biologen Paul Kammerer. – Reinbek: Rowohlt.

Mayr, E. (1967). Artbegriff und Evolution. - Hamburg: Parey.

Mayr, E. (1979): Evolution und die Vielfalt des Lebens. - Berlin / Heidelberg / New York: Springer.

Mayr, E. (1984): Die Entwicklung der biologischen Gedankenwelt. – Berlin/ New York / Heidelberg.: Springer.

Mayr, E. (1988): Towards a New Philosophy of Biology. – Cambridge/Mass. / London: The Belknap Press of Harvard University Press.

Mayr, E. (1991): Eine neue Philosophie der Biologie: - München: Piper.

Mendel, G. (1866): Versuche über Pflanzenhybriden. – Verh. d. naturforsch. Ver. In Brünn IV, 3-32.

Morgan, T. H. (1909): Experimentelle Zoologie. – Leipzig/Berlin: B. G. Teubner

Morgan, T. H. (1903): Evolution and Adaptation. - London: MacMillan & Co. Ltd.

Ortega y Gazet, M. (1963): Triumph des Augenblicks – Glanz der Dauer. - München: Dtv.

Peters, D. S. & W. Peters (1997): Anpassung – Kernpunkt oder Mißverständnis der Evolutionstheorie? – In: König, V. & H. Hohmann (Hgb.): Bausteine der Evolution. Symposium Übersee-Museum Bremen / Gelsenkirchen / Schwelm: Edition Archaea, 73-82.

Plate, L. (1908): Selectionsprinzip und Probleme der Artbildung. 3. Aufl. – Leipzig: W. Engelmann.

Reichholf, J. (1997): Über den Ursprung des Neuen in der Evolution. Reicht die Darwinsche Selektionstheorie zur Erklärung des Selektionsprozeses? In: König, V. & H. Hohmann (Hgb.): Bausteine der Evolution. Symposium Übersee-Museum BremenGelsenkirchen / Schwelm: Edition Archaea, 59-72.

Riedl. R. (2003): Riedls Kulturgeschichte der Evolution. – Die Helden, ihre Irrungen und Einsichten. – Berlin / Heidelberg / New York / Hongkong / London / Mailand / Paris / Tokio: Springer.

Rieß, J. (1994): Der 1. Juli 1858 oder eine Revolution findet nicht statt. – Natur u. Museum 124 (1), 9-16.

Schaxel, J. (1922): Theorienbildung in der Biologie. Jena: G. Fischer.

Schleidt, W. (1992): Bewußtsein bei Tieren. - In: Guttmann, G. & G. Langer (Hrsgb): Das Bewußtsein – Multidimensionale Entwürfe. – Wiener Studien zur Wissenschaftstheorie 4, 309-329.

Senglaub, K. (2000): Neue Auseinandersetzungen mit dem Darwinisumus. – In: Jahn, I. (Hrgb.) (2000): Geschichte der Biologie. Theorien, Methoden, Institutionen, Kurzbiographien. – Heidelberg / Berlin: Spektrum Akadem. Verl., 558-579.

Spencer, H. (1852): The Developmental Hypothesis. - The Leader, March 20 1852, Reprint in: Spencer, H. (1891): Essays Scientific, Political & Speculative, Williams and Norgate, 3 vols, 1-7.

Spencer, H. (1852): A theory of population, deduced from the general law of animal fertility." - Westminster Review 57, 468-501.

Spencer, H. (1864, 1967): The Principles of Biology. - London: Williams & Norgat,. 2 Vols.

Spencer, H. (1887): The factors of Organic Evolution. – London: Williams & Norgate.

Spencer, H. (1893): the inadequacy of >>natural selection<<. – Contemp. Rev. Febr / March 1893, 241-271, 321-347.

Storch, V. , U. Welsch & M. Wink (2000): Evolutionsbiologie. – Springer, Berlin / Heidelberg / New York.

Wagner, M. (1868): Die Darwin'sche Theorie und das Migrationsgesetz der Organismen. – Duncker & Humblodt, Leipzig, zit. Aus Wagner, M. (1889), S. .47-97.

Wagner, M. (1870): Über den Einfluss der geographischen Isolierung und Kolonienbildung auf die morphologischen Veränderungen der Organismen. – München: Akadem. Buchdruckerein F. Straub, zit. Aus Wagner, M. (1889), S. 101-117

Wagner, M. (1871): Neue Beiträge zur Streitfrage des Darwinismus. - Ausland Nr. 13-15, 23. u. 24, 37 – 40, 45 u. 46, zit. Aus Wagner, M. (1889), S. 117-228.

Wagner, M. (1873): Neueste Beiträge zu den Streitfragen der Entwicklungslehre. - Allgem. Zeitung Nr. 301 u. 302, zit. Aus Wagner, M. (1889), S. 229-247.

Wagner, M. (1874): Naturwissenschaftliche Streitfragen. - Allgem. Zeitung Nr. 279-281, zit. Aus Wagner, M. (1889), S.248-275.

Wagner, M. (1875): Der Natuprozess der Artbildung. - Ausland Nr. 22-26, 29 u. 30, zit. Aus Wagner, M. (1889), S. 282-342.

Wagner, M. (1880): Über die Entstehung der Arten durch Absonderung. - Kosmos Heft 1, 2 u. 3, zit. Aus Wagner, M. (1889), S.396-441.

Wagner, M. (1882): Darwinistische Streitfragen I u. II. - Kosmos, zit. Aus Wagner, M. (1889), S. 442-467.

Wagner, M. (1884): Darwinistische Streitfragen III. - Kosmos, zit. Aus Wagner, M. (1889), S. 468-478.
Wagner, M. (1886): Die Kulturzüchtung des Menschen gegenüber der Naturzüchtung im Tierreich. - Kosmos, zit. Aus Wagner, M. (1889), S.
Wagner, M. 1(877a): Naturwissenschaftliche Streitfragen. - Allgem. Zeitung Nr. 256 u. 257 u. Nr. 342 u. 343, zit. Aus Wagner, M. (1889), S.361-376.
Wagner, M. 1(877b): Naturwissenschaftliche Streitfragen. - Allgem. Zeitung Nr. 342 u. 343, zit. Aus Wagner, M. (1889), S.376-395.
Wagner, M. 1(882): Darwinistische Streitfragen IV u. IV Schluss. - Kosmos, zit. Aus Wagner, M. (1889), S. 479-539.
Wagner, M. (1883): Leopold v. Buch und Charles Darwin. - Kosmos, zit. Aus Wagner, M. (1889), S.343-360.
Wagner, M. (1889): Die Entstehung der Arten durch räumliche Sonderung. – Gesdammelte Aufsätze von Moriz Wagner., Herausgeg. V. Dr. med. Moriz Wagner. Basel: Benno Schwabe Verl. Buchhandlung.
Wallace, A. R. (1855): On the Law that has Regulated the Introduction of New Species. - Annals and Magazine of Natural History 16 (2), 184-196. (dt. 1870 von A. B. Meyer, Erlangen: E, Besold.
Wallace, A. R. (1858): On the Tendency of Varieties to Depart Indefinitely From the Original Type - Journal of the Proceedings of the Linnean Society: Zoology 3(9): 53-62. (dt. 1870 von A. B. Meyer, Erlangen: E. Besold.
Weingarten, M. (1991): Darwin, der frühe Darwinismus und das Problem des Fortschritts in der Evlution. – Natur u. Museum 121 (5), 129-136.
Weismann A. (1892): Das Keimplasma, eine Theorie der Vererbung" – Leipzig: Engelmann.
Weismann A. (1893): Die Allmacht der Naturzüchtung.. - Jena: G. Fischer.
Weismann A. (1913): Vorträge über Deszendenztheorie. - Jena: G. Fischer, 2 Bde.

ZIELE DER EVOLUTIONSFORSCHUNG: REKONSTRUKTION ORGANISMISCHER WANDLUNG ALS MORPHOPROZESS

Michael Gudo

1. Einleitung

Das vordergründige Ziel der Evolutionsbiologie ist ihren Hauptaussagen und Arbeitsprogrammen zur Folge die Aufklärung der Evolutionsmechanismen. Ausgehend von Beobachtungen der belebten Natur folgen Beschreibungen und Experimente, die zu gesicherten Fakten führen. Aus diesen Fakten werden Hypothesen gebildet, die - sobald sie als gesichert gelten - in den Status von Theorien erhoben werden (Kutschera 2001). In der allgemein anerkannten Synthetischen Evolutionstheorie werden als Evolutionsmechanismen zufällige genetische Rekombinationen und Mutationen angesehen, während die natürliche Selektion die Richtung der Populationsentwicklung vorgeben soll; die geographische Isolation von Individuengruppen führt schließlich dazu, dass neue Arten entstehen (Arber 1997). Der gesamte Prozess der Artentstehung soll durch eine hinreichende Kenntnis dieser Mechanismen zu verstehen sein. Eine höhere Betrachtungsebene wird im Rahmen der ‚Evo-Devo'- Debatte erschlossen; hier geht es darum, die Veränderungen der Embryonalentwicklungen als Schlüssel für die Bauplantransformationen heranzuziehen. ‚Evo-Devo' geht auf frühe Arbeiten von Stephen Jay Gould zurück (Gould 1977), der hiermit seine Kritik an der Synthetischen Theorie zur formu-lieren begann. Gould ging es darum zu zeigen, dass die angenom-menen Mechanismen der Artbildung nicht ohne weiteres auf die Bauplanevolution extrapoliert werden konnten und er stellte in Anlehnung an das biogenetische Grundgesetz die These auf, dass hierfür Änderungen der Embryonalentwicklung ausschlaggebend seien. Mittlerweile gilt Evo-Devo nicht mehr als Kritik an der Synthetischen Theorie, sondern als eine wichtige Ergänzung, weil sie die Mechanismen liefern soll, welche zur Entstehung neuer Baupläne im Tierreich führen (Arthur 2000; Bolker 2000; Dalton 2000; Santini & Stellwag 2002).

Diese Arbeitsweisen bestehen vor dem Hintergrund der Annahme, dass die Erforschung der Evolutionsmechanismen das Hauptthema der Evolutionsbiologie darstellt. Genau betrachtet müssen für die evolutionsbiologische Forschung jedoch zwei gleichwertige Ziele formuliert und diese getrennt voneinander behandelt werden: (1) Die Rekonstruktion der Evolutionsgeschichte und (2) die Darstellung der Evolutionsmechanismen.

In der traditionellen Evolutionsbiologie werden zwar auch diese beiden Aspekte behandelt, üblicherweise jedoch in der Weise, dass Evolutionsgeschichte durch die Paläontologie und Evolutionsmechanismen durch die Biologie bearbeitet werden. In neuerer Zeit verbreitet sich die Auffassung, dass auch der geschichtliche Aspekt anhand rezenter Organismen durch die molekulare und phylogenetische Systematik und durch die molekularen Uhren geleistet werden könne. Dabei geraten jedoch organismische Aspekte weitgehend in den Hintergrund. Diese Entwicklung dürfte darin begründet sein, dass im Darwinismus letztendlich nur Selektion, Umweltanpassung, Konkurrenzdruck und Über-produktion von Nachkommen als Evolutionsmechanismen erhalten geblieben sind, obwohl das ursprüngliche Darwinsche Programm durch den Bezug auf die Züchtungspraxis bedeutend reichhaltiger ist (Gudo & Gutmann 2003; Gutmann 1996; Weingarten 1992). Die signifikante Reduktion des Darwinschen Programmes erfolgte systematisch in mehreren Schritten: Der erste Schritt bestand in der Reduktion von Evolution auf Vererbung. Dieser Schritt ist historisch schon weit vor der hier rekonstruierten Synthetischen Theorie geschehen, war aber den Autoren selber offensichtlich als methodische Vorentscheidung nicht bewußt. Der nächste Schritt bestand in der Atomisierung und schließlich in der Substantialisierung von Vererbung. Dies bezeichnet den historischen Übergang zur Populationsgenetik, vor allem in der Fisherschen Fassung. Es folgte nun, da Evolution letztlich nur noch in der Veränderung der Konfigurationen von Vererbungspartikeln bestand, die Identifizierung von Genetik mit Evolution. Dies wird vor allem durch die Arbeiten Dobzhanskys gekennzeichnet (vgl. hierzu Gudo & Gutmann 2003). In Folge wurde die Bearbeitung von Evolutionsmechanismen und Evolutionsgeschichte auf zwei unterschiedliche Disziplinen verteilt (Biologie und Paläontologie), deren Zielsetzungen auch deutlich voneinander abweichen (Gudo & Steininger 2001).

In der klassischen Evolutionsforschung wird den Evolutionsmechanismen größere Bedeutung beigemessen als der Evolutionsgeschichte, denn diese Mechanismen sollen die Begründung und Erklärung für die Evolution geben. Demzufolge stehen Hypothesen für Evolutionsmechanismen im Vordergrund der gesamten Evolutionsbiologie, und es wird davon ausgegangen, dass eine hinreichende Kenntnis dieser Mechanismen genüge, um Stammbäume und Verwandtschaftsbeziehungen der Tiere untereinander zu ermitteln. Dieses Ziel läßt sich jedoch nur erreichen, wenn eine Reihe von dogmatischen Vorannahmen investiert werden, wie beispielsweise die Annahme, dass das Leben auf der Erde nur einmal entstanden sei und somit alle Tiere monophyletisch seien, d.h. sich auf einen einzigen Urahn zurückführen ließen. Treibende Faktoren für die Evolution seien Umweltveränderungen und genetische Rekombinationen. Durch Ernst Mayr wurden die Mechanismen der sympatrischen und allopatrischen Artbildung formuliert, im Neodarwinismus wurde der Vorgang der Mutation und Selektion in der Vordergrund gestellt (Beurton 2002; Mayr 1963; Mayr 1967). Seit nun in den letzten Jahren verstärkt molekularbiologische Arbeiten die Evolutionsbiologie dominieren, wird der Evolutionsmechanismus auf die Insertion, Deletion und den Austausch von Basenpaaren im Genom verkürzt (vgl. Arthur 2000). Auf der Grundlage dieser Hypothesen werden durch Merkmalsauswertung oder durch molekularbiologische Analysen aufgestellte Kladogramme evolutionsgeschichtlich interpretiert, d.h. es erfolgen Sortierungen und Bewertungen von Merkmalskombinationen. Der geschichtliche Aspekt findet in solchen Evolutions-Hypothesen wiederum nur durch die Paläontologie Eingang, indem die Merkmale von Fossilien für die Aufstellung von Stammbäumen mitgenutzt werden und die heute lebenden Tiere in zu den Fossilien abgeleitete Position auf dem Stammbaum gesetzt werden (vgl. Remane 1973; Storch et al. 2001).

Um aber verläßliche Aussagen über die Evolutionsgeschichte zu machen, d.h. zu begründen, warum evolutionäre Veränderungen in einer bestimmten Weise abgelaufen sind, müssen zunächst die Randbedingungen formuliert werden, innerhalb derer der Evolutionsverlauf rekonstruiert werden kann. Die soeben genannten Verfahren der klassischen Evolutionsbiologie sind hierzu ungeeignet, denn Evolutionsmechanismen können erst im Anschluss an die Rekonstruktion der Evolutionsgeschichte modelliert werden. Der umgekehrte Weg ist nicht möglich, weil es keine Möglichkeit gibt, den Erklärungswert von Evolutionslinien zu beurteilen, die im Anschluss an die Hypothesen über Evolutionsmechanismen aufgestellt wurden. Der Wahrheits- bzw. Erkenntnisgehalt sogenannter phylogenetischer Stammbäume läßt sich nicht bestimmen (Janich 1992; Janich & Weingarten 1999). Ein weiteres Problem ist die generelle Rede über Evolutionsmechanismen, denn sie investiert bereits die Metapher des ‚Mechanismus'. Werden nun Evolutionsmechanismen als ‚real existent' angenommen, so konstruiert man eine Metapher innerhalb einer Metapher, was zur Folge hat, dass der sprachliche Bezug zum wissenschaftlichen Arbeitsgegenstand verloren geht (Levit et al. 2002; Ruse 1999; Turbayne 1962). Aus diesem Grund muss Evolutionsforschung mit dem historischen Aspekt, d.h. mit der Rekonstruktion der Evolutionsgeschichte beginnen, und es müssen hierbei die Organismen in den Vordergrund der Arbeiten gestellt werden. Die Abfolge evolutionsgeschichtlicher Ereignisse ist dann anhand schrittweiser Transformationen zu rekonstruieren und zu begründen. Evolutionsforschung ist somit eine spezielle Form der Geschichtsforschung. Auch zeitliche Reihungen, wie sie die Paläontologie vornimmt, genügen dem Anspruch der Evolutionsgeschichtsforschung nicht, vielmehr müssen Fakten und Beobachtungen gemeinsam mit Prinzipien des Aufbaus und des Funktionierens von Organismen in einen Erklärungszusammenhang eingebunden werden.

Um dieses Ziel zu leisten, werden zwei explizite Arbeitsprogramme (= Theorien) benötigt, eines welches den Arbeitsgegenstand festlegt und eines welches Randbedingungen für die Transformation bzw. für die Evaluierung von Transformationslinien zu formulieren gestattet. Das erste Arbeitsprogramm ist eine Gegenstandstheorie, wir bezeichnen sie als Organismusbegriff. Das zweite Arbeitsprogramm ist eine Rekonstruktionstheorie, die Kriterien zur Rekonstruktion von Zwischenstadien und zu deren Bewertung liefert und schließlich die Lesrichtung für die rekonstruierte Evolutionslinie anzugeben gestattet (Gutmann 1996).

In der klassischen Evolutionsbiologie, die sich einerseits mit Artentstehung und andererseits mit ontogenetisch bedingtem Bauplanwandel befaßt, findet sich keines dieser beiden Arbeitsprogramme; es existiert kein Organismusbegriff und es gibt keine Rekonstruktionstheorie. Im Zusammenhang mit einer Kritik an der Synthetischen Evolutionstheorie und der Homologienforschung (Gutmann & Bonik 1981a, b) wurden aber bereits in den 60er und 70er Jahren des 20. Jh. am Forschungsinstitut und Naturmuseum Senckenberg diese beiden Arbeitsprogramme entwickelt (Frankfurter Organismus- und Evolutionstheorie, Kritische Evolutionstheorie, siehe Gudo 2002), ihre Notwendigkeit für die Evolutionsforschung hevorgehoben (Bonik et al. 1984; Gutmann 1994, 1997; Gutmann & Bonik 1981a) und diese auf viele Beispiele erfolgreich angewandt: z.B. Placozoa (Syed & Schierwater 2002), Coelenteraten (Grasshoff & Gudo 1998a, b; Grasshoff & Gudo 2002), Porifera (Grasshoff 1992a, b), Ctenophora (Grasshoff & Gudo 2002), verschiedene Annelida (Bonik et al. 1976, 1977a, b), Plathelminthes (Edlinger 1995), Arthropoda (Grasshoff 1981, 1985), Mollusca (Edlinger 1991, 1995; Edlinger & Gutmann 1997; Gutmann 1974), ‚Tentaculata' (Gutmann et al. 1978) und Chordata (Gudo & Grasshoff 2002; Gutmann 1972, 1981; Herkner 1991).

2. Evolutionsforschung als Geschichtsforschung

2.1 Organismus-Begriff

Der Organismus-Begriff dient dazu, den wissenschaftlichen Arbeitsgegenstand der Evolutionsbiologie festzulegen. Einfach nur die ‚Lebewesen' als den Gegenstand evolutionsbiologischer Forschung anzusehen, genügt nicht, denn dies würde einen erkenntnistheoretischen Realismus voraussetzen. Wissenschaftliche Arbeit kann (und darf) niemals zweckfrei, erfolgen, damit die Ergebnisse im Kontext der zu ihrer Gewinnung verwendeten Methoden evaluierbar bleiben (Hartmann & Janich 1996, 1998). Die Gegenstandstheorie dient dazu, die Frage zu beantworten ‚Was sind Organismen?'

Wenn Lebewesen hinsichtlich ihrer Körperkonstruktion, d.h. also hinsichtlich ihres Aufbaus und ihrer Funktionierensweise untersucht werden sollen, so bietet sich die konstruktionsmorphologische Konzeption des Senckenbergischen Ansatzes an. Dieser zufolge werden Organismen als operational geschlossene, energiewandelnde Konstruktionen verstanden, d.h. es handelt sich um Systeme, die aktiv Materie aufnehmen, in ihrem Gefüge die darin enthaltene Energie in vielen lückenlos aufeinanderfolgenden Schritten wandeln, um diese schließlich in Bewegung, erneute Nahrungsaufnahme, Körperform und Reproduktion umzusetzen. Organismen sind demzufolge mechanisch kraftschlüssige und bionome Funktionsgefüge.

Organismen sind zudem hydraulische Konstruktionen, weil Wasser eine wichtige Grundlage für die verschiedensten Lebensprozesse ist, und damit bereits auf zellulärer Ebene neben den chemischen auch die mechanischen Eigenschaften des Wassers zum Tragen kommen. Die wichtigste dieser Eigenschaften ist die Inkompressibilität, d.h. Flüssigkeiten können niemals komprimiert, sondern immer nur deformiert werden. Form und Bewegung ist das Ergebnis aktiv unter Wandlung von Energie geleisteter

Arbeit, bei der Muskeln und andere krafterzeugende Strukturen auf Hydroskelette einwirken, um Form und Bewegung zu erzeugen.

Die Notwendigkeit dieser Art von Betrachtung wird deutlich im Vergleich zu unterschiedlichen möglichen Betrachtungsweisen für Autos oder Computer. Um dem Zweck, für den diese Apparate gebaut und entwickelt wurden, gerecht zu werden, müssen Autos als energiewandelnde Fortbewegungs- und Transportmaschinen betrachtet werden und Computer als energiewandelnde Rechenmaschinen. Nur dann wird man die zur deren Bau notwendigen Ingenieursleistungen beurteilen und nachvollziehen können. Alternativ wäre auch eine Betrachtung von Autos als Statussymbole oder von Computern als Möbelstücke denkbar, aber dem Zweck ihrer Konstruktion kommt man damit nicht nahe. Um die funktionellen Zusammenhänge von Lebewesen zu verstehen, d.h. ihre Körperkonstruktion zu erschließen und die evolutionsgeschichtliche Entstehung der jeweiligen Bauweisen zu begründen, müssen Lebewesen folglich so untersucht weden, als ob sie energiewandelnde Konstruktionen (maschinenartige Gebilde) seien (Gutmann & Bonik 1981a). Damit wird nicht der Anspruch erhoben werden, den Zweck erkannt zu haben für den es Lebewesen gibt - aber: der Konstruk-tionsaspekt ist ein legitimer und geeigneter Forschungszweck für evolutionsbiologische Forschungsarbeit mit Lebewesen. Andere Forschungszwecke sind ebenso legitim, aber sie leisten auch anderes.

2.1.1 Energiewandlung und Form

Physikalische und chemische Naturgesetze bestimmen den Rahmen aller Prozesse auf der Erde, die geologischen ebenso wie die biologischen. Ein Organismus-Begriff muss somit den ‚Naturgesetzen', d.h. den der Physik und Chemie zu verdankenden Erkenntnissen, Rechnung tragen. Diesen zur Folge basieren alle bekannten Vorgänge auf der Wandlung von Energie. Energie wird niemals produziert oder vernichtet, sondern immer nur von einem Zustand in einen anderen Zustand gewandelt. Hierbei ist zu unterscheiden zwischen gerichteter (zwangsgeführter, kanalisierter) und ungerichteter Energiewandlung (z.B. Explosionen oder Brownsche Molekularbewegungen). Wenn eine bestimmte Leistung mit der Energiewandlung erreicht werden soll, dann muss die Energiewandlung stets gerichtet verlaufen, so wie es in jedem technischen Apparat - wie etwa einem Automotor - geschieht. Die Konstruktion eines Automotors gibt Zwangsführungen vor, Explosionsenergie wird in mechanische Bewegung der Kolben umgewandelt, diese wiederum treiben das primäre Antriebszahnrad an, das die Kolbenbewegung auf das Getriebe und letztendlich die Räder des Fahrzeuges weiterleitet (vgl. Abb. 1). Diese technische Grundlage dient als Basis für die Strukturierung der Metapher von Lebewesen als Organismen.

Lebewesen vollbringen bestimmte Leistungen. Dazu gehören z.B. Formerzeugung, Formerhaltung, Reproduktion, Lokomotion, Nahrungsaufnahme und Lebensraumerschließung. Wenn man die Energiewandlung in einem Lebewesen hinsichtlich dieser Leistungen untersucht, dann wird leicht klar, wozu all die Strukturen, die Muskeln, Knochen, Bänder und Sehnen, die hydraulischen Füllungen und Organe dienen, welche die

Konstruktion eines Lebewesens ausmachen: Sie stellen Zwangsführungen (Restriktionen) für die Energiewandlung dar. Alle Aktivitäten und Leistungen, einschließlich Wachstum, Reproduktion und Evolution, werden durch den Wandel von Energie auf molekularer Ebene und dem lückenlosem Zusammenwirken bis hin zu allen übergeordneten Strukturen angetrieben (Abb. 1). Lebewesen sind vielstufige Energiewandler (Bonik & Gutmann 1982; Gutmann 1992).

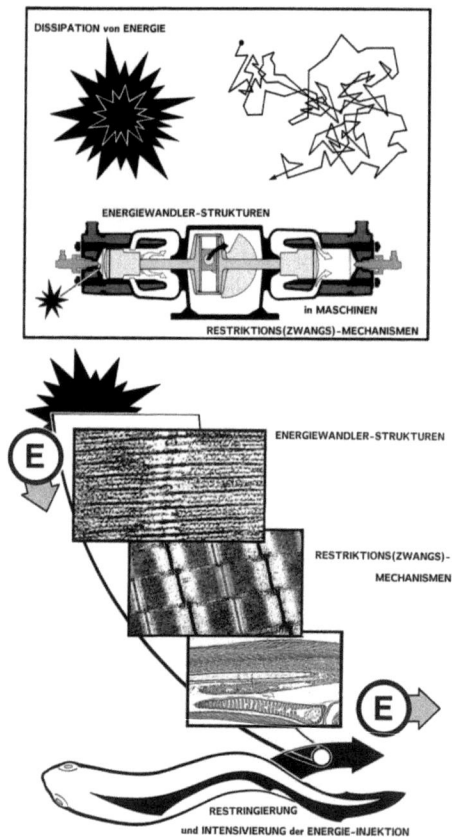

Abb. 1: Energiewandlung & Restriktionen
Ohne Zwangsführungen erfolgt die Energietransformation ungerichtet. Erst mechanische Strukturen wie in einem Motor erlauben eine zweckmäßige Nutzung der gewandelten Energie. Aktin-Myosin-Fasern stellen die strukturelle Grundlage der Energiewandlung bei Organismen dar. Diese Polymere können nur ineinandergeschoben werden und erfordern es somit, dass Muskeln immer in einem Protagonist-Antagonist-Verhältnis organisiert sind.. Auf der anatomischen Ebene sind diese kleinen Aggregate zu Muskelpaketen und diese zu funktionellen Muskelgruppen arrangiert. Es resultiert eine geordnete Fortbewegung, bei der Energie gewandelt und wieder an die Außenwelt abgegeben wird. - Aus dem Archiv Wolfgang F. Gutmann .

Die komplexe Struktur der Organismen bedingt, dass sie operational geschlossen sind. Durch ein offenes System fließt Energie gemäß des Entropiegefälles hindurch. Organismen sind aber weit entfernt von einem Zustand maximaler Entropie; Energie kann nicht einfach durch sie hindurchfließen, sie müssen vielmehr Energie aquirieren (aktiv aufnehmen), um ihren Zustand (niedriger Entropie) zu erhalten und ihr Fortbestehen (Persistenz) durch kontinuierliche Reproduktion zu sichern.

2.1.2 Material und Gefüge

Lebewesen sind aus bestimmten, sogenannten organischen Materialien aufgebaut. Die wichtigsten und die Konstruktion eines Organismus generell prägenden Materialien sind wässerig-viskose Flüssigkeiten, die, sobald sie von einer Hülle umschlossen sind, hydraulische Konstruktionen darstellen (Abb. 2). Gutmann bezeichnet Organismen demzufolge als hydraulische Einheiten (Entitäten) mit klarer Abgrenzung gegen die Außenwelt. Für ein funktionierendes hydraulisches System ist die klare Außenabgrenzung auch zwingend notwendig, weil Hydrauliken nur dann funktionieren, wenn die inkompressible Flüssigkeit nur in einem vorgegebenen Rahmen ausweichen kann, sodass geordnete Bewegung und lückenlose Kraftübertragung möglich ist. Im einfachsten Fall verhindern verspannende und bandagierende Strukturen die Tendenz zur Abkugelung und sphärischen Ausformung (Abb. 2). In komplexeren Fällen gibt es ganze Netzwerke von verspannenden Strukturen und zugfesten Fasern, die einen Organismus durchziehen, seine Form und Bewegungen festlegen und die Energiewandlung auf ganz bestimmte Bahnen lenken.

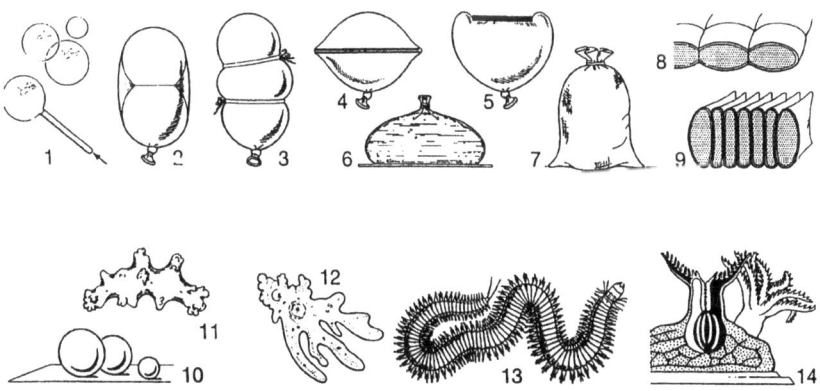

Abb. 2: Bauprinzipien von Organismen: Hydraulik
Obere Reihe (1-9) Prinzipien der hydraulischen Formbildung; nicht kugelige Formen können nur durch Verspannungen und Krafteinwirkungen erzeugt werden. Untere Reihe (10, 11) Beispiele für 'nichthydraulische' Formbildung: 10: Stahlkugeln, 11: Sklerit einer Oktokoralle. (12-14) Beispiele für hydraulische Formbildung bei Organismen: 12: Amöbe, 13: Polychaet, 14: Korallenpolyp. - Aus: Grasshoff (1994).

Die verschiedenen Strukturen eines Organismus bilden ein funktionales Ganzes, ein lückenloses Gefüge, das nirgends unterbrochen ist. Kräfte werden also kontinuierlich und ohne Unterbrechung weitergeleitet. Man spricht von einem kraftschlüssigen Gefüge. Dieses Gefüge muss ständig aufrechterhalten und im funktionell-strukturellen Kontext bestätigt werden. Gewebe, Zellen und Organe sind ständig degenerativen Prozessen ausgesetzt. Sie werden also ständig abgebaut und aktiv vom Organismus neu aufgebaut. Leben ist somit kein Zustand, den ein ‚Gegenstand' haben kann, sondern Leben ist ein Prozess der kontinuierlichen Form- und Strukturerzeugung und -erhaltung. Durch die Abgliederung von Reproduktionseinheiten wird dieser individuelle Morphoprozess an die nächste Generation weitergereicht - ohne eine Lücke zwischen dem Gefüge der Eltern und dem der Nachkommen. Das individuelle Leben hat keinen klaren Anfang, sondern nur ein diskretes Ende, nämlich dann, wenn die Mechanismen der Form- und Strukturerzeugung nicht mehr hinreichend funktionieren, wenn also Degeneration die Regeneration überwiegt.

Dieser Zusammenhang geht weit über das hinaus, was man von technischen Apparaten kennt und was mit dem technischen Terminus kraftschlüssig erfasst werden könnte. Wir nennen diesen speziellen Zusammenhang bei Organismen daher Kohärenz. Der Unterschied zum Kraftschluss einer Maschine besteht darin, dass Kraftschluss unterbrochen und wiederhergestellt werden kann, wie etwa durch das Aus- und Einschalten einer Maschine oder das Treten und wieder Loslassen der Kupplung beim Auto. Die kohärente Organisation hingegen existiert kontinuierlich von einer Generation zur nächsten, in Form abgegliederter funktionaler Untereinheiten (Gutmann 1995b). Kupplungen gibt es bei Organismen ebensowenig wie einen individuellen Anfang. Der Organismus ist mehr ein Prozess (Morphoprozess) als ein Individuum. Die Kohärenz beschreibt den strukturellen Zusammenhang des Ganzen im organismischen wie im prozessualen Sinne. Kohärenzverlust bedeutet Tod des Organismus und für diesen Einzelfall eine irreversible Unterbrechung des Morphoprozesses (Abb. 3).

Das Organismusmodell läßt sich nunmehr zusammenfassen: Organismische Konstruktionen sind aus flexiblen Hüllen mit wässerig-viskoser Füllung und formgebenden Strukturen aufgebaute Energiewandler, deren Körper ein operational geschlossenes, kohärentes Gefüge typisch organismischer Bauteile (Bindegewebe, Muskulatur, Hydrauliken) darstellt. Ihre spezifische Form wird durch Zügelung von osmotisch expandierenden Füllungen in flexiblen Membranen bestimmt. Ihre mechanisch kohärente Organisation erlaubt es ihnen, selbsttätig (autonom) verschiedene Leistungen (Nahrungsaufnahme, Stoffumwandlung, Lokomotion und Reproduktion = Bionomie) zu erbringen, die ihr Fortbestehen über Generationen hinweg sichert (Persistenz). Organismen sind Teil des kontinuierlich ablaufenden Lebens- und Evolutionsprozesses (= Morphoprozess). Sie entwickeln sich gemäß ihrer kohärenten Konstruktion, sie dringen nach Maßgabe ihrer Leistungsfähigkeit in bestimmte Umgebungen ein und nutzen die verfügbaren und für sie akquirierbaren Ressourcen gemäß der Fertigkeiten und Fähigkeiten ihrer Körperkonstruktion (vgl. auch Gutmann 1995b).

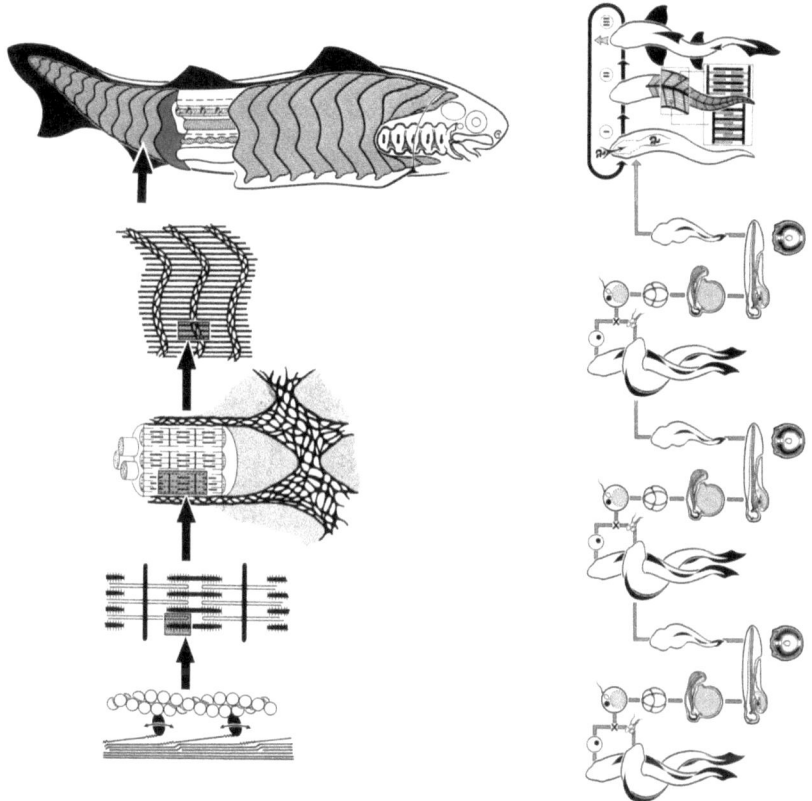

Abb. 3: Prinzip der Kohärenz
Die Kraftschlüssigkeit des organismischen Verbandes auf der gesamten Ebene von der molekularen bis hin zur organismischen Konstruktion bezeichnet man als kohärentes Gefüge. Die Kohärenz ist ein niemals unterbrochener Kraftschluß, der auch an die Nachkommen weitergegeben wird. - Aus: Gutmann (1995b).

2.1.3 Konstruktions-Morphologie

Aus dieser Gegenstandsbestimmung folgt, dass die Form eines Organismus das Ergebnis der energiewandelnden Wirkung krafterzeugender und kraftübertragender Strukturen ist. Somit enthält der Organismusbegriff die Anweisung, Lebewesen hinsichtlich ihrer formgebenden, formerhaltenden und Bewegungsleistung gestattenden Organisation zu untersuchen. Es ist Aufgabe des Biologen, die krafterzeugenden und kraftübertragenden Strukturen, die Verspannungen, Bandagen, Hydrauliken und Membranen in den Organismen zu finden, ihr Arrangement zu beschreiben und ihre jeweiligen Aufgaben im organismischen Gefüge zu bestimmen. Konstruktions-Morphologie ist die Lehre von der aktiven Erzeugung und Erhaltung der Form eines Organismus - es ist die Lehre -

wie es Wolfgang Gutmann ausdrückte – ‚von der Verhinderung der Kugeligkeit' (Gudo 2002). Eine derartige Untersuchung führt in der Darstellung eines biotechnisch kohärenten, d.h. kraftschlüssigen Gefüges, welches als Modell (oder Metapher) für den Organismus dient (Gutmann 1995a, 2002; Levit, et al. 2002). Es geht um ein Verständnis, d.h. eine Erklärung der Morphologie von Lebewesen, auf der Grundlage einer Biotechnik (einer Bionik im organismischen Sinne). Demzufolge läßt sich die Bauweise von Lebewesen in einer organismisch-technischen Weise hinreichend beschreiben und erklären, Konstruktionsbeschreibung sind immer ganzheitlich und können - nahezu beliebig - detailiert werden. Eine Konsequenz dieser Betrachtungsweise ist eine klare Widerlegung der Aussage von Dobzhanksy, der der Meinung war, dass ‚Nichts in der Biologie Sinn macht, außer im Lichte der Evolution' (Dobzhansky 1973). Das Gegenteil ist der Fall: die Morphologie eines Tieres läßt sich weitgehend in einem funktionellen Kontext erklären.

2.2 Rekonstruktionstheorie

Wenn Evolutionsforschung eine Form der Geschichtsforschung sein soll, dann wird der aktuelle Zustand (oder ein beliebiger historischer Zustand) als Ergebnis von Transformationen verstanden, deren möglicher Verlauf zu rekonstruieren und zu begründen ist. Wenn man Lebewesen in der vorgeführten Weise als mechanisch kohärente Konstruktionen versteht, dann muss man auch deren Evolutionsgeschichte nach organismisch-prozessual begründeten Regeln darstellen, d.h. rekonstruieren. Hierzu werden Transformationsregeln benötigt, anhand derer sich die Veränderungen von Konstruktionen so angeben lassen, dass zu den - aus rezenten Formen ermittelten - Anfangskonstruktionen mögliche Antezendenten bestimmt werden. Die Prinzipien der Evolutions-Rekonstruktion sind ebenso wie die der Gegenstandskonstitution aus der technischen Modellierung gewonnen (Gudo & Gutmann 2003). Das Organismus-Konzept bietet hierfür eine essentielle Voraussetzung. Weil nämlich Lebewesen als energiewandelnde Konstruktio-nen verstanden werden, lassen sich zum einen Lesrichtungskriterien für Evolutionslinien formulieren und zum anderen kann der Rahmen funktioneller Wandlungen stark eingeschränkt werden. Eine bestehende Körperkonstruktion läßt nur ganz bestimmte Veränderungen zu. Und diese Veränderungen sind entweder funktional oder dysfunktional. Diese Einschränkungen erlauben es nun, evolutive Zwischenstadien zu rekonstruieren, und damit Fossilien in einer viel adäquateren Weise zu nutzen, als dies bisher getan wurde: Sie sind nämlich Repräsentanten bestimmter evolutiver Zwischenstadien, sie geben Hinweise auf Seitenzweige (Differenzierungen) und sie können als Ausgangspunkte für manche heute nicht mehr bekannte Evolutionslinien herangezogen werden.

Evolution läßt sich nunmehr auch klar als ein Prozess irreversibler Wandlung definieren, denn Optimierungen und Ökonomisierungen sind nicht umkehrbar, ebenso Differenzierungen, bei denen Strukturen abgebaut wurden. Die Rekonstruktionstheorie ist ein hilfreiches - wenn nicht sogar das einzige - Instrument zur rekonstruierenden (=historischen) Evolutionsforschung (vgl. hierzu Abschnitt 5: Anhang).

3. Mechanismen der Evolution

3.1 Rekonstruktions-Theorie

Am Beispiel der Echinodermen-Evolution (siehe Abschnitt 5: Anhang) ist deutlich zu erkennen, in welcher Weise Organismus-Konzeption und Rekonstruktion miteinander verknüpft sind. Erst die konstruktionsmorphologische Konzeption der Echinodermen gestattete es, diese Tiere als energiewandelnde Konstruktionen aufzufassen und darzustellen. Vor diesem Hintergrund - Echinodermen als hydraulische Skelettkapsel-Konstruktion - war es dann möglich, ein plausibles Szenario für einen evolutionären Übergang zu rekonstruieren und die einzelnen Transformations-Schritte zu begründen, d.h. mit Lesrichtungen zu versehen. Die übrigen, von anderen Autoren präsentierten Ableitungsmodelle müßten nun nach genau den gleichen Kriterien bewertet werden. Doch schon bei dem einfachen Versuch, die jeweils postulierten strukturellen Änderungen nachzuvollziehen, treten kaum überwindbare Schwierigkeiten auf. Dies liegt darin begründet, dass in den Konzeptionen, wie sie beispielsweise von Gislén (1930) und Jefferies (1968; 1996) vertreten werden, eine Organismuskonzeption fehlt, welche es gestatten würde, Übergänge funktionell zu begründen oder nachzuvollziehen. Möglich wäre natürlich eine organismisch-konstruktionelle ‚Nachbearbeitung', d.h. also ein Versuch, die Echinodermen doch von Calcichordaten oder Sipunculiden (Nichols 1967) herzuleiten. Doch hier zeigen schon basale histologische Arbeiten, dass ein solcher Übergang nicht möglich ist.

Ein weiterer Vorteil der konstruktionsmorphologischen Ableitungen ist, dass sich Differenzierungsstadien bestimmen und Zwischenformen rekonstruieren lassen. Zwischenformen stellen Übergangsformen von einem Konstruktionsniveau zu einem nachfolgenden dar. In vielen Fällen lassen sich von solchen rekonstruierten Zwischenstadien dann auch fossile (und manchmal auch noch rezente) Vertreter finden. Im Falle der Echinodermen-Evolution sind nahezu alle in der Evolutionslinie dargestellten Zwischenformen (Abb. 7) fossil belegt (Gudo in prep.-f), und zudem stellen diese Zwischenformen Differenzierungsfelder dar, d.h. es sind mehrere voneinander unabhänge bzw. alternative Entwicklungslinien möglich. Darüberhinaus lassen sich im Rahmen solcher Rekonstruktionen auch evolutive Zwangsführungen (Restraints, oder ‚transformative Kausalisäten') bestimmen. Im vorgestellten Beispiel ist der fünfstrahlig symmetrische Körperbau eine solche transformative Kausalität, denn sie entsteht zwangsläufig, wenn der Darm in der beschriebenen Form verlängert und verlagert wird.

Es steht nunmehr zur Frage, ob die Kriterien welche zur Rekonstruktion und zur Evaluierung des einzelnen Transformationsschritte herangezogen wurden, zugleich die Mechanismen der Evolution sind. Optimierung, Ökonomisierung und Differenzierung lassen sich jedoch nicht als Prozess darstellen. Es handelt sich hierbei immer nur um

Postfaktum-Feststellungen, die dazu geeignet sind, Übergänge zu begründen und Lesrichtungen festzulegen. Sie geben eine Erklärung für die Richtung in der die Evolution abgelaufen ist, aber keine Erklärung dafür, warum die Evolution abgelaufen ist.

3.2 Traditionelle Evolutionsbiologie

In der traditonellen Evolutionsbiologie sind die Erklärungansätze von vorneherein verdreht. Hier werden alle Tierformen als Ergebnis eines Evolutionsmechanismus angesehen, den man glaubt bereits erkannt zu haben: Evolution verläuft über Anpassung an geänderte Umweltbedingungen, allopatrische und sympatrische Artbildungen und (neuerdings) Insertion und Deletion von Basen auf dem Genom (Mutationen). Hierauf aufbauend werden Erklärungen für die Evolution gegeben, indem bestimmte Merkmale von Tieren hinsichtlich ihres Anpassungswertes betrachtet, Populationen statistisch ausgewertet und Abschnitte des Genoms sequenziert und schließlich ebenfalls statistisch ausgwertet werden. Die zunehmende Atomisierung der biologischen Gegenstände bis hin zur vollständigen Reduktion des Organismus auf die Abfolge der Basenpaare in seinem Genom begünstigte dieses Verständnis von Evolutionsmechanismen umso mehr.

Sieht man Lebewesen jedoch nicht atomistisch, sondern als funktionierende Gefüge, als energiewandelnde organismische Konstruktionen, so wird deutlich, warum die derzeitige Biologie nicht dazu in der Lage ist, den geschichtlichen Aspekt der Evolutionsforschung zu leisten, denn die dargestellten Evolutionsmechanismen beziehen sich nur auf atomisierte Forschungsgegenstände und können daher nicht als hinreichende Erklärungen für die Transformation komplexer Systeme, wie es Organismen sind, angesehen werden.

3.3 Leben als Morphoprozess

Da beide Konzepte - die Rekonstruktions-Theorie und die klassische Evolutionsbiologie - sich als insuffizient für die Formulierung von Evolutionsmechanismen erweisen, die als Begründung für die Evolution geeignet wären, ist ein Alternativ-Konzept notwendig, welches sich einer prozessualen Darstellung des Lebens widmet. Gutmann selbst unternahm diesen Versuch mit der Bezugnahme auf die Prozessdarstellungen von Alfred North Whitehead (vgl. Edlinger & Gutmann 2003), gelangte hierbei aber auch nur zu einer Thematisierung des Problems und noch nicht zu einer vollständig prozessualen Darstellung. Dennoch bietet das organismische Konzept vielversprechende Ansätze, die ausgebaut werden können. Die hier entfalteten Positionen sind als Beitrag zur Entwicklung einer ‚Theorie des Morphoprozesses der Evolution' zu verstehen. Desweiteren sei an dieser Stelle darauf hingewiesen, dass der Begriff des Morphoprozess im russischen Kulturkreis von besonderer Bedeutung ist; man denke an die Arbeiten von Beklemishev, Vernadsky oder Berg (Levit 1999; Levit et al. 2003; Levit & Scholz 2002).

Es wurde zu Anfang erwähnt, dass Organismen keine Zustände, sondern sich entwikkelnde Gebilde sind. Schon aus diesem Grund ist es angemessener, Organismen als dynamische Einheiten, als Prozesse, und nicht als statische Individuen, als Phänotypen und Abbilder der Gene anzusehen. Organismen sind - wie oben dargestellt - energiewandelnde, ständig aktive Konstruktionen, die für ihren Fortbestand selbsttätig sorgen und kontinuierlich mechanisch kohärente Untereinheiten abgliedern. Hierdurch sind sie Träger und Ergebnis eines kontinuierlichen Lebensprozesses. Die lebende Organisation wird im Rahmen der Reproduktion kontinuierlich weitergegeben und zu keinem Zeitpunkt neu geschaffen. Es läuft ein ständiger Prozess der Struktur- und Formerhaltung ab, der allgemeinen chemischen, physikalischen und organismischen Prinzipien folgen muß. Alle Strukturen, Funktionsgefüge und anatomisch-strukturellen Zusammenhänge müssen ständig aufs Neue bestätigt werden, und diese Bestätigung erfolgt nach Maßgabe dessen, was wir als Naturgesetze bezeichnen. Organismen werden somit als Träger und Ergebnis eines Morphoprozesses betrachtet. Man kann auch sagen, der Organismus ist ein Ausschnitt, eine Momentaufnahme des kontinuierlich ablaufenden Morphoprozesses.

Die bestehende Konfiguration der abgegliederten hydraulischen Einheiten bestimmt den Verlauf der weiteren individuellen Entwicklung (Ontogenese) und der nachfolgenden Abgliederungen. Die bestehende Konfiguration legt bereits den Variationsrahmen der hydraulischen Einheiten in den nachfolgenden Generationen fest. Organismisches Leben ist ein kontinuierlicher Vorgang und keine Eigenschaft, die einem Gegenstand zugewiesen werden könnte. Die Kontinuität besteht vor allem dadurch, dass in jedem Organismus entwicklungsfähige Untereinheiten existieren, die entwicklungsfähige hydraulische Konstruktionen darstellen (z.B. Eizellen oder totipotente Zellen, die sich zu Knospen (= Klonen) entwickeln können). Zu keinem Zeitpunkt werden genetische Informationen, Zellbestandteile, krafterzeugende und kraftübertragende Strukturen zusammengeführt, um daraus einen neuen Organismus zu bilden. Auch die frühe Individualentwicklung (Embryogenese) ist - wie alle anderen Lebensvorgänge - ein Prozess, bei dem Energie gewandelt, Flüssigkeiten gepumpt, Verspannungen aufgebaut, Gewebe mit bestimmten mechanischen Eigenschaften gebildet und Materialien verschoben werden (Blechschmidt 1978; Müller 2003). Wenn all diese kinetischen Vorgänge innerhalb eines bestimmten Rahmens ablaufen, entstehen immer wieder ähnlich konstruierte Organismen, die sich selbst reproduzieren und sich über viele Generationen hinweg stetig wandeln. Hierdurch erhalten die Organismen als Träger und Ergebnis des Morphoprozesses einerseits bestimmte Fertigkeiten, welche zur Sicherung ihrer Persistenz notwendig sind, und andererseits Fähigkeiten, welche es ihnen gestatten, sich Lebensräume zu erschließen, diese mitzugestalten und sich an bestimmte Bedingungen individuell (!) anzupassen. Organismen dringen somit nach Maßgabe ihrer Körperkonstruktion in erreichbare Lebensräume ein und gestalten diese. Als Beispiele seien genannt die Bildung der Sauerstoffatmosphäre durch Photosynthese und die massiven Kalkbildungen der Rifforganismen, welche möglicherweise sogar dafür verantwortlich sind, dass bestimmte geologische Vorgänge, wie etwa Subduktion von Ozeanböden überhaupt erst in Gang gesetzt wurden (Lovelock 1991, 1992).

3.4 Evolution als Wandel von Morphoprozessen

Aus dieser Darstellung von Organismen als Prozess erscheint Evolution in einem ganz anderen Licht. Die Erkenntnisse der modernen Physik haben gezeigt, dass das alte Weltbild des Kausal-Determinismus der Newtonschen Mechanik, welches zu der Annahme führte, man könne bei hinreichender Kenntnis aller wirkenden Kräfte und Massen die Geschichte und die Zukunft des Universums vollständig rekonstruieren und vorhersagen, aufgegeben werden mußte zugunsten des indeterministischen Weltbildes der Quantenmechanik. Diese Indeterminiertheit aller physikalischen (und chemischen) Vorgänge läßt sich bei genügend genauer Meßtechnik in allen Größendimensionen nachweisen und sie ist bestimmend für die Geschichte und die Zukunft des ganzen Universums. Einfacher ausgedrückt bedeutet dies, dass jeder Prozess aufgrund der vielschichtigen komplexen Zusammenhänge (im physikalischen Sinne: Quanteneffekte) ein klein wenig anders abläuft, und niemals vollständig vorhersagbar ist (Atkins 1986; Briggs 1990). Genau diese Erkenntnisse sind es nun, welche für das Verständnis und die Erforschung der Evolution organismischer Konstruktionen von so großer Bedeutung sind. Jeder Morphoprozess verläuft aufgrund der Indeterminiertheit des gesamten Universums ein klein wenig anders. Kein Gegenstand und kein Prozess gleicht einem anderen vollständig (Bonik et al. 1978b). Bezogen auf die Biologie bedeutet dies, dass Reproduktion also nicht die Herstellung identischer Replikate meint, sondern immer die Entwicklung ähnlich aber nicht identisch ablaufender Morphoprozesse. Auf diese Weise entstehen immer wieder neue Varianten der Ausgangskonstruktion, von denen jedoch nur diejenigen persistieren, welche in einer solchen Weise funktional sind, dass sie den Morphoprozess weitertragen können. In jeder folgenden Generation gibt es wieder Abweichungen, und so fort. Langsam und in vielen kleinen Schritten verändert sich der Morphoprozess. Über viele Generationen hinweg kommt es zu Wandlungen und Aufspaltungen der Morphoprozesse. Evolution ist demzufolge der ständige Fluß, die Änderung und die Aufspaltung von Morphoprozessen. Aufgrund des durch die Körperkonstruktionen vorgegebenen funktionellen Rahmens sind zum einen nur bestimmte Änderungen des Morphoprozesses möglich und zum anderen führen auch nur manche dieser Änderungen wieder zu persistenzfähigen neuen Morphoprozessen. Physikalische, chemische und organismische Prinzipien bestimmen hierbei den Rahmen evolutionärer Veränderungen, d.h. der bestehende (aszendente) Morphoprozess bestimmt die nachfolgenden (deszendenten) Morphoprozesse. Evolution ist also der Normalzustand. Nicht die Evolution muss erklärt werden, sondern die ‚Nicht-Evolution', d.h. die Persistenz bestimmter Strukturen und Organisationsweisen. Demzufolge ist Evolutionsforschung eine Bestimmung des organismischen Rahmens der Wandlung von Morphoprozessen, kurz Evolutionsforschung befaßt sich mit der Bestimmung von Invarianzen und transformativen Kausalitäten (Restriktionen).

3.4.1 Randbedingungen des Morphoprozesses

Die Randbedingungen des Wandels von Morphoprozessen ergeben sich aus der Organismus-Konstitution als hydraulische Konstruktionen und aus der jeweils vorliegenden Körperkonstruktionen. Leben ist auf der Basis von wässrig-viskosen Flüssigkeiten entstanden, und damit wurde eine wesentliche Invarianz festgelegt: die operationale Geschlossenheit hydraulischer Einheiten. Nur wenige weitere ‚pauschale Invarianzen' sind material- und organisationsbedingt (z.B. der Muskelantagonismus), ansonsten müssen alle Invarianzen im Einzelfall anhand der jeweiligen Körperkonstruktionen bestimmt werden. Gleiches gilt somit auch für transformative Kausalitäten. Hierbei handelt es sich um strukturelle Zusammenhänge, welche bestimmte Entwicklungen zwangsweise nach sich ziehen, sozusagen um Zwangsführungen in der Evolution, welche den weiteren Verlauf des Wandels von Morphoprozessen bestimmen, ähnlich wie ‚Attraktoren' in komplexen Systemen das Verhalten eines Systems bestimmen (Atkins 1986; Briggs 1990). Wie am Beispiel der Echinodermen im Anhang ausgeführt, entstand der fünfstrahlig symmetrische Körperbau zwangsläufig, als beim Übergang von einem Pterobranchia-artigen Vorläufer zu einer Echinodermenkonstruktion der U-förmige Darm des Vorläufers in einer solchen Weise gebogen wurde, dass fünf Schlaufen entstanden. Jede dieser Schlaufen entspricht unverspannten Regionen im Körperinneren, im Übergang von einer Schlaufe zur nächsten lagen bindegewebige Verspannungen. Den Prinzipien der minimalen Kontaktfläche zur Folge ordneten sich die durch diese Schlaufen festgelegten Pneus in pentaradialsymmetrischer Form an. Die für die Echinodermen typische pentamere Organisation war festgelegt (Gudo in prep.-e). Solche ‚Restraints' oder Attraktoren sind steuernd für den weiteren Verlauf, bzw. den Rahmen der Evolution (des Wandels von Morphoprozessen).

4. Schlußfolgerungen

Die Evolutionsforschung verfolgt zwei wesentliche Ziele, zum einen Evolutionsgeschichtsschreibung, zum anderen eine Modellierung der Mechanismen der Evolution. Für die historische Forschung bieten der Organismusbegriff und die Rekonstruktionstheorie zwei wertvolle Instrumente, die auch schon vielfach erfolgreich angewendet wurden und zur Darstellung der Hauptevolutionslinien des gesamten Tierreiches geführt haben (Grasshoff & Gudo 2001). Präzisierungen anhand verschiedenster Organismengruppen haben gezeigt, dass diese Vorgehensweise geeignet ist, auch spezielle Tierkonstruktionen hinsichtlich ihrer Körperkonstruktion und ihrer Evolutionsgeschichte zu untersuchen. Organismus-Begriff und Rekonstruktionstheorie sind zwei der Komponenten, welche eine Evolutionstheorie auszeichnen sollte. Anhand von Darwins Arbeiten lassen sich insgesamt vier solcher Komponenten nachweisen: (1) eine Gegenstandstheorie (=Organismusbegriff), (2) eine Rekonstruktionstheorie (zur Geschichtsforschung), (3) eine Vererbungs- oder Populationstheorie und (4) eine Reproduktionstheorie (Gutmann 1996). Während die beiden ersten Teilkomponenten für die

Geschichtsforschung in der Evolution essentiell sind, können die beiden letzten Teilkomponenten als Begründung für den Evolutionsprozess herangezogen werden. Diesen beiden Teilkomponenten wurden hier in Form der Darstellung lebender Einheiten als Morphoprozess und der Darstellung von Evolution als eine Transformation von Morphoprozessen, Rechnung getragen. Ergebnis ist nun, dass es weniger die Mechanismen der Evolution sind, welche zu finden und zu modellieren sind, als vielmehr die Randbedingungen, welche die ohnehin ablaufenden Veränderungen in bestimmten Bahnen halten. Als solche Randbedingungen wurden genannt die bestehende Vorkonstruktion, d.h. also der bestehende Morphoprozess, die Prinzipien der hydraulischen Konstruktion und biomechanischer Kohärenz, kausal-histogenetische Prinzipien der Körpergewebe der Tiere und schließlich die molekular bedingte Zusammensetzung der Materialien, aus welchen die Organismen aufgebaut sind.

Als Fazit läßt sich festhalten, dass Evolutionsforschung nicht nur die beiden genannten Ziele verfolgen sollte, sondern dass es sich hierbei auch um notwendigerweise aufeinan-derfolgende Schritte handelt. Der übliche Weg, zuerst die Mechanismen zu beschreiben und dann die Evolutionsgeschichte zu bearbeiten, erweist sich vor dem hier gegebenen Hintergrund als wenig erfolgreich. Hinzu kommt, dass die üblicherweise angenommenen Mechanismen von Umweltanpassung, zufälligen Mutationen, sympatrischen und allopatrischen Artbildung, sowie Baseninsertion und Basen-Deletion, für den Zweck der Evolutionsgeschichtsforschung untaugliche Metaphern sind, weil diese Mechanismen mit Hinblick auf mikroevolutionäre Wandlungen formuliert worden sind. Sie sind nicht geeignet auf makroevolutionäre Wandlungen extrapoliert zu werden; die Evo-Devo-Debatte fügt mit der Embryonalentwicklung hier nur eine weitere Beschreibungsebene ein, löst das Problem aber nicht.

Evolutionsforschung ist im ersten Schritt immer Geschichtsforschung. Hierzu müssen die Arbeitsgegenstände klar bestimmt werden, um die Evolutionsgeschichte zu rekonstruieren. Erst im zweiten Schritt lassen sich die Mechanismen der Evolution indirekt erfassen, indem Varianzen, Invarianzen und Restraints die den Wandel von Morphoprozessen beeinflussen können untersucht und somit diejenigen Bedingungen formuliert werden, innerhalb deren der Wandel von Morphoprozessen (Evolution) bewertet werden kann.

5. Anhang

5.1 Evolutionsgeschichte der Echinodermen als Beispiel für den Wandel eines Morphoprozesses

Die Echinodermen sind mit über 6.000 rezenten und 10.000 fossilen Arten die zweitgrößte Gruppe der Deuterostomier. Sie haben nahezu alle marinen Lebensräume erschlossen und bilden in den bathyalen und hadalen Meeresbereichen den größten Anteil der makrobenthonischen Biomasse (Goldschmidt 1996). Echinodermen weisen Sonderentwicklungen auf, die für das gesamte Tierreich einzigartig sind. Hierzu zählt neben dem pentamer radiären Körperbau, das in den Unterhautgeweben liegende Skelett (ein außen liegendes Innenskelett, Motokawa 1998) und den ineinander verschachtelten Coelomräumen, auch der Besitz von mutablem Bindegewebe, welches die Eigenschaft zur extremen Versteifung oder extremen Erschlaffung besitzt (Birenheide & Motokawa 1996; Erlinger et al. 1993; Szulgit & Shadwick 1998; Trotter & Koob 1995; Wilkie & Emson 1988). Diese mutablen Bindegewebe sind in der Lage, Aufgaben zu übernehmen, die eigentlich der energieverbrauchenden Muskulatur zukämen: Sie stabilisieren die Körperform und haben Teil an einfachen Bewegungen (z.B. Peristaltik der Holothurien). Mutable Bindegewebe sind in evolutionsbiologischer Sicht ökonomisierende Strukturen, die möglicherweise die Entwicklungslinie der Echinodermen-Konstruktionen überhaupt erst möglich gemacht haben.

Um diese besondere Körperkonstruktion der Echinodermen evolutionsgeschichtlich erklären zu können, wurden rezente und fossile Echinodermen hinsichtlich ihrer Körperkonstruktion untersucht (Gudo in prep.-d, e, f). Dieser Betrachtung zur Folge sind Echinodermen hydraulische Skelettkapsel-Konstruktionen mit einem stark vergrößerten Körperhohlraum, dessen Flüssigkeitsfüllung die Körpergewebe unter gleichmäßigen Druck setzt. Die Körperform dieser Organismen wird weitgehend von der hydropneumatischen Wirkung des Hydroskeletts und der verspannenden Arbeit der weit nach außen verlagerten bindegewebsreichen Muskelgewebe mit Skelettelementen (Ossikeln) darin bestimmt (Gudo in prep.-c). Die Ossikel sind durch Bindegewebsfasern und Muskeln miteinander verbunden und bilden je nach Anordnungsweise ein bewegliches oder festes Gehäuse (eine Skelettkapsel). Die Bindegewebe der Echinodermen haben rheologische Eigenschaften, d.h. sie können auf neuronale Reizung hin versteifen und erschlaffen und damit Formveränderungen des Körpers herbeiführen. Demzufolge sind Muskeln vergleichsweise dünn und leisten nur geringe formkontrollierende Arbeit; sie dienen vor allem der Bewegung.

Unter den heute lebenden Echinodermen können zwei grundsätzliche Konstruktionspläne unterschieden werden, die festsitzenden Pelmatozoen und die frei beweglichen Eleutherozoen. Auch die fossilen Echinodermen lassen sich weitgehend in diese Gruppen einordnen. Eine Sonderentwicklung stellt eine dritte nur fossile Gruppe dar, die Homalozoen, asymmetrische benthonisch lebende Tiere, die aufgrund ihrer Körperversteifung durch außen liegende Skelettelemente und einem großen internen Hohlraum ebenfalls zu den Echinodermen zu zählen sind. Auf taxonomischer Ebene wird der Stamm der Echinodermata in vier Unterstämme differenziert, die komplett ausgestorbenen Homalozoen, die Crinozoa (= Pelmatozoa), sowie die Asterozoa und die Echinozoa (= Eleutherozoa) (David et al. 2000; Paul & Smith 1984; Smith 1984, 1997).

Für die Rekonstruktion einer Evolutionslinie müssen zunächst Anfangs- und Endpunkte festgelegt werden. Das Endstadium ist dasjenige, für welches der Evolutionsverlauf rekonstruiert werden soll. Im Gegensatz dazu ist die Wahl des Anfangsstadiums bedeutend schwieriger. Hierfür kann auch keine pauschale Anweisung gegeben werden, denn ob ein gewähltes Stadium tauglich oder untauglich ist, erweist sich häufig erst während der Rekonstruktion, wenn beispielsweise Schwierigkeiten auftreten, bestimmte Übergänge zu begründen oder wenn sich bestimmte Strukturen oder Organisationsweisen nicht mehr hinreichend begründen lassen. Für die Echinodermen gilt dieses Problem in ganz besonderer Weise, denn obwohl ihre Zugehörigkeit zu den Deuterostomiern anhand embryologischer Befunde eindeutig ist, nahmen sie innerhalb dieser Gruppe schon alle nur denkbaren Positionen ein, sogar Herleitungen von Protostomiern wurden versucht, vor dem Hintergrund, über die Echinodermen, diese beiden Großgruppen miteinander verknüpfen zu können (vgl. Gudo & Dettmann in prep.). Im Gegensatz zu den anderen Versuchen der Herleitung von Urochordaten oder der Chordaten von den Echinodermen, erweist sich im Lichte der heutigen Kenntnisse zur Embryologie, Molekularbiologie und Konstruktionsmorphologie eine Herleitung von Hemichordaten (Enteropneusten - Eichelwürmer und Pterobranchia - Federkiemer) als das plausibelste Szenario (Bonik et al. 1978a; Gudo in prep.-d, e; Gutmann 1969, 1973).

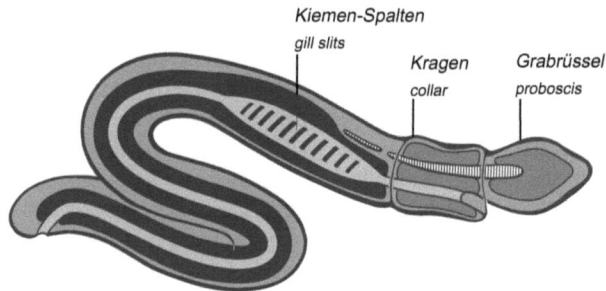

Abb. 4: Konstruktion der Enteropneusten
Das vordere Ende eines Enteropneusten ist ein muskulöser Grabrüssel mit einem Hydroskelett, mit dem sich die Tiere in das Sediment eingraben können. Der hintere Abschnitt ist nur von Längsmuskeln durchzogen, er ist kaum beweglich und wird hinter dem sich peristaltisch voranschiebenden Grabrüssel nachgezogen. Hinter dem muskulösen Grabrüssel befindet sich ein Kragen, der die Mundöffnung umschließt und zur Abstützung des Tieres in der Wohnröhre eingesetzt wird. In dem langen hinteren Körperabschnitt befindet sich der Kiemenkorb mit einer Vielzahl von Kiemenöffnungen. Oberhalb des Kragens liegt das Stomochord, eine kurze Achse, welche als mechanische Stütze für die Grabbewegungen notwendig ist. - Illustration: Antje Siebel-Stelzner.

Während enteropneustenartige Konstruktionen noch aktiv auf Nahrungssuche gehen mußten, konnten solche Formen, die an dem Kragenrand einen Tentakelapparat bildeten, eine festsitzende Lebensweise annehmen und mit den Tentakeln Nahrungspartikel fangen. Der Kragen mit den Tentakeln formte sich schließlich kelchförmig aus, die Tentakel saßen in radialer Anordnung, sie waren innen hohl - d.h. mit Coelomflüssigkeit gefüllt - und sie konnten gefiedert sein, d.h. weitere Verzweigungen ausbilden. Auf diesem Evolutionsniveau spaltete sich die Linie der Pterobranchier ab (Abb. 5).

Vorläufer mit Längsmuskelpaketen
(Myomere), Kiemendarm und Chorda.

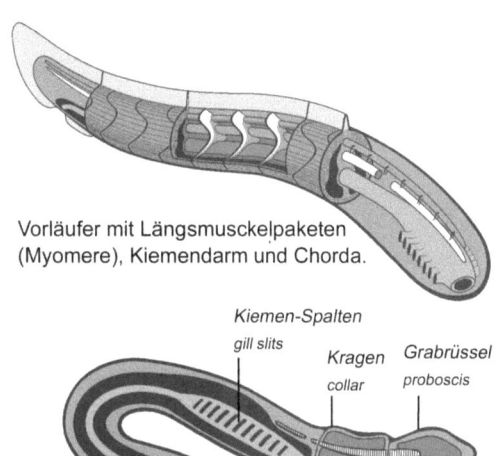

Myomere werden abgebaut, im vorderen
Abschnitt ent-steht ein hydraulischer Grabrüssel, dahinter ein Kragen.

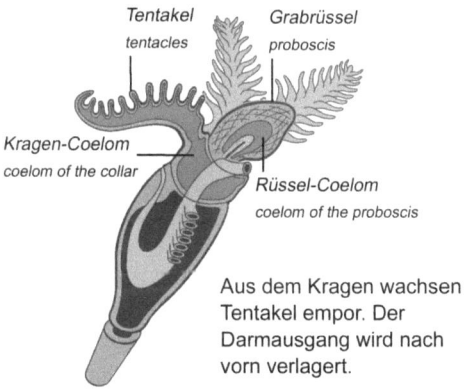

Aus dem Kragen wachsen
Tentakel empor. Der
Darmausgang wird nach
vorn verlagert.

Abb. 5: Evolution der Hemichordaten (Enteropneusten und Pterobranchia)
Achsenstabkonstruktionen mit einer über die Mundöffnung hinausragenden Chorda können sich - ähnlich das rezente *Branchiostoma lanzeolatum* - in das Sediment eingraben. Hierbei besteht die Option, dass sich schrittweise eine Enteropneusten-Konstruktion entwickelt. Von den Enteropneusten-Konstruktionen aus besteht dann zum einen die Option diese Bauweise beizubehalten (Evolutionsfeld der Enteropneusten) und zum anderen die Option, aus dem Kragen Tentakel zu bilden, welche für den Nahrungsfang einsetzt werden. Anzahl und Anordnung der Tentakel sind variabel. Von hier aus zweigen zum einen die Graptolithen und Pterobranchia ab, zum anderen wird das Evolutionsfeld der Echinodermen eröffnet. - Illustration: Antje Siebel-Stelzner.

Als wichtigster Evolutionsschritt beim Übergang von den Chordaten zu den Ambulacralia (Metschnikoff 1881) ist - wie auch in zahlreichen anderen Evolutionslinien (Tunikaten, Tentaculaten, Echiuriden, Sipunculiden, etc.) - die Verlagerung des Darmausganges anzusehen. Hierdurch wird in vielen Fällen ein neues Konstruktionsniveau erreicht und damit neue Lebensräume erschlossen. Bei solchen Transformationen muss immer gewährleistet sein, dass der Darm als Entgiftungs- und Abfallentsorgungseinrichtung funktioniert und dass die Abfallstoffe nicht wieder versehentlich mit der Nahrung aufgenommen werden. Wenn Mund und After an entgegengesetzten Enden des Körpers positioniert wurden, bestand diese Gefahr wohl kaum, aber schon das Leben in einer U-förmigen Wohnröhre konnte bei einem zu kurzen Körper zum Problem werden. Wenn der Organismus nämlich kürzer war, als die U-förmige Wohnröhre, mußten Nahrungsaufnahme und Abfallabgabe getrennt ablaufen. Der Organismus mußte zur Nahrungsaufnahme sein Vorderende und zur Abfallabgabe sein Hinterende aus der Wohnröhre herausstrecken, ansonsten hätten sich die Exkremente in der Wohnröhre angereichert. Wenngleich es viele Würmer gibt, die genau diese Lebensweise zeigen, steht es im Sinne der Ökonomisierung, wenn solche Organismen den Darmausgang im Körper selbst nach vorne verlagerten, so dass Nahrungsaufnahme und Nahrungsabgabe gleichzeitig ablaufen konnten. Wichtig war hierbei nur, dass Mund- und Afteröffnung in verschiedene Richtungen weisen. Bei tentakeltragenden Tieren liegt der After außerhalb des Tentakelkranzes (z.B. Pterobranchier, Sipunculiden, Echiuriden, Priapuliden), bei Tieren mit großen Einstromöffnungen (z.B. Tunikaten) ist die Afteröffnung durch eine Art Röhre von der Mundöffnung weggerichtet (Gudo in prep.-a).

Ausgehend von der Verlangerung des Darmes zusammen mit dem Mesenterium zu einem U-förmigen Verlauf durch den vergrößerten Körper, läßt sich sowohl die typische Echinodermen-Organisation, als auch die für einige Gruppen charakteristische pentamere Anordnung von Organen und anatomischen Strukturen erklären. Eine pentamere Organisation entstand wenn ausgehend von einem U-förmigen Darm der untere Bogen sich zunächst um 90° verdrehte und dann auf jeder Lateralseite jeweils nach oben hin eine neue U- Schlinge ausbildete. Der Darm wurde hierbei verlängert, was auch als Selektionsvorteil anzusehen ist, denn nunmehr konnte die Nahrung effizienter verdaut werden. Das Mesenterium folgte dieser Darmverbiegung mit oral-aboraler Stauchung und Querschnittserweiterung des Körpers und bildete mehrere Aufhängungen für den Darm entlang der Körperwand, welche als interne Verspannungssysteme wirkten. Dazwischen blieben unverspannte Bereiche, welche sich hydraulisch vorwölben konnten und sich dabei nach dem Prinzip der gringsten Kontaktfläche in einem pentaradialen Muster anordneten. Es entsteht quasi zwangsläufig - um nicht zu sagen ‚versehentlich' - eine pentaradiale Organisation (siehe Abb. 6, sowie Gudo in prep.-e).

In diesem frühen Stadium der Evolution der Echinodermen wurden die Symmetrieverhältnisse festgelegt. Die fünfstrahlige Symmetrie entstand, weil eine Anordnung von Pneus mit einem mittig liegenden Pneu in Fünfersymmetrie (also sechs Pneus) die geringsten Kontaktflächen zueinander ausbilden. Dem Verhalten von Pneu-Konstruktionen zur Folge gibt es nur bestimmte Anordnungsweisen, die sich einstellen können:

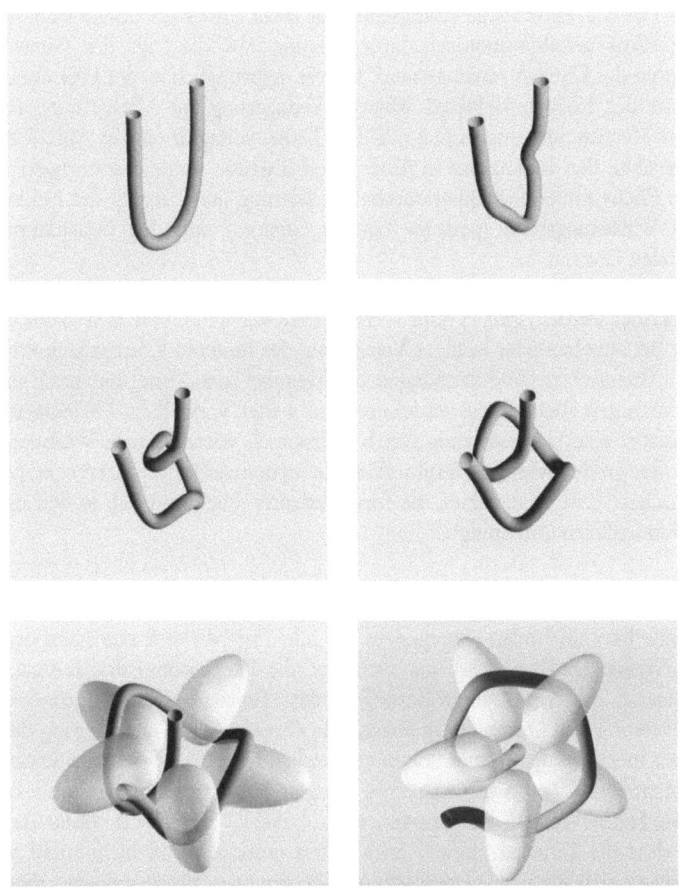

Abb. 6: Verlagerung des Darmes
Die pentaradial-symmetrische Anordnung von Organen und anatomischen Strukturen der Echinodermen entsteht zwangsläufig durch die Verlagerung Darmes bei gleichzeitiger Stauchung bzw. Querschnittserweiterung des Körpers. Ausgehend von dem bereits U-förmig gebogenen Darm bilden sich auf jeder der beiden Lateralseiten weitere U-Schleifen, die schließlich nach oben gebogen werden. Auf diese Weise bilden sich fünf Bereiche, in denen das Mesenterium an die Körperwand stößt und dort eine Verspannung bildet und fünf Bereiche in denen der hydraulische Innendruck auf die Körperwand einwirkt. Es bilden sich fünf Pneus, die sich gemäß des Prinzips der geringsten Kontaktfläche anordnen. Eine pentaradiale Anordnung wird hierdurch fest etabliert. In der Mitte bleibt ein Freiraum in dem der Vorderdarm (Magen) und auch die Mundöffnung liegen. Der After mündet außen an der Körperwand und liegt in einer Ebene mit dem Vorderdarm. – Illustration: Antje Siebel-Stelzner.

Drei Pneus ordnen sich in Winkeln von 120° an, ebenso vier Pneus, die hierbei eine Polarwand ausbilden, fünf Pneus ordnen sich nicht in der Quincunx-Stellung, sondern fünfstrahlig symmetrisch in Winkeln von 72° mit einem freien zentralen Bereich an, so dass fünf Pneus in einer Hülle zwangsläufig als sechs Pneus anzusehen sind: ein Pneu in der Mitte, fünf radialsymmetrisch darum herum. Auf die Lage der Pneus wirkt das Mesenterium des Darmes restringierend. Es war ursprünglich an der Dorsalseite und der Ventralseite des Körpers befestigt. Mit der Verlagerung der Afteröffnung nach vorne wurde das Mesenterium zusammen mit dem Darm verlagert (wie in Abb. 6 dargestellt) und es zerteilte den Innenraum in fünf außen liegende und einen mittigen Pneu. Die einzelnen Pneus finden ihre anatomische Realisierung (am Beispiel der Echinoiden) im zentralen Verdauungstrakt (peripharyngeales Coelom) und den Gonadenpaketen im perivisceralen Coelom.

Da die Kontaktflächen der Pneus untereinander durch des Mesenterium selbst nachgezeichnet werden, gibt es fünf Verspannungselemente und fünf nicht verspannte Bereiche. Bei zunehmender kalkiger Versteifung des hinteren Körperabschnittes können sich die hydraulischen Unterstützungen der Tentakel (die Arme) nur noch in die fünf nicht verspannten Richtungen ausdehnen und weiter vorwölben. Diejenigen Tentakel, welche hierbei eine Unterstützung durch hydraulisch vorwachsende Wölbungen erhielten, konnten größer werden. Fortan sind alle anatomischen Strukturen in pentaradialsymmetrischer Weise angeordnet, die fortan erhalten blieb und sich in den nachfolgenden Evolutionslinien durchprägte.

5.1.1. Evolution der Echinodermen-Konstruktion

Festsitzende bzw. im Boden eingegraben lebende Tiere die sich von Nahrungspartikeln aus dem Wasser ernähren sind vor allem auf die Fangleistung des Tentakelapparates angewiesen. Somit sind Vergrößerungen des Tentakelapparates grundsätzlich als Ökonomisierung und Optimierung anzusehen. Gerade diese Vergrößerung der Tentakel ist aber mit mechanischen Limitationen verbunden. Die Ausgangskonstruktion, ein enteropneustenartiger Organismus mit vom Kragen emporgewachsenen und befiederten Tentakeln, konnte seinen Fangapparat nicht beliebig vergrößern, ohne dass Gefahr bestand, dass die Tentakel einfach nach unten umbogen und nicht mehr zum Nahrungsfang in der Wassersäule eingesetzt werden konnten. Somit war eine Vergrößerung der Tentakel nur möglich, wenn sich zugleich ein mechanisches Widerlager und eine Stabilisierung ausbildeten, sodass die Tentakel ständig in die Wassersäule emporgehalten werden konnten. Diese Stabilisierung wurde dadurch erreicht, dass das Körpercoelom - wie bereits beschrieben - zunehmend vergrößert wurde und sich unterhalb des Tentakelkranzes in fünf Richtungen ausweitete (Abb. 7). Hierdurch wurden die Tentakel an dem vergleichsweise schwachen Übergang am Kragen abgestützt und konnten leichter emporgehalten werden, sodass sie frei beweglich waren und im Wasser Nahrungspartikel fangen konnten, die sie über eine jeweils mittige Cilienrinne zur Mundöffnung transportierten (Abb. 7).

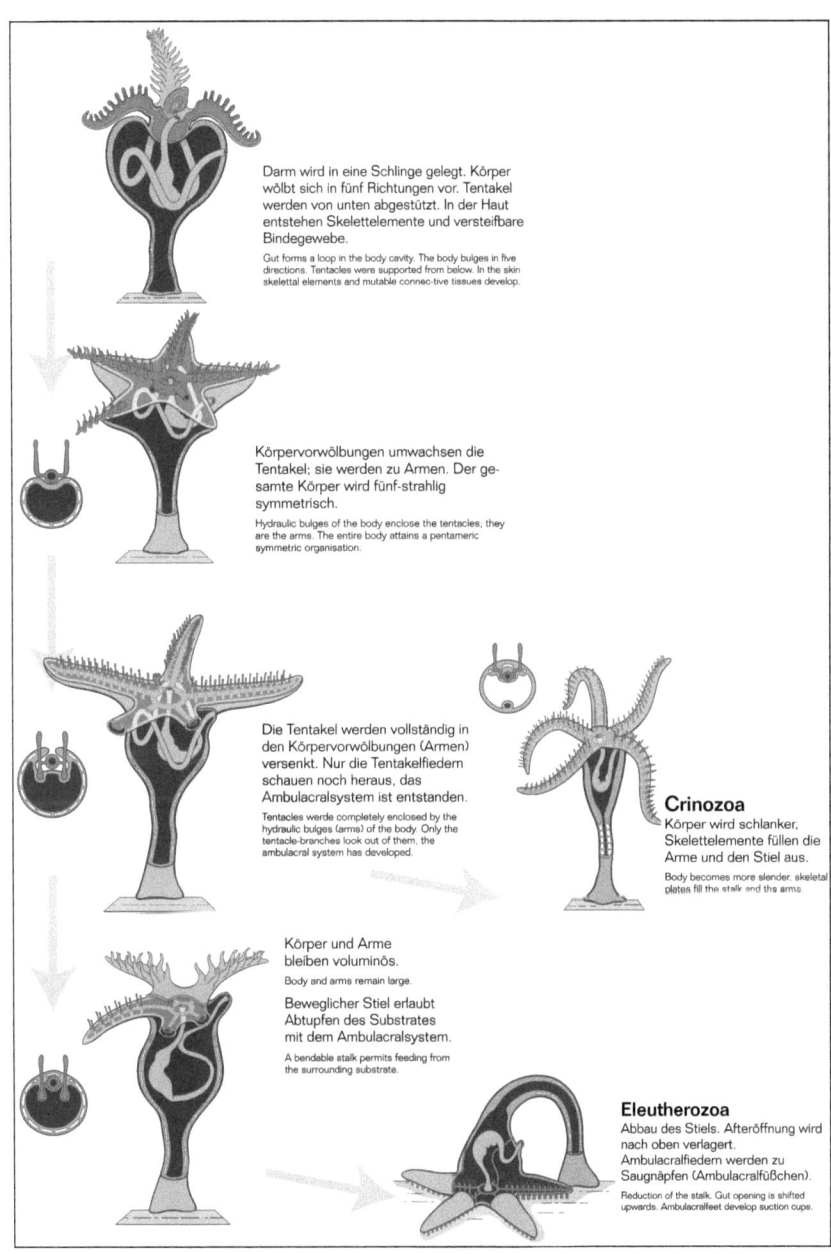

Abb. 7: Entstehung der Echinodermen-Konstruktion
Ausgehend von einer pterobranchia-artigen Konstruktion mit U-förmigem Darm entsteht zunächst eine Konstruktion mit einem in fünf Richtungen sich vorwölbenden Coelomraum (Pfeile). Diejenigen Tentakel, welche von hydraulischen Vorwölbungen des Körpers unterstützt und getragen werden, können sich vergrößern, denn sie fangen mehr Nahrungspartikel, als solche Tentakel, die nicht unterstützt werden. Schließlich wird der gesamte vordere Körperbereich, bestehend aus ehemaligem Kragen mit Tentakelapparat und dem ehemaligen Grabrüssel zu einer reinen Nahrungsfangeinrichtung, welche nun auf dem pentamer vergrößerten Körper aufliegt. Während dieser Entwicklung dürfte es schrittweise auch zur Ausformung des mutablen Bindegewebes und der Skelettossikel in den Unterhautgeweben gekommen sein. Bedingt durch die Entstehung von fünf hydraulischen Vorwölbungen des Körpers erfahren nur fünf Tentakel mit Fiedern daran mechanische Unterstützung. Es etabliert sich eine pentamere Anordnung von Tentakeln, die nunmehr auf den hydraulischen Vorwölbungen des Körpers aufliegen. Schließlich werden die Tentakel von den Körpervorwölbungen umwachsen (bzw. die Tentakel werden in den Körper hineinversenkt), sodass das ehemalige Tentakelsystem nunmehr ein im Körperhohlraum hineinversenktes hydraulisches System bildet. Die Tentakelfiedern ragen jedoch weiterhin heraus; sie fangen Nahrungspartikel und an ihren Oberflächen findet der Gasaustausch statt. Die hydraulischen Vorwölbungen mit hineinversenktem Tentakelapparat sind nun zu Armen geworden, die größer werden und das Medium aktiv nach Nahrung absuchen können. Der Ur-Echinoderm ist entstanden. Bei diesem kann sich der Darm nunmehr auch in einfacheren bis komplexeren Formen durch den Körper ziehen, ohne dass dies Konsequenzen für die Körperkonstruktion an sich hätte. Es eröffnet sich von diesem Entwicklungsniveau aus das Evolutionsfeld der pentameren Echinodermen, mithin das Evolutionsfeld der Pelmatozoa und Eleutherozoa. - Illustration: Antje Siebel-Stelzner.

Mit dem Wachstum dieser hydraulischen und sich später ebenfalls skelettal versteifenden Unterlage wurden die Tentakel schließlich in den hinteren Coelomabschnitt hinein verlagert, indem die hydraulischen Vorwölbungen die Tentakel seitlich umwuchsen und in sich hinein versenkten, bis nur noch die aufgefiederten Tentakelenden und die jeweils mittige Cilienrinne frei lagen. Auf diese Weise entstand aus den Tentakeln das Ambulacralsystem. Der Kragen bildet den Ringkanal von dem aus Radiärkanäle zu den Tentakeln führen. Das Kragencoelom (Mesocoel) und das Körpercoelom (Metacoel) sind ineinander verschachtelt. Der sich immer weiter reduzierende Grabrüssel, dessen Coelom (Protocoel) mit dem Kragencoelom in Verbindung steht, blieb als Verbindung zwischen Ambulacralcoelom (ehemaliges Mesocoel, nun: Hydrocoel) und Außenmedium in Form des Steinkanals erhalten und diente fortan zur Kontrolle der Flüssigkeitsfüllung und zur Entgiftung der Coelomflüssigkeit im Hydrocoel. Diese Organisation gestattete es weiterhin, die Fiedern auf den Tentakeln unabhängig von Bewegungen der Arme zu bewegen, sie weitervorzustrecken und einzuziehen und gefangene Nahrungspartikel zur Mundöffnung zu transportieren.

Ausgehend von der nun entstandenen Konstruktionen eines ‚Ur-Echinodermen' erfolgt die Radiation der fünfstrahlig symmetrischen Pelmatozoen und Eleutherozoen. Bereits auf den vorherigen Stadien wurden Abzweigungen möglich. Die im Fossilbefund häufig nachzuweisenden asymmetrischen oder dreistrahlig symmetrischen Echinodermen sind Repräsentanten solcher Abzweige. Auf diese hier detailierter einzugehen würde den Rahmen sprengen; es sei auf andere Arbeiten verwiesen (Gudo in prep.-b, d, e).

5. 2. Dank

An dieser Stelle möchte ich Dr. Karl Edlinger herzlich für die Einladung zu dem Symposium ‚Beyond the Mainstream' ins Wiener Naturkundemuseum danken. Dieser Text entstand aus der Vorlage des Redemanuskript und fügt zudem Einsichten aus Diskussionen mit Manfred Grasshoff, Mathias Gutmann, Peter Jäger, George Levit, Joachim Scholz und Tareq Syed zusammen. Ich danke allen an dieser Stelle für kritische Kommentare und Ermunterungen.

5.3 Literatur

Arber, W. (1997): Aufspaltung und Wandel der Arten. - Naturwissenschaftliche Rundschau, 50: 1-9.

Arthur, W. (2000): The concept of developmental reprogramming and the quest for an inclusive theory of evolutionary mechanisms. - Evolution & Development, 2 (1): 49-57.

Atkins, P. W. (1986): Spektrum-Bibliothek. - Wärme und Bewegung. Die Welt zwischen Ordnung und Chaos. - 211 pp., Heidelberg (Spektrum der Wissenschaft).

Beurton, P. J. (2002): Ernst Mayr through Time on the Biological Species Concept - a Conceptual Analysis. - Theory Bioscienc, 121: 81-98.

Birenheide, R. and Motokawa, T. (1996): Contractile connective tissue in crinoids. - Biol Bull, 191 (1): 1-4.

Blechschmidt, E. (1978): Biokinetics and biodynamics of human differentiation: Principles and applications. - In Blechschmidt, E. & Gasser, R. F. [ed.]. American Lecture Series. pp., Springfield, Ill. (Thomas).

Bolker, J. A. (2000): Modularity in Development and Why It Matters to Evo-Devo. – American Zoologist, 40 (5): 770-776.

Bonik, K., Grasshoff, M. and Gutmann, W. F. (1976): Die Evolution der Tierkonstruktionen: IV. Die Entwicklung der Ringelwürmer und ihre Aufgliederung in Vielborster, Wenigborster und Egel. - Natur und Museum, 106 (10): 303 316.

Bonik, K., Grasshoff, M. and Gutmann, W. F. (1977a): Die Evolution der Tierkonstruktionen: V. Die Entwicklung des Zentral-Nerven-Systems in Abhängigkeit von der Biomechanik der Rahmen-Konstruktion (Bauplan). - Courier Forschungsinstitut Senckenberg, 22: 1-66.

Bonik, K., Grasshoff, M. and Gutmann, W. F. (1977b): Die Evolution der Tierkonstruktionen: VI. Von der Segmentalen Wurmhydraulik zum Außenskelett-Muskelsystem der Gliederfüßer. - Natur und Museum, 107 (5): 131-140.

Bonik, K., Grasshoff, M., Gutmann, W. F. and Peters, D. S. (1984): Die Revision des Evolutionsdenkens. - Paläontologische Zeitschrift, 58 (3/4): 177-184.

Bonik, K. and Gutmann, W. F. (1982): Evolution, Energiefluß und das Organisationsproblem der Lebewesen. - Aufsätze und Reden der Senckenbergischen Naturforschenden Gesellschaft, 33: 55-80.

Bonik, K., Gutmann, W. F. and Haude, R. (1978a): Stachelhäuter mit Kiemenapparat; Der Beleg für die Ableitung der Echindodermen von Chordatieren. - Natur und Museum, 108 (7): 211-214.

Bonik, K., Gutmann, W. F. and Lange-Bertalot, H. (1978b): Merkmale und Artabgrenzung: Die Vorrangigkeit evolutionstheoretischer und biologisch-ökologischer Erklärungen in der Taxonomie. - Natur und Museum, 108 (2): 33-43.

Briggs, J. (1990): Die Entdeckung des Chaos. - 330 pp., München (Carl Hanser Verlag).

Dalton, R. (2000): Biologists flock to 'evo-devo' in a quest to read the recipes of life. - Nature, 403: 125.

David, B., Lefebvre, B., Mooi, R. and Parsley, R. (2000): Are homalozoans echinoderms? An answer from the extraxial-axial theory. - Paleobiology, 26: 529-555.

Dobzhansky, T. (1973): Nothing in biology makes sense except in the light of evolution. - American Biology Teacher, 35: 311-319.

Edlinger, K. (1991): The Mechanical Constraints in Mollusc constructions - the Function of the Shell, the Musculature, and the Connective Tissue. - 359-374. In Schmidt-Kittler, N. & Vogel, K. P. [ed.]. Constructional Morphology and Evolution. 359-374 pp., Berlin, Heidelberg, New York, Tokyo (Springer).

Edlinger, K. (1995): Die Evolution der Plathelminthen-Konstruktion. - Natur und Museum, 125 ((10)): 305-320.

Edlinger, K. and Gutmann, W. F. (1997): Molluscs as evolving constructions: necessary aspects for a discussion of their phylogeny. - Iberus, 15 (2): 51-66.

Edlinger, K. and Gutmann, W. F. (2003): Organismus und System - Schriftenreihe des Wiener Arbeitskreises für Systemische Theorie des Organismus. - Organismus, Evolution, Erkenntnis. - 236 pp., Frankfurt (Peter Lang).

Erlinger, R., Welsch, U. and Scott, J. E. (1993): Ultrastructural and biochemical observations on proteoglycans and collagen in the mutable connective tissue of the feather star Antedon bifida (Echinodermata, Crinoidea). - J Anat, 183 (Pt 1): 1-11.

Gislén, T. (1930): Affinities between the Echinodermata, Enteropneusta and Chordonia. -: 199-304.

Goldschmidt, A. (1996): Echinodermata - Stachelhäuter. - 778-834. In Westheide, W. & Rieger, R. [ed.]. Spezielle Zoologie - Erster Teil: Einzeller und Wirbellose Tiere. 778-834 pp., Stuttgart, Jena, New York (Gustav Fischer).

Gould, S. J. (1977): Ontogeny and Phylogeny. - 501 pp., Cambridge, London (Belknap Press of Harvard University Press).

Grasshoff, M. (1981): Arthropodisierung als biomechanischer Prozess und die Entstehung der Trilobiten-Konstruktion. - Paläontologische Zeitschrift, 55 (3/4): 219-235.

Grasshoff, M. (1985): On the reconstruction of phylogenetic transformation. The origin of arthropods. - Acta Biotheoretica, 34: 149-156.

Grasshoff, M. (1992a): Die Evolution der Schwämme. I. Die Entwicklung des Kanalfiltersystems. - Natur und Museum, 122: 201-210.

Grasshoff, M. (1992b): Die Evolution der Schwämme. II. Bautypen und Vereinfachungen. - Natur und Museum, 122: 237-247.
Grasshoff, M. and Gudo, M. (1998a): Die Evolution der Coelenteraten I. Gallertoid-Korallen und Oktokorallen. - Natur und Museum, 128 (5): 129-138.
Grasshoff, M. and Gudo, M. (1998b): Die Evolution der Coelenteraten II. Solitäre und koloniale Polypen. - Natur und Museum, 128 (10): 329-341.
Grasshoff, M. and Gudo, M. (2001): Senckenberg-Poster. - The evolution of animals - poster with explanations. - 16 p. pp., Frankfurt am Main
Grasshoff, M. and Gudo, M. (2002): The Origin of Metazoa and the Main Evolutionary Lineages of the Animal Kingdom - The Gallertoid Hypothesis in the Light of Modern Research -. - Senckenbergiana lethaea, 82 (1): 295-314.
Grasshoff, M., Gutmann, W. F. and Schäfer, H. (1994): Morphologische Organisation in Lehre und Museum. - Natur und Museum, 124 (3): 61-80.
Gudo, M. (2002): The development of the critical theory of evolution: The scientific career of Wolfgang F. Gutmann. - Theory of Biosciences, 121 (1): 101-137.
Gudo, M. (in prep.-a): Der Generationswechsel der Tunikaten: Ein evolutions-biologisches Erklärungsmodell. -:
Gudo, M. (in prep.-b): The destiny of the coelomic cavities during echinoderm origin. -:
Gudo, M. (in prep.-c): Die ‚hydraulische Skelettkapsel' der Stachelhäuter (Echinodermen). - Natur und Museum:
Gudo, M. (in prep.-d): Die Frühevolution der Echinodermen - Eine Begründung des pentaradial-symmetrischen Körperbaus. - Senckenbergiana maritima:
Gudo, M. (in prep.-e): How Echinoderms attained their pentaradial symmetry. -:
Gudo, M. (in prep.-f): Weichkörper-Rekonstruktion und evolutionäre Trends fossiler Echinodermen (Homalozoa, Bastoidea, Edrioasteroidea). - Paläontologische Zeitschrift:
Gudo, M. and Dettmann, F. (in prep.): Evolutionsmodelle für die Entstehung der Echinodermen. - Paläontologische Zeitschrift:
Gudo, M. and Grasshoff, M. (2002): The Origin and Early Evolution of Chordates: The ‚Hydroskelett-Theorie' and New Insights Towards a Metameric Ancestor. – Senckenbergiana lethaea, 82 (1): 325-346.
Gudo, M. and Gutmann, M. (2003): Konstruktija, rekonstruktzija i evoljutsionnyje mechanizmy/Evolution - Konstruktion, Rekonstruktion und Evolutionsmechanismen. - In Levit, G. S., Popov, I. Y., Hossfeld, U., Olsson, L. & Breidbach, O. [ed.]. V teni darwinizma: alternativnyje teorii evoliutsii v XX veke/In the Shadow of Darwinism: Alternative Evolutionary Theories in the 20th Century. pp., St-Petersburg (Fineday-Press).
Gudo, M. and Steininger, F. F. (2001): Beitrag der Paläontologie zur Biodiversitätsdebatte. - 448. In Gutmann, M., Janich, P. & Prieß, K. [ed.]. Wissenschaftsethik und Technikfolgenbeurteilung. - Band 10. - Schriftenreihe der Europ_aischen Akademie zur Erforschung von Folgen wissenschaftlich-technischer Entwicklungen Bad

Neuenahr-Ahrweiler GmbH, Biodiversität: wissenschaftliche Grundlagen und gesellschaftliche Relevanz. 448 pp., Heidelberg, New York, Tokyo (Springer).

Gutmann, M. (1995a): Modelle als Mittel wissenschaftlicher Begriffsbildung: Systematische Vorschläge zum Verständnis von Funktion und Struktur. - 211. In Gutmann, W. F. & Weingarten, M. [ed.]. Aufsätze und Reden der Senckenbergischen Naturforschenden Gesellschaft, Die Konstruktion der Organismen II. Struktur und Funktion. 211 pp., Frankfurt am Main (Kramer).

Gutmann, M. (1996): Studien zur Theorie der Biologie. - Die Evolutionstheorie und ihr Gegenstand - Beitrag der Methodischen Philosophie zu einer konstruktiven Theorie der Evolution. - 332 pp., Berlin (VWB).

Gutmann, M. (2002): Funktion und Modell. Zum methodologischen Status der Rede über Funktion und ihrer Bedeutung für evolutionäre Rekonstruktionen. - In Schlosser, G. & Weingarten, M. [ed.]. Formen der Erklärung in der Biologie. pp., Berlin (VWB).

Gutmann, W. F. (1969): Acranier und Hemichordaten, ein Seitenast der Chordaten. - Zoologischer Anzeiger, 182 (1/2): 1-26.

Gutmann, W. F. (1972): Die Hydroskelett-Theorie. - Aufsätze und Reden der Senckenbergischen Naturforschenden Gesellschaft, 21: 91.

Gutmann, W. F. (1973): Ein Paradigma für die phylogenetische Rekonstruktion - Die Entstehung der Hemichordaten. - Courier Forschungsinstitut Senckenberg, 9: 1-28.

Gutmann, W. F. (1974): Die Evolution der Mollusken-Konstruktion: Ein phylogenetisches Modell. - Aufsätze und Reden der Senckenbergischen Naturforschenden Gesellschaft, 25: 84.

Gutmann, W. F. (1981): Relationships Between Invertebrate Phyla Based on Functional-Mechanical Analysis of the Hydrostatic Skeleton. - American Zoologist, 21: 63-81.

Gutmann, W. F. [ed.] (1992): Die Konstruktion der Organismen - I. Kohärenz, Energie und simultane Kausalität. - 196 pp., Frankfurt am Main (Kramer).

Gutmann, W. F. (1994): Evolution von Konstruktionen: Die Frankfurter Theorie. - In Gutmann, W. F., Mollenhauer, D. & Peters, D. S. [ed.]. Senckenberg Buch, Morphologie & Evolution. Symposien zum 175jährigen Jubiläum der Senckenbergischen Naturforschenden Gesellschaft - Senckenberg Buch. pp., Frankfurt am Main (Kramer).

Gutmann, W. F. (1995b): Senckenberg Buch. - Die Evolution hydraulischer Konstruktion - organismische Wandlung statt altdarwinistischer Anpassung. - 220 pp., Frankfurt am Main (Kramer).

Gutmann, W. F. (1997): Evolution von Organismen: das neue Paradigma der Frankfurter Theorie. - In Alt, W. K. & Türp, J. C. [ed.]. Die Evolution der Zähne - Phylogenie, Ontogenie, Variation. pp., Berlin (Quintessenzverlag).

Gutmann, W. F. and Bonik, K. (1981a): Kritische Evolutionstheorie - Ein Beitrag zur Überwindung altdarwinistischer Dogmen. - 227 pp., Hildesheim (Gerster).

Gutmann, W. F. and Bonik, K. (1981b): Muß der Darwinismus korrigiert werden? Historische Belastung des Evolutionskonzepts und ein neuer Entwurf. - In [ed.]. Materialistische Wissenschaftsgeschichte. Naturtheorie und Entwicklungsdenken - Argument, Sonder-Bd AS. pp., New York, London (Life Sciences 14).

Gutmann, W. F., Vogel, K. P. and H., Z. (1978): Brachiopods: Biomechanical Interdependences Governing Their Origin and Phylogeny. - Science, 199: 890-893.

Hartmann, D. and Janich, P. (1996): Methodischer Kulturalismus: Zwischen Naturalismus und Postmoderne. - 438 pp., Frankfurt am Main (Suhrkamp).

Hartmann, D. and Janich, P. (1998): Die kulturalistische Wende: zur Orientierung des philosophischen Selbstverstädnisses. - 449 pp., Frankfurt am Main (Suhrkamp).

Herkner, B. (1991): Neue Betrachtungen zur Chordaten-Evolution. - Natur und Museum, 121: 193-203.

Janich, P. (1992): Grenzen der Naturwissenschaft: Erkennen als Handeln. - 241 pp., München (C.H. Beck).

Janich, P. and Weingarten, M. (1999): UTB für Wissenschaft. - Wissenschaftstheorie der Biologie. - 315 pp., München (Wilhelm Fink).

Jefferies, R. P. S. (1968): The Subphylum Calcichordata (Jefferies 1967) - Primitive fossil chordates with echinoderm affinities. - Bulletin of the British Museum (Natural History) Geology, 16 (6): 241-339.

Jefferies, R. P. S., Brown, N. A. and Daley, P. E. J. (1996): The early phylogeny of chordates and echinoderms and the origin of chordate left-right asymmetry and bilateral symmetry. - Acta Zoologica, 77: 101-122.

Kutschera, U. (2001): Evolutionsbiologie - Eine allgemeine Einführung. - 273 pp., Berlin (Parey).

Levit, G. S. (1999): Biogeochemistry-Biosphere-Noosphere: The Growth of the theoretical system of Vladimir Ivanovich Vernadsky. - Unpublished Dissertation, Oldenburg.

Levit, G. S., Gudo, M. and Krumbein, W. E. (2002): Mechanizismus in 21. Jahrhundert. - Verhandlungen zur Geschichte und Theorie der Biologie, 9: 97-124.

Levit, G. S., Popov, I. Y., Hossfeld, U., Olsson, L. and Breidbach, O. (2003): V teni darwinizma: alternativnyje teorii evoliutsii v XX veke/In the Shadow of Darwinism: Alternative Evolutionary Theories in the 20th Century. - St-Petersburg (Fineday-Press).

Levit, G. S. and Scholz, J. (2002): The Biosphere as a Morphoprocess and a New Look at the Concepts of Organism and Individuality. - Senckenbergiana lethaea, 82 (1): 367-372.

Lovelock, J. (1991): Das GAIA-Prinzip. - 316 pp., München (Artemis & Winkler).

Lovelock, J. (1992): Gaia. - 191 pp., München (Scherz-Verlag).

Mayr, E. (1963): Animal species and evolution. - Cambridge, MA (Harvard University Press).

Mayr, E. (1967): Artbegriff und Evolution. - 617 pp., Hamburg, Berlin (Parey).

Metschnikoff, V. E. (1881): Über die systematische Stellung von Balanoglossus. - Zoologischer Anzeiger, 4: 139-157.
Motokawa, T. (1998): Echinoderms: San Francisco Proc. 9th. Int. Echinoderm Conf. - 'Exoskeleton-like endoskeleton' + 'mechanically active connective tissue' = sucess of echinoderms: An anthem of Echinodermata. - Rotterdam (A. A. Balkema).
Müller, G. B. (2003): Embryonic motility: environmental influences and evolutionary innovation. - Evolution & Development, 5 (1): 56-60.
Nichols, D. (1967): The origin of echinoderms. - Symp. zool. Soc. London, 20: 209-229.
Paul, C. R. C. and Smith, A. B. (1984): The early radation and phylogeny of echinoderms - a cladistic analysis. - Biological Reviews, 59: 443-481.
Remane, A., Storch, V. & Welsch, U. (1973): Evolution. Tatsachen und Probleme der Abstammungslehre. München (dtv).
Ruse, M. (1999): Mystery of mysteries: is evolution a social construction? - viii, 296 pp., Cambridge, Mass. (Harvard University Press).
Santini, F. and Stellwag, E. J. (2002): Phylogeny, fossils, and model systems in the study of evolutionary developmental biology. - Molecular Phylogenetics and Evolution, 24 (3): 379-383.
Smith, A. B. (1984): The Classification of Echinodermata. - Palaeontology, 27: 431-459.
Smith, A. B. (1997): Echinoderm larvae and phylogeny. - Annual Reviews in Ecology and Systematics, 28: 219-241.
Storch, V., Welsch, U. and Wink, M. (2001): Evolutionsbiologie. - 449 pp., Berlin, Heidelberg, New York (Springer).
Syed, T. and Schierwater, B. (2002): The Evolution of the Placozoa: A new morphological Model. - Senckenbergiana lethaea, 82 (1): 315-324.
Szulgit, G. K. and Shadwick, R. E. (1998): Novel non-cellular adhesion and tissue grafting in the mutable collagenous tissue of the sea cucumber Parastichopus parvimensis. - The Journal of Experimental Biology, 201 (21): 3003-3013.
Trotter, J. A. and Koob, T. J. (1995): Evidence that calcium-dependent cellular processes are involved in the stiffening response of holothurian dermis and that dermal cells contain an organic stiffening factor. - The Journal of Experimental Biology, 198 (9): 1951-1961.
Turbayne, C. M. (1962): The Myth of Metaphor. - New Haven and London (Yale University Press).
Weingarten, M. (1992): Organismuslehre und Evolutionstheorie. - 334 pp., Hamburg
Wilkie, I. C. and Emson, R. H. (1988): Mutable collagenous tisues and their significance for echinoderm palaeontology and phylogeny. - 311-330. In [ed.]. Echinoderm phylogeny and evolutionary biology. 311-330 pp., Oxford (Clarendon).

ZWISCHEN DARWIN UND MODERNER SYNTHESE: DIE PALÄOBIOLOGIE OTHENIO ABELS*

Stefan Khittel

> Man redet zuviel davon, wie das erkennende
> Denken aussehen sollte, und zuwenig davon,
> wie es konkret aussieht.
>
> *Ludwik Fleck – Das Problem einer
> Theorie des Erkennens, 1936*[1]

> [D]er Beitrag, den neue Begriffe oder die mehr
> oder weniger radikale Umformulierung
> alter Begriffe leisten, [ist] ebenso wichtig
> wie Fakten und ihre Entdeckung
> und häufig sogar wichtiger.
>
> *Ernst Mayr – Die Entwicklung der
> biologischen Gedankenwelt, 1982*[2]

0. Einleitung

Wie Bowler (1996) richtig bemerkt, ist die Aufarbeitung der Evolutionsforschung der Zeit nach Darwin oftmals geprägt von der Selektionsdebatte oder überhaupt von den Selektionsmechanismen, weiger vom eigentlichen Hauptthema der zeitgenössischen Forschung, der phylogenetischen Rekonstruktion[3]. An der Person Abel kann zumindest in der Paläontologie ein Qualitätssprung festgemacht werden, der beginnend bei der

---

* Dieser Artikel besteht im wesentlichen aus dem Kapitel „Epistemologie der Paläobiologie" der unveröffentlichen Diplomarbeit „Von der „Paläobiologie" zum „biologischen Trägheitsgesetz": Herausbildung und Festigung eines neuen paläontologischen Denkstils bei Othenio Abel, 1907 – 1934", eingereicht von Stefan Khittel an der Universität Wien, 2003.
[1] Nach Fleck 1983.
[2] Nach Mayr 2002:20.
[3] „One product of the traditional historiography has been a concentration on the later development of the theory of natural selection. [...] We know that controversy surrounded the selection theory, but we were more concerned with how the debates were resolved in the theory's favor than with the alternatives that were preferred by a whole generation of biologists." (Bowler 1996:2)

Stratigraphie über die Biologisierung der Paläontologie bis hin zum biologischen Trägheitsgesetz als kausale Theorie der Evolution das gesamte damalige Spektrum einer fortschrittlichen biologischen Wissenschaft aufweist.

Im Folgenden werde ich versuchen die Rolle Othenio Abels (1875 – 1946) bei der Herausbildung eines neuartigen Denkstils innerhalb der Paläontologie zu klären und anschließend auch einige Gründe dafür anführen, warum sein intellektuelles Projekt letztlich gescheitert ist und die Moderne Synthese ihren Siegeszug antreten konnte. *Væ victis* gilt für Abel in doppeltem Sinn, einerseits weil er auf das falsche „Pferd" in der Wissenschaft gesetzt hat (siehe unten), andererseits aber auch weil er sich politisch den Nationalsozialisten angebiedert hat (vgl. Hofer 2001 und Khittel 2003).

Dennoch werde ich nun zu zeigen versuchen, inwieweit der Wiener Professor die Paläontologie als zunehmend eigenständige Wissenschaftsdisziplin etablieren konnte und zudem neue Forschungsprogramme – insbesondere zur Paläobiologie – ins Leben rufen konnte und durchaus eine hervorragende Stellung zu seiner Zeit im internationalen wissenschaftlichen Feld einnehmen konnte, die sowohl auf persönlicher Reputation basierte als auch auf den wissenschaftlichen Leistungen im engeren Sinn.

Die Paläontologie – als eigenständige Disziplin – hat sich ungern auf lange theoretische Diskussionen eingelassen, wie denn das, was sie meint zu erkennen, überhaupt erkannt werden kann. Es gab einige prominente Ausnahmen in der Szene der Paläontologen; diese können jedoch nicht die vorwiegende „realistische" Haltung übertünchen.

Das was ich hier als „realistische" Annahme bezeichne, ist die Suche nach der „Wirklichkeit", die als solche objektiv erkennbar sein müßte, wenn es die Umstände zulassen. Die Wirklichkeit, die es empirisch zu erfassen gilt, wird als *a priori* gesetzt. Hierfür das klassische Beispiel aus dem Jahr 1873 von Woldemar Kowalewski, der in seiner Monographie über das *Anchitherium aurelianense* meinte:

„[W]enn die Theorie der Transformation (Evolution) noch keine feste Grundlage hätte, so konnte das Anchitherium als einer von den wichtigsten Beweisen dieser Theorie dienen. Jeder Knochen dieses Tieres, jede Gelenkfläche seines Knochens, jedes Gelenk strebt dazu, sich in einer bestimmten Richtung zu verändern ... Beim Vergleichen derselben mit dem Palaeotherium und dem Hipparion *kann jeder unparteiische Forscher nicht umhin, die Schlußfolgerung zu ziehen – sie drängt sich von selbst auf* -, daß im gegebenen Fall eine Transformation (das heißt die Entwicklung des Hipparion aus dem Palaeotherium, wobei das Anchitherium das Zwischenglied ist) stattfindet, daß man spezielle Schöpfungsakte für solche Merkmale, die durchwegs Übergangsmerkmale sind, nicht vermuten kann. Das Vorkommen dieser Gattungen in den aufeinanderfolgenden Schichten gibt eine weitere Bestätigung der auf Grund des Studiums ihrer Skelette erhaltenen Resultate." (zitiert nach Borissiak, 1930:217; Klammerausdrücke Borissiak; Hervorhebungen S.K.)

Wenn hier davon die Rede ist, daß jeder unparteiische Forscher dieselbe Schlußfolgerung ziehen muß, die sich ohnedies von selbst aufdrängt, ist der Raum für Dissens schmal und ein Streit muß notwendigerweise um die *Sache selbst* ausgetragen werden, um die *reinen Fakten*.

Eine Theorie entsteht nicht in den Köpfen der Wissenschaftler, sondern läßt sich direkt aus der Natur entnehmen. Die Paläontologie war zu jener Zeit sicherlich nicht die Ausnahme der Regel, die solche Voraussetzungen als valide annahm.

In vielen Arbeiten, die die Paläontologie als geologische Hilfswissenschaft sahen, war die Bereitschaft sich mit epistemologischen Problemen auseinanderzusetzen äußerst gering und sie ist es bis zum heutigen Tag auch geblieben.

Daß es auch andere Ansätze gab, mag Edwin Hennigs Einführung in das Fach Wesen und Wege der Paläontologie (1932) belegen, das sich in einem eigenen Kapitel den „Aufgaben und Grenzen des Systems" (Hennig 1932:48-56) widmete. Hierin stellt er fest, dass

„wer Gesetzmäßigkeiten ergründen will, ohne diejenigen des eigenen Denkvermögens zu überschauen, darf sich über Fehlschläge nicht wundern. Insofern gehört Erkenntnistheorie zur Problematik jeder Wissenschaft." (Hennig 1932:48) Betreffend eines „realistischen" Ansatzes fügt er hinzu, „daß wir als Naturwissenschaftler nicht einfach rezeptiv ablesen, sondern schöpferisch gestalten, sollte in nachkantischer Zeit mindestens in Deutschland keines Hervorhebens mehr bedürfen." (ebda.)

Tatsächlich herrscht im angloamerikanischen Raum ein kritischer Empirismus vor, der seine Probleme sehr konkret und spezifisch stellt und auch zu lösen versucht. Der Erkenntniskritik wird dabei wenig Raum zugestanden..

Ein eher typisches Beispiel entnehme ich dem Sammelband Adaptation, wo Michael Novacek schreibt:

„The goal here is not to defend the intrinsic merits of fossil data; from my own bias the value of fossils as evidence of biological history is self-evident (but see Nelson, 1978)." (1996:312)

Immerhin wird auf eine existierende Debatte hingewiesen, was aber eher der Lauterkeit und Rechtschaffenheit der Wissenschaftsethik in diesem Raum entspricht. Persönliche Konsequenzen werden dabei selten gezogen. Lehrbücher in diesem Sprachraum geben häufig ein Problem vor – eher mit „Fragestellung" zu übersetzen -, wobei übergeordnete Sinnzusammenhänge oft ausgeblendet werden und es somit gar nicht notwendig ist, sie zu diskutieren[4].

Ein Aufeinanderprallen dieser zwei Wissenschafts-Welten können wir bei Walter Zimmermann und George Gaylord Simpson beobachten, wobei einschränkend gesagt werden muß, daß Simpson sicherlich ein gutes Maß an Verständnis gegenüber der deutschsprachigen Paläontologie entgegenbrachte. Simpson schreibt über eine Arbeit Zimmermanns:

„Zimmermann's book [Grundfragen der Evolution] begins ... with a discussion of the fundamental philosophical viewpoint. ... In his present book ... Zimmermann's approach is deductive. He starts with generalization as to philosophical attitude, scientific methods, and their broader applications, which comprise over half his book, and then proceeds from these to rather minimal particularization." (Simpson 1949:180f)

Eine Antwort Zimmermanns auf diese Aussage gibt es nicht, und so bleibt sein Buch *Evolution und Naturphilosophie* (1968) bei einem durchaus ähnlichen Aufbau. Simpson wird darin nicht einmal zitiert.

---

[4] Ein Beispiel unter vielen hierfür wäre *Patterns and Processes of Vertebrate Evolution* von Robert L. Carroll (1997).

Abel hat sich zwar viel mit den einzelnen theoretischen Problemen der Paläontologie beschäftigt, er hat allerdings keinerlei größere epistemologische Abhandlungen hinterlassen. In diesem Sinn stand er der angloamerikanischen Welt vielleicht näher als einigen seiner deutschsprachigen Kollegen.

Wenn ich trotzdem über die Epistemologie der Paläobiologie schreibe, so deshalb, weil hinter der glatten Fassade seiner polierten wissenschaftlichen Darstellung tiefere Probleme der Epistemologie der Paläontologie zu finden sind. Wie ich zu zeigen versuche, war sich Abel der meisten dieser Probleme bewußt, hielt sie aber lieber im Hintergrund, um seinen grundlegenden Forderung nach dem Primat der Biologie in der paläontologischen Forschung und der großen Vereinigung der Naturwissenschaften Nachdruck verleihen zu können.

Welche Probleme sind es also, die ich zu erörtern gedenke? Zunächst betrachte ich die Frage, ob und wie ein Fossilrest als lebendiges Tier zu erfassen wäre. Seit Kowalewski (siehe oben) war diese Frage Teil der Paläontologie, doch ihre Stellung als Hilfswissenschaft der Geologie zur zeitlichen Einordnung einzelner Schichten ließ die Frage als unnötig erscheinen oder sogar als kontraproduktiv, wenn sie versuchte, die zeitlichen Ebenen sogar zu verbinden, wo die Geologie sie möglichst zerlegen wollte. Jedoch beinhaltet diese Frage zwei Aspekte; einerseits einen rein (struktur-)morphologischen Aspekt, andererseits einen funktionsmorphologischen.

m Werk Abels findet ein Über-gang von der Anschauung des Materials nach idealtypischer Morphologie (siehe unten) in den frühen Jahren zur Betrachtungsebene einer Funktionsmorphologie statt. Hierher gehören ebenfalls die Rekonstruktionsversuche der fossilen Tiere.

Die nächste Frage ist die der Ursache und Weise der Transformation der Arten, der sich Abel ausführlich widmete. Die verborgenen Mechanismen müssen ihrer Wirkung und Funktionsweise nach geklärt werden, vor allem, wenn keine metaphysischen Annahmen gemacht werden sollen, weil dies um die vorige Jahrhundertwende höchstens als Beschimpfung aufgefaßt worden wäre.

Das Gesamtwerk Abels wendet sich beiden angeschnittenen Fragen zu. Die des Organismus als lebendes Objekt beantwortet er mit der Biologisierung seiner Fachdisziplin und der Begründung der Paläobiologie.

Diese Herangehensweise sollte sich als sehr produktiv erweisen. Seine wissenschaftlichen Erfolge beruhten wesentlich auf diesem Schritt, der ihm die Anerkennung seiner Fachkollegen eintrug und überhaupt das „Feld" der Paläontologie nachhaltig veränderte.

Die zweite Frage versuchte Abel später mit einer Physikalisierung seines Weltbildes zu lösen und agierte dabei weniger glücklich. Die Beantwortung einiger seiner Fragen durch die Paläobiologie legte ihm ein Hindernis in den Weg der Erkenntnis. Die Gründe dieses Erfolges und des anschließenden Scheiterns werde ich im Folgenden zu erläutern versuchen

1. Systematisches Vorspiel

Die idealistische Morphologie wurde von Johann Wolfgang von Goethe begründet und war im deutschsprachigen Raum, besonders in Wien, stark vertreten (vgl. Salvini-Plawen und Mizzaro 1999).

Ein Grundbegriff mit dem sie operierte, war der (Ideal-)Typus. Dieser erwies sich lange Zeit als vorteilhaftes Konstrukt, sodaß sich die Morphologie in Blüte befand, als Abel zur Zoologie kam.

Vorher hatte er schon Bekanntschaft mit der Botanik – in der zoologisch-botanischen Gesellschaft – gemacht und mit einer empirisch gefärbten, methodologisch simplen Biostratigraphie (z. B. Abel 1897a).

In den *Untersuchungen über die fossilen Platanistiden des Wiener Beckens* (Abel 1900) tritt in vorbild-licher und gewissermaßen „typischer" Weise diese morphologische Richtung zu Tage. Die gesamte Arbeit läßt sich ohne größere Probleme darin einordnen, wenn es heißt:

„Das Auftreten der Furchen am oberen Ende des Zwischenkiefers dürfte vielleicht als ein Merkmal anzusehen sein, welches eine generische Vereinigung der Schädel von *Schizodelphis sulcatus* Gerv. Mit dem von D e l f o r t r i e beschriebenen *Delphinus tetragor-hinus* gestattet." (ebda. 842)

Die Abhandlungen beschäftigten sich ausführlich damit, welche Merkmale wo welches Gewicht bei der Bestimmung einer Spezies, eines Genus haben.

An einer Stelle läßt sich schon ein Abbröckeln dieser Front erkennen, wenn Abel über ein akzessorisches Merkmal „aller Vertebraten" schreibt:

„G e r v a i s hat 1891 mit Rücksicht auf die seitlichen Längsfurchen, welche den Unterkiefer in drei Theile trennen, die Gattung Schizodelphis gegründet. Es war ihm unbekannt geblieben, dass diese Furchen auch bei anderen langsymphysigen Platanistiden auftreten, welche heute an den Mündungen grosser Ströme leben, wie *Pontoporia* und *Platanista*. Man kann diese Längsfurchen des Unterkiefers als ein accessorisches Merkmal aller mit langer Symphyse versehenen Vertebraten ansehen; nicht nur bei den genannten Platanistidengattungen findet sich diese Furche, sie findet sich z.B. auch bei *Lepidosteus osseus* (bei *Lepidosteus spatula* aus dem Mississippi fehlt sie), sie findet sich beim *Gavial*, beim *Ichtyosaurus* und bei *Belodon Kapfii* M e y. [...] Eine Untersuchung dieser Furchen zeigt, dass sie vom Verlaufe der Foramina mentalia unbedingt abhängig sind und bald mehr, bald weniger durch den Altersunterschied beeinflusst werden; man kann diese Furchen als Sulcae mentales bezeichnen." (ebda. 848)

Der zentrale Punkt an dieser Stelle ist nicht so sehr der Verweis, daß es quer durch die Wirbeltiere an langsymphysigen Typen „Sulcae mentales"[5] gibt, sondern daß sie einerseits vom Alter abhängig seien und vor allem, daß es sich um Tiere handelt, die *an Mündungen großer Ströme leben*. Ein erster schwacher Zweifel am klassischen Typuskonzept ist gesät.

In seinem Aufenthalt in Belgien bei Dollo lernt er dessen *Paléontologie éthologique* kennen und schätzen. Bei seinem Versuch, die Asymmetrie des Zahnwalschädels zu er-

---

[5] Hier offenbart sich allerdings schon früh die Tendenz Abels zur auktorialen Benennung seiner Funde.

klären (Abel 1902), geht er einerseits konstruktionsmorphologisch[6] vor, aber er schließt einen Vergleich an, der den Leser/die Leserin auf den ersten Blick verwundert:

„Es mag vielleicht befremden, dass ein scheinbar so geringfügiger Anlass wie die Reduction der Nasalia und des Interparietale in Verbindung mit der geschilderten Schädelcompression so bedeutende Asymmetrien wie bei den Ziphiinen oder der *Platanista* herbeigeführt haben könnte. Man muss sich jedoch daran erinnern, dass der Nichtgebrauch der Ohrmuskeln auf einer Seite beim halbhängeohrigen Kaninchen genügte, um nicht nur den Schädel, sondern auch den Unterkiefer sehr wesentlich umzugestalten." (ebda. 525f)

Daran fällt die Vermengung der strikten morphologischen Vorgangsweise (in den vorangegangenen Seiten) der Deskription mit einem Erklärungsmodell auf, das lamarckistisch zu nennen ist.

Der Nichtgebrauch (und auch der Gebrauch?), der bei einem Individuum zu morphologischen Veränderungen führt, sollte auch in der Stammesgeschichte Ähnliches hervorbringen können. Die Schlußfolgerung ist nicht ausgeführt, sie ist eher angedeutet, aber im Lichte späterer Erklärungsmodelle der Paläobiologie sicherlich bedeutsam.

Wenn Abel über die paläogenen Rhinoceratiden Europas schreibt, so tut er dies noch in der Tradition der klassischen Morphologie.

„Die fortschreitende Kenntnis von der Morphologie der fossilen Säugetiere hat dazu geführt, die systematischen Gruppierungen wiederholt zu verändern und dem jeweiligen Stande der morphologischen Kenntnisse der Formenkreise anzupassen." (Abel 1910a)

Hier bildet die Morphologie noch die feste Basis für die Erkenntnis der Systematik, einen Zugang, der immer im Hintergrund der Arbeiten Abels steht. Dieser Ansatz bleibt noch klar ersichtlich beim Buch über *die vorzeitlichen Säugetiere* (Abel 1914d).

Zusammenfassend kann gesagt werden, daß Othenio Abel, welche weiteren wissenschaftliche Ansätze er dann auch verfolgt, immer auf dem festen Boden der Goetheschen Morphologie verbleibt. Dies scheint ihm auch zum Vorteil zu gereichen, weil er gern optisch arbeitet und das Material im wahrsten Sinn des Wortes „ansieht" beziehungsweise zeichnerisch wiedergibt. Einer statistischen Erfassung gegenüber ist er aber skeptisch.

2. Das Programm der Biologisierung der Paläontologie

Schindewolf postuliert 1948, daß der Begriff „Paläobiologie" gleichbedeutend mit dem der Paläontologie selbst sei und meint, „[e]s bleibt lediglich der verschiedene Name, der die von Abel in sehr verdienstlicher Weise geförderte biologische (ökologische) Vertiefung bei der Behandlung der fossilen Lebewesen zum Ausdruck bringt.

---

[6] *Konstruktionsmorphologisch* ist nahezu eine Tautologie, da schon Goethe die gegenseitige strikte Abhängigkeit der Einzelteile des Organismus erkannte und somit die Morphologie eben eine Konstruktionslehre darstellte. Funktionsmorphologisch führt die Abhängigkeit von externen Einflüssen ein und ist folglich etwas gänzlich Anderes.

Angesichts des organismischen Charakters der Fossilien aber bedeutet ihre biologische Betrachtungsweise (im allgemeinen Wortsinn) eine einfache Selbstverständlichkeit." (21) Diese Aussage verdeutlicht die aus dessen *ex post* Standpunkt abgeleitete Vernachlässigbarkeit des früher geführten harten Kampfes um die Ausrichtung der Paläontologie.

Tatsächlich gab es zu Beginn der Laufbahn Abels in Europa lediglich nur Louis Dollo, vielleicht auch noch Otto Jaekel in Deutschland[7], der mit aller Nachdrücklichkeit die Zuordnung der Disziplin zur Biologie respektive zur Zoologie einmahnte[8]. Später verdeutlichte er dies – auf seine lakonische Art - in der Antrittsrede zu seiner Professur an der Brüsseler freien Universität:.

„[L]a Paléontologie n'est pas une branche de la Géologie, mais une branche de la *Biologie*." (Dollo 1910:378; Hervorhebung im Original)

Und weiter:

„En réalité, la Paléontologie animale, c'est la *Zoologie des Fossiles*." (ebda.; Hervorhebung im Original).

Allerdings mahnt er doch eine Abtrennung der Paläozoologie als eigenständigen Zweig ein, da sie andere Methoden und Kenntnisse erfordere.

Abel bezieht sich sehr stark auf seinen Lehrer, wenn er anläßlich der Gründung der Sektion für Paläontologie und Stammesgeschichte der zoologisch-botanischen Gesellschaft in Wien ähnliches fordert[9]:

„Mit dem Fortschritte der Paläozoologie[10] begann der Gegensatz immer deutlicher zu werden, der zwischen ihr und der von Geologen betriebenen Biostratigraphie besteht. [...] Das Ziel des Paläontologen – sowohl des Paläobotanikers als wie des Paläozoologen – ist aber jenem des Geologen durchaus entgegengesetzt" (Abel 1907:(69))

In den *Grundzüge[n] der Paläobiologie der Wirbeltiere* teilt er auch die Geschichte (wie Dollo vor ihm, ein wenig anders) der Paläontologie in vier Phasen ein: In die phantastische, die deskriptive (vor allem George Cuvier), die morphologisch-phylogenetisch (Kowalewski) und schließlich die ethologische Phase (Dollo[11]). Die Vorstellung des Programms dieser letzen Phase lautet wie folgt:

---

[7] Derselbe, der den Lehrstuhl für Paläontologie in Wien – als Nachfolger Uhligs - *nicht* bekommen hat. Siehe auch den Nachruf Abels auf Jaekel 1929 (Abel 1929b)

[8] Woldemar Kowalewski, wenn man ihn denn als Vertreter dieser Richtung betrachtete, hatte zu diesem Zeitpunkt längst Selbstmord verübt – aus persönlichen Gründen.

[9] Mir ist bewußt, daß dieser Vortrag gehalten worden war, zwei Jahre bevor Dollo seine Einführungsrede halten konnte; dieser bezieht sich darin explizit auf „den Freund" Abel, der seine Ansichten übernommen habe, was dem Lehrer Schüler Verhältnis entspräche. Auch verfaßte Dollo schon in den 1890er Jahren Arbeiten im Sinne seiner ethologischen Paläontologie.

[10] Er bezieht sich vor dieser Stelle explizit auf Kowalewski.

[11] Dieser hatte sich noch Kowalewski zugeordnet, so wie sich Abel nun Dollo zuordnet.

„Die *ethologische Methode in der Paläozoologie* besteht in der Erforschung der fossilen Organismen in ihren Beziehungen zur Umgebung.
Um diese Aufgabe zu erfüllen, muß sie zunächst die Anpassungen der lebenden Tiere in ihren Beziehungen zum Milieu eingehend berücksichtigen, um per analogiam auf die fossile Lebewelt einen Rückschluß ziehen zu können.
Diese Methodik beruht auf der Voraussetzung, daß die Umformungsgesetze für die lebende und fossile Tierwelt stets die gleichen waren.
Ich führe für jenen Zweig der Naturwissenschaften, der sich die Erforschung der Anpassungen der fossilen Organismen und die Ermittlung ihrer Lebensweise zur Aufgabe stellt, die Bezeichnung 'Paläobiologie' ein.
Die Erforschung der Anpassungen fossiler Formen bringt es mit sich, daß auch *die Entstehungsgeschichte der Anpassungen in den Kreis der Aufgaben der Paläobiologie fällt.*" (Abel 1912:15f; Hervorhebungen im Original)

Somit wird die Paläobiologie gewissermaßen zur Erweiterung der Morphologie, während die ältere Wissenschaft die Innenbeziehung beschreiben kann, wie das Tier als eigene kleine Welt funktioniert[12], erhebt nun die ethologische Methode den Anspruch, die äußere Welt mit einzubeziehen.

Der Widerspruch, der sich aus innerer und äußerer Anpassung ergibt, beim gleichzeitigen Postulat der beständigen Transformation der Arten, muß Abel, konsequent wie er ist, dazu führen, daß er innere *und* äußere Faktoren anerkennt, die bei der Evolution eine Rolle spielen. So spricht er schon 1903 auf dem Wiener Geologischen Kongreß bei seinem Referat *über das Aussterben der Arten* davon, daß beim Artentod

„nicht nur äußere Faktoren [...] in Frage kommen, sondern daß die innere Organisation ein sehr wesentliches Wort mitzureden hat. In den meisten Fällen hat wohl die eine zu weit gegangene einseitige Spezialisation in Verbindung mit der Reduktion der Variabilität den Untergang herbeigeführt." (Abel 1904:748)

Dies bewegte ihn etwas später dazu, von „fehlgeschlagenen Anpassungen" (Abel 1907b:77) zu reden, auch deshalb, weil er die Irreversibilität der Entwicklung in der Evolution von Dollo übernahm und daraus das Dollo'sche Gesetz formulierte[13]. In gewisser Hinsicht handelt es sich hierbei um dialektisches Denken, das Abel nicht als solches bezeichnete[14].

---

[12] Goethe schreibt: „Wir denken uns also das abgeschlossene Tier als eine kleine Welt, die um ihrer selbst willen und durch sich selbst da ist. So ist auch jedes Geschöpf Zweck seiner selbst, und weil alle Teile in der unmittelbarsten Wechselwirkung stehen, ein Verhältnis gegeneinander haben und dadurch den Kreis des Lebens immer erneuern, so ist auch jedes Tier als physiologisch vollkommen anzusehen." (1999:127)
[13] Die genaue Definition bei Abel lautet: „1. Ein im Laufe der Stammesgeschichte verkümmertes Organ erlangt niemals wieder seine frühere Stärke; ein gänzlich verschwundenes Organ kehrt niemals wieder. 2. Gehen bei einer Anpassung an eine neue Lebensweise (z.B. beim Übergang von Schreittieren zu Klettertieren) Organe verloren, die bei der früheren Lebensweise einen hohen Gebrauchswert besaßen, so entstehen bei der neuerlichen Rückkehr zur alten Lebensweise diese Organe niemals wieder; an ihre Stelle wird ein Ersatz durch andere Organe geschaffen." (Abel 1912:616)
[14] Wie sehr sich das dialektische Erklärungsmodell festsetzt, zeigt ein kurzer, vergleichender Blick auf die von Engels vorgeschlagenen Kriterien, die alle auch in der Evolutionstheorie

Der Organismus, die Art befolgte stets den Weg der Synthese zwischen den Prinzipien der Innen- und der Außenwelt. Ein solcher Schluß war nicht mehr rückgängig zu machen, doch war er rückverfolgbar, was dann die ethologische Methode leistete:

„Das Wesen der ethologischen Methode besteht darin, daß sie nicht nur die morphologischen Charaktere vergleichend nebeneinander stellt, sondern eine Erklärung und Entstehungsgeschichte derselben zu geben versucht. Ihrem innersten Wesen nach ist diese ganze Methode auf phylogenetischen Gesichtspunkten aufgebaut. Die ethologische Analyse zeigt uns nicht nur, wie die Anpassungen der einzelnen Formen beschaffen sind, sondern vor allen Dingen, wie sie entstanden sind." (ebda. 608f)

Diese Methode erforderte auch eine grundsätzliche Umkehrung des Goetheschen Lehrsatzes, daß die Gestalt die Lebensweise des Tieres bedinge. Abel meint dazu, daß

„[n]icht die Form es [ist], welche die Funktion bedingt, sondern die F u n k t i o n   b e d i n g t   d i e   F o r m . Der Löwe ist nicht deshalb zum Raubtier geworden, weil er ein Raubtiergebiß besitzt, sondern er besitzt dieses, weil seine Lebensweise die eines Raubtieres ist, bzw. w e i l   e s   d i e   L e b e n s w e i s e   s e i n e r   V o r f a h r e n   w a r." (Abel 1925:35; Hervorhebungen im Original).

Dies erfordert nun aber eine prinzipielle Möglichkeit, wie diese Information von der Funktion in die Form käme.

Dies ist der Punkt, an dem sich Abel auf die Seite der Neolamarckisten stellt, die einen solchen Informationsaustausch für möglich halten.

„Die biologische Forschung der letzten Jahrzehnte hat keinen Zweifel darüber gelassen, daß wir in den verschiedenen 'Anpassungen' der Tiere an eine bestimmte Lebensweise nicht Bildungen vor uns haben, die auf dem Wege der natürlichen Zuchtwahl durch das Summieren einer Unzahl von 'günstigen' Abänderungen entstanden sind, sondern daß die Anpassungen oder die Erscheinungsformen, in denen der Organismus auf die von der Außenwelt auf ihn ausgeübten Reize reagiert, als eine u n m i t t e l b a r e   R e a k t i o n   a u f   d i e   ä u ß e r e   R e i z w i r k u n g anzusehen sind. Diese Auffassung entspricht genau der älteren Formel von der 'W i r k u n g   d e s   G e b r a u c h e s   o d e r   N i c h t g e b r a u c h e s   d e r   T e i l e' und umgrenzt den Begriff der Anpassung dahin, daß nur jene Umformungen, die als zweifellose Reaktionen auf die Reize der Außenwelt entstanden sind, als 'Anpassungen' zusammengefaßt werden, während alle anderen Umformungen des Tierkörpers von diesem Begriffe auszuscheiden sind." (ebda. 36f; Hervorhebungen im Original)

Diese war damals eine gängige Lösung, wobei eingeschränkt werden muß, daß es durchaus noch viele Anhänger Weismanns gab und auch die ersten Vorboten der Synthese - Fisher, Haldane, Timoffeef-Resowski, Dobzhansky, etc... – in der Genetik werkten.

Abels zu finden sind: das Gesetz des Umschlagens von Quantität in Qualität und umgekehrt; das Gesetz von der Durchdringung der Gegensätze; das Gesetz von der Negation der Negation. Letzteres ist dem Dollo'schen Gesetz inhärent, während Konvergenzerscheinungen bei Abel der Gruppe der Durchdringung der Gegensätze zuzuordnen sind: „Unsere Auseinandersetzungen über die Anpassungen verschiedener Wirbeltiergruppen an ein und dieselbe Lebensweise [...] Die oft auffallende Ä h n l i c h k e i t ist aber fast immer nur eine rein ä u ß e r l i c h e ." (1912:618; Hervorhebung im Original)

Selbst die wissenschaftlichen Gegner Abels in Wien, die Gruppe um das Prater-Vivarium, waren durchaus Anhänger Lamarcks. Abel führte immer wieder auch Darwin selbst als Beleg für seine Theorie an, wenn er zum 100sten Geburtstag Darwins spricht, so streicht er, wie jedesmal später auch, hervor, wie sehr Darwin mißverstanden worden wäre (u. a. Abel 1909b, 1912, 1925, 1928b, 1929a). Seine Lieblingsstelle ist diejenige, wo Darwin schreibt:

„I am convinced that Natural Selection has been the most important, but not the exclusive, means of modification." (Darwin 1993:23)

Diese Festlegung auf eine Reizreaktion des Organismus hat auch einen Preis, denn Abel kann mit ihr keine Neuerungen erklären. Wie das Neue in die Welt kommt, vermag er nicht zu sagen, sondern tut es ab mit der Möglichkeit der Monstrositäten[15] (vgl. Abel 1910b; 1925).

Erst wenn ein Merkmal von innen herausgebildet ist, kann begonnen werden, es anzupassen[16]. Daraus resultiert auch ein spezielles Interesse an Pathologien im Allgemeinen (Abel 1910b, 1912, 1914a), das bei den Grabungen in Mixnitz akut wird[17].

3. Verfestigung und Popularisierung des Gedankengebäudes

Die grundlegende Richtung seiner Forschung legte Abel also schon frühzeitig fest und spätestens mit dem Buch über die *Paläobiologie der Wirbeltiere* (1912) standen die wichtigen Elemente seines Gedankengebäudes fest (vgl. jedoch unten).

Abel verfolgte nun nicht nur die Strategie einer immer tiefer gehenden Forschung, wo er sich langsam gemeinsam mit einem elitären Denkkollektiv (der Universität und vor allem der zoologisch-botani-schen Gesellschaft) vorantastete, sondern wo er darüber hinausging und Lehrbücher und populärwissenschaftliche Artikel schrieb, gemeinverständliche Vorträge hielt usf.

Man könnte fragen, ob Unterschiede in dieser Art der Veröffentlichung seiner Theorien bestehen zu seinen „akademischen" Publikationen im engeren Sinn. Die Frage läßt sich mit nein beantworten, er ist sich weitgehend selbst treu geblieben und verbreitete seine Ideenplattform, wobei davon auszugehen ist, daß der Widerhall auf seine Ideen ein sehr begrenzter war.

---

[15] Am Rande kann hier vermerkt werden, daß schon einer der ersten Aufsätze Abels in den Verhandlungen der zoologisch-botanischen Gesellschaft 1897 das Thema Monstrositäten bei Orchideenblüten zum Inhalt hatte (Abel 1897b).

[16] Edlinger et al. (1991) gehen überhaupt weg vom Begriff der Anpassung. Nach Amundson (1996) ist der Begriff „adaptation" so vielfältig gebraucht worden, daß es schwer fällt eine eindeutige Begriffsklärung vorzunehmen. Für die Moderne Synthese schlägt er vor, daß bei dieser die Anpassung eine genetische und statistische Grundlage hat.

[17] Dies soll auch die Grabungsergebnisse verfälscht haben, indem vor allem pathologische Funde aufgesammelt worden sind, während die anderen teilweise der Vernichtung anheimfielen. (Rabeder persönliche Information)

Allein der Ruf, anerkannter Fachbuchautor zu sein und in wichtigen Zeitschriften zu veröffentlichen oder deren (Mit)Herausgeber zu sein, erscheint wichtig für die Position im akademischen Feld. Zudem ergab sich auch die Möglichkeit, das wissenschaftliche Ringen um Theorien und Hypothesen in die Tagespresse hinauszu-tragen, was von strategischem Vorteil auch im wissenschaftlichen Feld sein konnte.

Ein wichtiges Stück auf dieser Reise war sicher die erstmalige Herausgabe eines Lehrbuches der Paläozoologie (1920) durch Abel, das nur wenige Jahre später eine zweite Auflage (1924) erlebte. Im Vorwort erklärte er die Ziele der Paläozoologie, wie er sie vorher schon in den Fachpublikationen publiziert hatte:

„Die Ziele der Paläozoologie bestehen vor allem in der Erforschung der Organisation und der stammesgeschichtlichen Stellung der fossilen Tiere sowie in der Aufhellung ihrer Beziehungen zur Umwelt. Dieser letzte Zweig der Paläozoologie, die Paläobiologie, bildet eine Brücke zur Geologie, soweit diese die Einwirkung der allgemeinen geologischen Verhältnisse auf die Tierwelt der Vorzeit berücksichtigt und sich bemüht, aus der Beschaffenheit und Zusammensetzung der vorzeitlichen Faunen Schlüsse auf lokale oder weiter ausgreifende Ereignisse aus der Vorzeit der Erdgeschichte zu ziehen." (Abel, 1920)

Diese propagandistischen Maßnahmen zeitigten einigen Erfolg, so konnte Mägdefrau 1968 noch schreiben, daß der Ausdruck „Paläobiologie" durch O. Abels Werke zu einem festen wissenschaftlichen Begriff geworden wären (Mägdefrau 1968:5). Allerdings listet schon Edwin Hennig 1932 unter der Rubrik „Paläobiologie" nicht weniger als sechs Standardwerke auf, die sich allesamt, mit Ausnahme Dollos, auf den von Abel gesetzten Begriff beziehen.

Wesentlich später verweist Herre in einem Interview (Hoßfeld 1999) auf den Einfluß Abels in der Zwischenkriegszeit[18].

In den Artikeln für die Zeitschrift *Die Naturwissenschaften* spiegelt sich sein Ehrgeiz wider, seine Theorien einem weiten Fachkreis bekannt zu machen. Vor allem in „Methoden und Ziele der Paläobiologie" (Abel 1918a) schreibt er seine Geschichte dieser neuen Wissenschaft. So behauptet er kurz und bündig, daß die Paläobiologie von Louis Dollo begründet worden sei, des weiteren tritt er energische gegen Vorstellungen auf, die besagen, daß die Paläobiologie nur ein Zweig der historischen Geologie wäre, sondern daß sie ein Teil der biologischen Wissenschaften sei und schließlich verdammt er die Unwilligkeit mancher Kreise in der Geologie, die nicht erkannt hätten, wie wertvoll diese neue Richtung für die Erforschung der Anpassungen beziehungsweise Anpassungsreihen sei.

Er beendet den Artikel damit, daß er wisse, daß die Loslösung einer neuen Wissenschaft von einer Mutterwissenschaft niemals ohne Reibung erfolge, daß jedoch die Paläozoologie und Paläobiologie schon flügge geworden wären und sich nicht wieder von der Geologie einfangen ließen. (ebda. 519)

---

[18] Wörtlich meinte er: „Ich muß [...] erwähnen, daß es Othenio Abel war, der viel biologisches Wissen in die Paläontologie einbrachte." (Hoßfeld 1999:245)

Es muß auch erwähnt werden, daß der Ausbau der Paläobiologie in zwei Richtungen erfolgte. Die eine war das Durchgehen der Folgerungen aus dem ersten Buch, worin viele Themen schon angerissen worden waren, aber nicht auf eine erschöpfende Weise abgehandelt werden konnten. Dazu können die Lebensspuren und die Taphonomie gezählt werden und bis zu einem gewissen Grad auch die Phylogenie[19].
Andererseits ging er auch ergänzenden Fragestellungen nach, die seine Paläobiologie erweiterten. Hauptsächlich ging es hierbei um ökologische Fragestellungen und um die internen Kräfte, die im tierischen Organismus wirksam sind.

Letzteres ist vielleicht auch als Synthese mit der früheren rein morphologischen Arbeitsweise zu sehen. Jedenfalls besetzt bald die Paläobiologie den gesamten Raum der Paläontologie mit Ausnahme der Biostratigraphie, die Abel gern den historischen Geologen überläßt.

Ein wichtiger Bestandteil der Popularisierung der Paläontologie im allgemeinen sind die anschaulichen Rekonstruktionen, die Abel gemeinsam mit dem akademischen Maler Franz Roubal vornimmt. Die meisten der Rekonstruktionen sind Übernahmen von anderen Rekonstruktionen, die der Professor verbessert und dann als seine darstellt, kaum sind eigene vollständige Rekonstruktionen dabei.

Neben den Proboscidiern und Equiden, die Hauptgebiete sind, beteiligt er sich eifrig an Rekonstruktionsversuchen von Dinosauriern, wie sie zu jener Zeit in den USA schon sehr populär waren.

In diesem Sinn kann auch von einer Amerikanisierung der Rekonstruktionen gesprochen werden. Sein hauptsächliches Vorbild ist Henry Fairfield Osborn, der seit dem späten 19. Jahr-hundert sehr intensiv an einer weiteren Popularisierung und vor allem Darstellung der Dinosaurierfunde von Marsh und Cope in den Museen der USA.

Er war sich der Bedeutung dieser Schriften durchaus bewußt, wenn er bemerkte, daß nichts so förderlich für die Vertiefung und Ausbreitung der Kenntnisse vom Lebensbild vorzeitlicher Tiere förderlich wäre, als eine geschichtliche Darstellung der Entwicklung der Vorstellungen über das Aussehen der Tiere (Abel 1925:iv). Zudem sah er darin auch eine Möglichkeit gegen das Dilettantentum in dieser Materie einzutreten und die falschen Vorstellungen zu korrigieren.

Von zentraler Bedeutung für Abel war, wie schon oben nachgewiesen, die Rekonstruktion der Stammbäume oder wie Abel es üblicherweise nannte: der Stammesgeschichte. Dies behauptete er zunächst schon in seinen frühen Werken zur Paläobiologie (Abel 1907a; 1912), in seinem kurzen Vortrag über „Orimente und Rudimente" (Abel 1914c) ging er auf die historische Methode näher ein. Um überhaupt eine Geschichte rekonstruieren zu können, muß er nicht nur einen primitiven, primären Zustand postu-

---

[19] Über die Lebensspuren schrieb er vieles später eine Monographie (Abel 1935), zur Taphonomie schrieb er wiederholt kleinere Abhandlungen und kam immer wieder darauf bei größeren Werken, zur Phylogenie schrieb er u.a. nachmalig die Monographie zum Verhältnis von Paläobiologie und Stammesgeschichte (1929a).

lieren, sondern auch einen sekundären. Diesen wiederum teilte er ein in regressive und in progressive Spezialisationen.

Das morphologische Pendant benannte er Rudiment beziehungsweise Oriment. Diese waren für ihn geschichtliche Prozesse, die erst in der Betrachtung der Zeit deutlich werden.

Seine Stellung zur paläontologischen Art und zum Artbegriff überhaupt ist folglich eine ablehnende, weil der Prozeß der Entwicklung der Tierstämme ein kontinuierlicher ist, der sich nur in der Gegenwart - oder zumindest einer einzigen Zeitebene - als unterscheidbare Art abbildet:

„[D]as Wesen der Erkennungsmöglichkeit einer Art liegt auf m o r p h o l o g i s c h e m und nicht auf p h y s i o l o g i s c h e m Gebiete. Sicher ist es, daß Artgrenzen bestehen, und zwar solche in h o r i z o n t a l e r A u s d e h n u n g ; ob wir auch von Artgrenzen in v e r t i k a l e r R i c h t u n g , das ist im Sinne der stammesgeschichtlichen Entwicklung, sprechen können, kann allein die Paläontologie beantworten, die über die historischen Dokumente der Stammesgeschichte verfügt." (Abel 1929:102; Hervorhebungen im Original)

Er führt weiters aus, daß es bei Nichtbeachtung der historischen Dimension bei gleichzeitigem Festhalten an der überlieferten sytematischen Nomenklatur zu folgendem Paradox kommen muß:

„Genau genommen müßte ja, falls wir es einmal so weit bringen könnten, von einer Ahnenreihe alle Glieder dieser Ahnenkette zu kennen und diese Kette bis weit zurück in die Vergangenheit zu verfolgen, die nomenklatorische Unterscheidung der einzelnen direkten Deszendenten innerhalb dieser Reihe aufhören. In meinen Vorlesungen, in denen ich dieses Beispiel erwähne, pflege ich darauf aufmerksam zu machen, daß dann der Fall eintreten müßte, in dem nicht nur der Vater und Sohn zu verschiedenen Spezies gestellt werden müßten, sondern es müßte dann auch irgendwo in dieser Reihe zwischen Vater und Sohn ein Unterschied der Gattung, ja weiter der Ordnung, der Familie, ja selbst höherer systematischer Kategorien gelegt werden, wenn wirklich a l l e direkten Glieder dieser langen phylogenetischen Kette uns vorliegen würden, die viele Millionen direkter Deszendenten umschließt." (Abel 1929:103; Hervorhebung im Original)

Zu eben dieser Schlußfolgerung gelangt auch Willmann (1985; 1989), der dies nicht polemisch meint, sondern nur konsequent durchsetzt, was vor allem Willi Hennig (1982) in seiner phylogenetisch-kladistischen Methode einfordert. Abel hingegen verwehrt sich dieser Schlußfolgerung und lehnt einen solchen aus der Gegenwart übertragenen Artbegriff ab:

„Nicht nur die Familien, sondern auch die kleineren Unterabteilungen wie die 'Gattungen' oder 'Arten' [müssen] im Sinne der genetischen Betrachtung, also vom Standpunkte des Paläontologen aus gesehen, nicht mehr als kreisförmige Durchschnitte der Stammbaumäste erscheinen, die auf dem Gegenwartsquerschnitt liegen, sondern sowohl die Art, als auch die Gattung, Familie, Ordnung usw. müssen uns als in vertikaler Richtung ausgedehnte, unmittelbar aneinanderstoßende A s t s t ü c k e , nicht aber als bloße scheibenförmige Querschnitte erscheinen. Mit dem Momente, da uns dies klar zu werden beginnt, muß es als einleuchtend erscheinen, was NEUMAYR über die Unmöglichkeit gesagt hat, den zoologischen Begriff der Art auf die Paläozoologie zu übertragen." (ebda. 114)

Zu den wichtigen Bereichen, die Abel zur Festigung seiner Ansichten heranzieht gehört sicherlich die damals noch junge Wissenschaft der Ökologie. So ist der Paläobiologie schon eine autökologische Sichtweise inhärent, jedoch beließ es der Professor nicht dabei. In den *Lebensbilder aus der Tierwelt der Vorzeit* (1922) unternahm er den groß angelegten Versuch, zehn verschiedene Umwelten, Ökosysteme, der Vergangenheit darzustellen. Er geht vom jüngsten Zeithorizont aus, der Lößsteppe in Niederösterreich und gelangt zurück bis ins Perm Südafrikas.

Diese Anordnung ist nicht zufällig, sondern folgt seiner Maxime, daß die Vergangenheit von der Gegenwart her rekonstruiert werden muß. Insgesamt ist sich Abel des fragmentarischen Bildes bewußt, er spricht von einem Mosaik, das langsam zusammengesetzt werden kann.

Bei der Rekonstruktion der Vegetation, die er als Paläozoologe ebenfalls anspricht, geht er für die Lößsteppe theoretisch rekonstruierend vor. Er erkennt in der Alpenflora Relikte aus dem Tertiär und schließt zurück auf die Flora der Lößsteppe.

Die Art der Schilderung nimmt durchaus bukolische Züge an, wenn auch durchsetzt mit Jargon:

„Wieder rollen die Wogen einen Knochen an den Strand. Es ist der erste Halswirbel oder Atlas eines großen Säugetiers; nur die Waldgebiete, die bis an das Meeresufer heranreichen, beherbergen diese Großsäugetiere. Aus dem Flusse, der sich von Süden her in das Wiener Becken in der Gegend von Gloggnitz ergießt, ist wohl bei stärkerem Regengusse und dem darauf einsetzenden Hochwasser der Kadaver eines Mastodon angustidens, dem dieser Atlas angehörte, in die See getrieben worden. –
Weiter draußen auf hoher See springen einzelne Delphine rasch hintereinander aus den Wogen. Hinter ihnen wird die dreieckige Flosse des großen Seeräubers des Miozänmeeres, des Charcharodon megalodon, sichtbar. –
Das weiß umbrandete Steilufer zieht sich weiter nach Süden. Das dichte Unterholz der Föhrenwälder lichtet sich; am versumpften Ufer eines in das Meer mündenden kleinen Baches schreitet ein großer Bulle des Mastodon angustidens, fortwährend sichernd, der Tränke zu; am gegenüberliegenden Ufer treten zwei kleine Dinotherien aus dem Dickicht hervor [...][20]„ (Abel 1922)

In anderen Publikationen wie „Parasitische Balanen auf Stockkorallen aus dem mediterranen Miozänmeer" (1928) vertieft er seine wissenschaftlichen Untersuchungen in Teilbereichen der Ökologie, in diesem Fall widmet er sich dem Problem des Parasitismus von Balanen beziehungsweise der Frage, ob ein solcher vorliegt. In seiner Schlussfolgerung versucht er das Schachteldenken aufzubrechen, indem die fixen Kategorien von Epöken, Entöken, Parasiten, Symbionten, etc. aufbricht und sie – in durchaus moderner Weise - in eine dynamische Beziehung zueinander setzt.

4. Physikalisierung der Paläobiologie

Bislang habe ich die Beiträge Abels besprochen, die einen wichtigen Beitrag zur damaligen Entwicklung der Paläontologie leisteten, von denen einiges bis heute geblieben ist. Er selbst war allerdings damit nicht zufrieden und suchte nach einer großen Synthese, wohl auch als Ausgleich zu seiner abspalterischen Tendenz der Geolo-

---

[20] Diese letzte Szene am Bach illustrierte Abel selbst in einem Aquarell, sodaß er damit gewissermaßen als Vorläufer der BBC Dokumentationen über prähistorisches Leben gelten könnte.

gie gegenüber. Er fand seine Liebe zur Physik, mit er die große Vereinigung vollziehen wollte.

Warum es ausgerechnet die Physik sein mußte, ist nicht so klar, vor allem wenn man bedenkt, daß schon 1936 von Otto H. Schindewolf ein lobenswerter Versuch unternommen worden ist, Genetik und Paläontologie zu vereinen. Dazu kommt im Falle Abels noch seine Abneigung und Verachtung gegenüber der Mathematik. So konnte er auch den Arbeiten von D'Arcy Thompson (Thompson 1917) nicht viel abgewinnen. Seine Reiz-Reaktionstheorie der Evolution führte auf eine Schiene, die mit den unterschiedlichen Entwicklungstempi der Säugetierstämme begann und ins „Biologischen Trägheitsgesetz" mündete.

Eine alte Fragestellung, schon im neunzehnten Jahrhundert, in der Evolutionstheorie war das Entwicklungstempo der einzelnen Tiergruppen. Die Meinungen gingen deutlich auseinander und während manche Experten- unter anderem Louis Dollo - meinten, daß die Entwicklung schubweise vor sich ginge, fanden andere Leute, beispielsweise Matthews, daß der Prozeß der Evolution langsam und kontinuierlich vonstatten ginge und sogar eine Zeitmessung durch die Analyse der Pferdereihe möglich wäre. In seinem Säugetierbuch (Abel 1914d) erwähnt Abel schon, daß es nur wegen des unterschiedlichen Tempos der Entwicklung der verschiedenen Stämme zur Tatsache kommen, kann, daß es neben primitiven Gruppen auch spezialisierte gibt.

Diesen Gedanken führt er im Vortrag über „das Entwicklungstempo der Wirbeltierstämme" (Abel 1918b) näher aus. Unter anderem kommet er zum Schluß, daß es Stammesreihen gibt, in denen „ein förmlicher Sprung in der Entwicklung [zu beobachten ist], der sich in einer relativ kurzen Zeitspanne der Erdgeschichte abspielt, gefolgt von einer relativ langen Periode ruhiger und gleichmäßiger Entwicklung[21]." (ebda. 26)

In der weiteren Folge versucht Abel die Gesetze, die er aufgestellt, und die Beobachtungen, die er gemacht hat, in ein Modell einfließen zu lassen, das sowohl die ursächlichen Anteile – das ist der Umweltreiz und die Reaktion des Organismus darauf – mit den phänomenologischen zu verknüpfen. Abel findet für den Widerspruch zwischen Reiz der Umwelt zur Anpassung und der Antwort der Organismen darauf, das biologischen Trägheitsprinzip:

„Freilich trat in fast allen Fällen eine R e a k t i o n auf die von der Umwelt ausgeübten Reize, also e i n e A n p a s s u n g a n d i e U m w e l t ein. In einigen Fällen reagierte der Organismus in einer für ihn zwar zunächst scheinbar vorteilhaften, bei weiterer Spezialisierung in der einmal eingeschlagenen Richtung aber unvorteilhaften, ja sogar schädlichen Weise. [...] Ist einmal ein derartiger unvorteilhafter Weg eingeschlagen worden, so wird er von den Organismen [...] nicht sofort wieder verlassen, sondern [...] solange beharrlich fortgesetzt, bis die äußerste Stufe der Entwicklungsmöglichkeit in dieser Richtung erreicht ist [...]. Es sieht so aus, als ob es sich bei

---

[21] Diese Formulierung klingt ein wenig wie die Vorwegnahme des „punctuated equilibrium", und sicherlich sind die Anleihen bei Schindewolf, die Gould und Eldridge (1977) nehmen, wiederum beeinflußt von Abel. Wie weit sich eine solche Genealogie aufrecht erhalten läßt, müßte eingehender nachgeprüft werden.

solchen Vorgängen um ein dem Organismus eigentümliches Beharrungsvermögen handeln würde, das man früher vielfach 'Orthogenese' genannt hat, das aber vielleicht besser als das 'biologische Trägheitsprinzip' zu bezeichnen wäre, das auch dann, wenn es sich um unvorteilhafte Reaktionen dem Organismus auf die Reize der Umwelt handelt, doch nicht ausgeschaltet werden kann, so daß der betreffende Organismus schließlich in eine Sackgasse gerät, aus der es kein Zurück gibt." (Abel 1922:268)

Eine Physikalisierung oder gar Mathematisierung ist dieser Definition nicht anzumerken. Eine solche hätte allerdings in seiner Zeit wohl gar keine Beachtung gefunden. Der nächste konsequente Schritt Abels, und hier ist daran zu denken, daß in dieser Zeit die Auseinandersetzung mit dem „Machisten" Paul Weiss fällt, ist eine Umorientierung der Definition der Anpassung auf eine stärker systemische Richtung:

„Ich habe, um den Begriff der Anpassung schärfer zu präzisieren, schon vor vielen Jahren vorgeschlagen, eine Anpassung als Reaktion des Organismus auf die von den Faktoren der Umwelt auf den Organismus ausgeübten Reize anzusehen. In diesem Sinne ist somit eine jede Reaktion eines Organismus, der im Kampfe um seinen Ausgleichszustand mit der Außenwelt steht, und das betrifft alle Organismen, soweit sie den ihnen erreichbaren Ausgleichszustand noch nicht erreicht haben, als eine Anpassung anzusehen. [...] (Abel 1928:11; Hervh.bung im Orig.)

Im Gegensatz zu Weiss handelt es sich beim Ausgleichszustand nicht um den der Körper der Individuen zu ihrer synchronen Umwelt, sondern um den Ausgleichszustand einer Stammes-reihe mit ihrer diachronen Umwelt. Damit ist der Weg frei für eine Klärung des „Biologischen Trägheitsprinzips" zum „Biologischen Trägheitsgesetz":

„Man hat [...] bisher nicht erkannt, daß die Orthogenese und die Nichtumkehrbarkeit der Entwicklung gemeinsam einem höheren Gesetze untergeordnet sind. Dieses höhere Gesetz ist das biologische Trägheitsgesetz, und wir lernen sowohl die Orthogenese wie das Irreversibilitätsgesetz verstehen, wenn wir noch ein anderes mechanisches Prinzip zu Hilfe nehmen: das Prinzip des kleinsten Widerstandes oder, wie es seinerzeit von Gauss bezeichnet worden ist, das Gesetz des kleinsten Zwanges'." (Abel 1912:99f)

In guter empiriokritischer Manier, er zitiert aus der 7. Auflage von Ernst Machs *Die Mechanik in ihrer Entwicklung* (1912), setzt er sich gegen den Gedanken ein, daß ein solches Gesetz etwas mit Metaphysik zu tun haben könnte:

„*Das Trägheitsprinzip der Mechanik ist auch in der organischen Welt rein mechanisch aufzufassen*. Es hat nichts gemein mit den mystischen Vorstellungen von einem 'Prinzip der Progression' oder einem 'Vervollkommnungsprinzip', auch nichts mit der 'Lebenskraft' der Naturphilosophen oder der immer wieder auftauchenden Hypothese von dem Vorhandensein einer 'phyletischen Lebenskraft'." (ebda. 96)

Die Begründung eines solchen Schrittes liegt für ihn in der Definition des Reizes, die er so ausweitet, daß sie völlig allgemein wird:

„Wir wissen auch, daß jeder lebende Organismus in geringerem oder in höherem Grade auf die Reize der Außenwelt reagiert. Diese Reaktion kann chemischer Art, sie kann aber auch mechanischer Natur sein. Die gesamten Vorgänge der Reaktionen der Organismen unterliegen daher neben chemischen Gesetzen auch den Gesetzen der Physik." (ebda. 97)

Als weitere Erklärung – oder eigentlich „Entschuldigung" – fügt Abel noch an:

„Und noch eines mag als Entschuldigung dafür angeführt werden, diese theoretischen Auseinandersetzungen versucht zu haben: Das Bestreben, nichts unversucht zu lassen, um die Vorgänge der organischen Entwicklung so weit wie möglich nach naturwissenschaftlichen Methoden unserer Erkenntnis näher zu bringen und so lange nach chemischen und physikalischen Gesetzen zu forschen, die die organische Welt beherrschen, bis wir an die Grenzen kommen, wo die Naturforschung endet und das Reich der Metaphysik beginnt." (ebda.101f)

Damit seine Theorien Gültigkeit besitzen können, muß Abel als zwangsläufige Voraussetzung annehmen, daß die einzelnen Reaktionen eines Organismus auf chemische und physikalische Reize nicht verloren gehen, denn ansonsten wären die Reaktionen eines Tieres im Laufe seines Lebens umsonst gewesen.

Letztere ist genau die neodarwi-nistische Annahme August Weismanns, die hier ganz klar abgelehnt wird:

„Eine logische Voraussetzung ist die Annahme von der Vererbung von durch das Individuum erworbenen Eigenschaften auf seine Nachkommen. Der Gegensatz zwischen den von den Vererbungstheoretikern geschaffenen Begriffen des 'Genotypus' und des 'Phaenotypus', der anfänglich berechtigt erschien, kann heute nur mehr mit sophistischen Mitteln verteidigt werden und hat nur soviel zu besagen, daß *alles*, was sich uns heute als konstitutionell gefestigter 'Genotypus' darstellt, früher einmal ein 'Phaenotypus' gewesen ist und gewesen sein muß. Das individuelle Erlebnis und die individuelle Reaktion des Organismus auf die Umweltreize gehen eben nicht spurlos verloren, sondern werden durch Vererbung gefestigt, sie werden 'konstitutionell'." (ebda. 13; Fußnote 1)

Abels Taktik, so zu tun, als ob seine Ansichten zu einem Thema schon Konsens unter den Wissenschaftlern wären, kann hier nicht mehr greifen, denn einerseits hatte er vorher immer Dinge für Fälle behauptet, wo er sich gut auskannte und sich ein genaues Bild gemacht hatte.

Es stimmt zwar, daß viele Paläontologen zu jener Zeit dem Neolamarckismus anhingen[22], dennoch waren die Genetiker auch zu jener Zeit mehrheitlich im Lager der Selektionisten und Neodarwinisten.

Vor allem eine Vererbung von erworbenen Eigenschaften konnte schon recht sicher ausgeschlossen werden, auch wenn die molekularen Grundlagen sich als unzureichend erwiesen. Die Hoffnung, die Othenio Abel am Schluß seiner phylogenetischen Summa darlegt, erscheint *post hoc* als verfrüht:

„[...] [D]as Hauptproblem der Stammesgeschichte, die Frage nach den Ursachen der stammesgeschichtlichen Entwicklung und des zwangsmäßigen Verlaufes derselben konnte in den Arbeitsbereich der Paläozoologie einbezogen werden. Vielleicht ist dieses Problem seiner endlichen Lösung dadurch etwas näher gerückt worden, daß wir zu der Schlußfolgerung gelangt sind, daß die Umgestaltung der Organismen durch die auf sie einwirkenden und die Reaktionen provozierenden Umweltreize einem allgemeinen Gesetze unterliegt, das von der Mechanik auf die organische Welt als das biologische Trägheitsgesetz übertragen werden kann und dem die verschiedenen anderen Gesetze der stammesgeschichtlichen Entwicklung , die früher in keinem inneren Zusammenhange zu stehen schienen, untergeordnet sind." (Abel 1929:403)

---

[22] An dieser Stelle sei erwähnt, daß immerhin Louis Dollo, der verehrte Meister, an die Selektion glaubte und sich auch durch Abel nicht bewegen ließ, davon abzurücken (vgl. Abel 1931c).

Der Traum der großen Synthese von Physik, Chemie und Biologie erwies sich für Abel noch als unerfüllbar, obwohl er selbst glaubte, sie geschafft zu haben. Konsequent und folgerichtig hatte er sich durch die Fakten durchgearbeitet. In seinem Fall, können wir die Lösungen, wie das lamarckistische Vererbungssystem, das für Abel unbedingte Geltung erlangte, als ein epistemologisches Hindernis auffassen, auch wenn ich an dieser Stelle darauf hinweisen muß, daß es nicht darum gehen kann, die Moderne Synthese als des „Fortschritts" letzten Schluß anzusehen. Der Ausbau einer Theorie, oder die Fortsetzung eines Forschungsprogrammes bis an ihr logisches Ende wird durch die Arbeiten Abels verdeutlicht und es waren nicht logische Fehler oder eine schlechte Beobachtungsgabe, die ihn zu dieser, heute teilweise seltsam anmutenden, Synthese geführt haben, sondern im Gegenteil eine nachhaltige Entwicklung seiner Gedanken, die gewissermaßen auf Axiomen aufgebaut hat[23].

5. Untergang

Die Arbeiten Abels regten zahlreichen Widerspruch an. Zuerst waren es die geologisch ausgerichteten Paläontologen, die sich auch direkt bedroht fühlten wegen der Zuordnung des Faches Paläontologie zur Biologie. In diesem Feld konnte Abel sicherlich einen Sieg erringen, einen, der so großartig war, daß später Schindewolf sogar die Sinnhaftigkeit des Kampfes anzweifelte[24] (siehe oben). In diesem abschließenden Teil möchte ich nun die späteren Reaktionen auf Abel zeigen und wie weit sie berechtigt sind oder als verfehlte Kritiken – und warum! – einzustufen sind.

Den Anfang mache ich mit Karl Beurlen, der über die Anpassungen folgendes bemerkte, daß,

„Abel von Anfang an sich irgend eines Anpassungszieles bewußt sein muß – im Fall der Stammesgeschichte sogar hat die Anregungen von Kowalewsky zwar aufgenommen[25], aber gleichzeitig den Inhalt der Kowalewskyschen Feststellung mit dem von ihm vorgeschlagenen Begriff der 'fehlgeschlagenen Anpassung' grundsätzlich gewandelt, von der Vorstellung ausgehend, daß alle Formumbildung im stammesgeschichtlichen Geschehen durch Anpassungsvorgänge bewirkt sei. Aber Anpassung kann ja immer nur ein zielstrebiger Vorgang sein, bei dem der sich Anpassende systematisch über zahlreiche Generationen hinweg

---

[23] Nochmals kurz welche das waren: 1) Tiere reagieren auf Umweltreize, seien diese physikalischer oder chemischer Natur, => 2) Diese Reaktionen werden in den Organismus eingebaut und weitervererbt,
=> 3) Dieser Vorgang ist ein sehr „träger", das heißt ein Organismus kann nicht unbegrenzt schnell auf die Umwelt reagieren und „geht" auch in die falsche Richtung.
Während 1) und 2) Annahmen sind, die außerhalb des Forschungsbereichs von Abel stehen, ist 3) für ihn abzuleiten aus der Beobachtung am fossilen Material. Wenn 1) oder 2) nicht stimmen, kann folglich auch 3) nicht stimmen.
[24] Dies ist abzulehnen, da es eine *ex post* Sicht ist, und es kaum eine biologisch ausgerichtete Paläontologie im deutschsprachigen Raum ohne die Überzeugungskraft Abels gegeben hätte.
[25] Hier sind die Begriffe adaptiv und inadaptiv gemeint.

festgehalten!-; eine Anpassung gewissermaßen ins Blaue hinein ist ein innerer Widerspruch." (Beurlen 1949:68)

Beurlen begeht an dieser Stelle bei der Beurteilung Abels zwei Fehler: zuerst nimmt er als Ausgangspunkt seine eigene Theorien, die durchaus nicht kompatibel mit denen Abels sind. Zudem unterzieht er den Begriff „Anpassung" bei Abel keiner kritischen Durchsicht, denn ansonsten hätte ihm auffallen müssen, daß Abel darunter etwas anderes verstand, als er selbst.

Abel verstand darunter das Anstreben eines optimalen Ausgleichszustandes des Organismus, eine Vorstellung, die den modernen Vorstellungen einer Fitness-Maximierung nicht unähnlich ist. Das bedeutet, daß es um die Frage der Blindheit der Anpassung gar nicht gehen kann. Diese richtet sich – nach Abel ja gar nicht an der Zukunft aus, was Beurlen unterstellt.

Weiters unterzieht Beurlen das „Biologische Trägheitsgesetz" einer gesonderten Kritik:

„Die Erscheinung der zwangsläufig bis zur Unzweckmäßigkeit sich steigernden Umbildung hat *Abel* veranlaßt, von einem *biologischen Trägheitsgesetz* zu sprechen. Denn wie bei einem physikalischen Trägheitsgesetz beharre auch in der organischen Natur eine einmal vorhandene Bewegung in ihrem Verhalten. Gerade dies trifft nicht zu, da hier eine Veränderung von dem einen in den anderen Zustand vorliegt. Aber es erscheint überhaupt zweckmäßiger, von solchen aus völlig anderen Bereichen hergenommenen Begriffen für die Beschreibung des Geschehens Abstand zu nehmen. Denn unvermerkt unterschiebt ein nur eine äußerliche Analogie erfassender Begriff die Vorstellung einer Erklärung. Wir beschränken uns darauf, diesen sehr wichtigen Vorgang mit dem aus der Natur der Sache kommenden Begriff der Überspezialisierung zu beschreiben und halten mit ihm die außerordentlich wichtige Erkenntnis fest; die organische Formbildung, offensichtlich aus im Organismus liegenden Triebkräften erwachsend, steigert und spezialisiert sich fortschreitend." (Beurlen, 1949:115; Hervorhebungen im Original)

Wiederum irrt Beurlen, auch wenn er der Sache nach recht hat. Abel glaubte ja nicht, daß es sich bei seinem Gesetz um eine „äußerliche Analogie" handelte, diese wäre ihm recht sinnlos erschienen. Diese „Analogie" besteht, *obwohl* Abel von einem innerlichen, *kausalen* Zusammenhang überzeugt war.

Was nun Karl Beurlens Opposition gegen Abel betrifft, wird diese klarer, wenn man sich seine eigene Theorie ansieht. Diese fußt auf einem entschiedenen Dualismus, der im strikten Gegensatz zum Monismus Abels steht, der eine allgemeine Synthese aller Wissenschaften anstrebt und den Lebensprozessen keinerlei Ausnahme zugesteht. Für Beurlen hingegen stellt sich dies völlig anders dar:

„[...] es zeigt sich, daß all die so verschiedenen Erscheinungen, Abläufe und Mechanismen verständlich werden, wenn man sie auffaßt als Ausdruck einer spezifischen Grundkraft des Lebendigen. Ich habe diese Grundkraft umschrieben mit dem Willen zum Dasein, richtiger zum eigenen, autonomen Sein[26]. Dieser Begriff war unglücklich gewählt, da er von der menschlichen Psychologie her mit der Vorstellung der Bewußtheit seiner selbst belastet ist, für die hier selbstredend kein Platz ist. *Driesch* hat in anderem Zusammenhang den alten Aristotelischen Begriff der *Entelechie* in die Biologie, besser in die Philosophie des Organischen eingeführt und

---

[26] Vor dem Krieg, 1937, hieß dieselbe Grundkraft bei Beurlen noch „Wille zur Macht" (vgl. Reif, 1999).

wollte damit zum Ausdruck bringen, daß das Leben etwas ist, welches sein Ziel in sich hat und nur aus diesem Ziele heraus existiert und wird." (Beurlen 1949:169)

Somit scheint der Grund, warum Beurlen den Wiener angreift, nicht so sehr darin zu liegen, daß er den konkreten Mechanismus verdammen würde, sondern die Ablehnung erfolgt schon weit vorher, denn jeder Versuch, die Lebensprozesse in eine große Synthese einzufügen muß ihm, dem Aristoteliker, als Blasphemie erscheinen.

Wie oben schon mehrmals erwähnt, hat sich Otto H. Schindewolf seit den1920er Jahren, wesentlich jedoch seit den 1930er Jahren mit theoretischen Fragen der Paläontologie beschäftigt. In vielen Dingen nähert er sich Othenio Abel an, ohne ihn zu zitieren oder er zitiert ihn nur, wenn er ihn kritisiert. So schreibt er zwar durchaus im Sinne einer Paläobiologie, lehnt aber den Begriff als solchen ab, weil:

„Als gleichbedeutend mit der Ökologie betrachten wir, wie früher bereits gesagt, die *Ethologie*. Wenn L. *Dollo* für ihren paläontologischen Ausschnitt, die Palethologie, - ebenso wie später auch O. *Abel* für seine ursprünglich damit synonyme Paläobiologie – als Hauptaufgabe die Erforschung der Anpassungen hinstellte, so hat sie allerdings einen engeren und in einseitiger Betrachtung zweifellos zu eng gefaßten Sinn. Andererseits haben lamarckistische oder darwinistische Deutungen hier nichts zu suchen; sie gehören der Genetik und Entwicklungsphysiologie an." (Schindewolf 1948:26)

Die Behauptung, daß lamarckistische oder *darwinistische* Deutungen in der Ökologie nichts verloren hätten, zeigt, daß Schindewolf gewissermaßen eine „getrennte" Synthese vorschwebte. Diese ist schwierig einzuordnen zwischen Monismus und Dualismus und wahrscheinlich nicht sehr glücklich gewählt. Sie setzte sich zwar in Deutschland nach dem Krieg durch, wegen der Persönlichkeit Schindewolfs und seiner zentralen Stellung in den dortigen Institutionen, konnte aber keinen nennenswerten Einfluß auf die Moderne Synthese erwirken (vgl. Simpson 1949).

Schindewolf wußte dennoch auch Positives zu Abel zu sagen, so gesteht er ihm zu, daß er wie kaum ein anderer an der Biologisierung der Paläontologie mitwirkte:

„[D]ie Forschungen *Othenio Abels* (1875 – 1946), eines der repräsentativsten und fruchtbarsten Vertreter der modernen Paläontologie, der mit stetem Nachdruck ihre Biologisierung forderte und für diese biologische Richtung [...]die Bezeichnung *Paläobiologie* einführte [, bewegen sich in ähnlichen Bahnen wie die Arbeiten *Dollos*]" (Schindewolf 1948:99)

Und gleich fährt er einschränkend fort:

„Da heutzutage die biologische Betrachtungsweise in allen Sonderzweigen der Paläontologie zu einer Selbstverständlichkeit geworden ist – hinsichtlich der Wirbeltiere dank dem Wirken Abels [...] – Erübrigt sich nunmehr der Begriff Paläobiologie, der zu einem Synonym der Paläontologie selbst geworden ist. Er hat höchstens noch Bedeutung bei historischen Gegenüberstellungen der heutigen Forschungsrichtungen mit den früheren abiologischen." (ebda.)

Im opus magnum *Grundfragen der Paläontologie* (1950) kritisiert er sehr präzise, was das Problem beim „Biologischen Trägheitgesetz" ist. Ausgehend von der orthogenetischen

Entwicklung, die Schindewolf selbst auch konstatiert, zeigt er wo der Fehler bei Abel liegt:

„[D]aß die orthogenetische Entwicklung unbekümmert um die stets wechselnden Umweltbedingungen fortschreitet, wurde von O. Abel zur Grundlage eines Deutungsversuches gemacht, der für das Wesen der Erscheinungen sehr bezeichnend ist. Er glaubte, die Orthogenese sowie die Irreversibilität der Entwicklung in rein mechanischem Sinne auf das physikalische Trägheitsprinzip und den Satz des kleinsten Zwanges zurückführen zu können. Diese physikalischen Gesetze besagen, daß ein jeder Körper 1. in seinem Zustande (der Ruhe oder) der gleichförmigen, geradlinigen Bewegung verharrt und 2. beim Einwirken verschiedener Widerstände sich in der Richtung des kleinsten Widerstandes weiterbewegt. Zweifellos handelt es sich hier um eine bemerkenswerte Parallele, und die Heranziehung der betreffenden physikalischen Gesetzmäßigkeiten liefert ein vortreffliches Bild zur Veranschaulichung der stammesgeschichtlichen Erscheinungen.
Es darf jedoch nicht übersehen werden, daß das physikalische Trägheitsgesetz allein für die Mechanik starrer Körper gilt und daß infolgedessen seine Übertragung auf die Bedingungen des Zellkernes außerhalb des Bereiches der Möglichkeiten liegt. Das von Abel formulierte 'Biologische Trägheitsgesetz' stellt insofern nur eine andersartige Umschreibung des Sachverhaltes dar, nämlich eines Beharrens in der einmal eingeschlagenen Entwicklungsrichtung als Resultante aus dem konservativen, erhaltenden Prinzip der Vererbung und dem ihm gegenüberstehenden der Veränderlichkeit. Der Vergleich mit dem physikalischen Trägheitsgesetz aber bleibt reine Symbolik; von einer kausal-mechanischen Zurückführung der Orthogenese auf jenes Gesetz kann keine Rede sein." (Schindewolf 1950:411)

Der Deutsche legt den Finger auf die Wunde Abels, indem er darauf hinweist, daß jener eine kausale Erklärung der einzelnen Mechanismen schuldig bleibt, wobei er den Vorteil genießt, daß er von einer Zeit aus schreibt, in der der Neolamarckismus schon endgültig – bis auf die Sowjetunion Lyssenkos – ins Ausgedinge der unbrauchbaren Theorien geschickt worden war, wobei Schindewolf selbst niemals Lamarckist war. Allerdings ist die Bezeichnung „Symbolik" nur dann richtig für das Gesetz Abels, wenn man die Voraussetzungen so umformt, wie dies Schindewolf getan hat.

Er selbst hatte zudem auch ein langandauerndes Verhältnis zur Morphologie Goethes, wie sein Typusbegriff zeigt, auf den er seine saltationistischen Ansichten aufbaut. Insofern beginnt er den Weg ähnlich wie Abel selbst, schließt aber nach und nach den Begriff der Anpassung aus beziehungsweise reduziert ihn zu einem kleinen Spiel der Selektion am Ende des Weges einer Art:

„Nicht synthetischer, summativer Aufbau der höheren Typen aus einzelnen in langer Entfaltung zusammengetragenen Bausteinen ist das Mittel der Stammesentwicklung, sondern sie erfolgt auf dem Wege unmittelbaren, ganzheitlichen Typenwandels von Klasse zu Klasse, innerhalb der Klassentypen von Ordnung zu Ordnung, dann absteigend von Familie zu Familie usw." (Schindewolf 1950:398; alles hervorgehoben im Original)
„Die Artmerkmale und alle übergeordneten Bauplan-Organisationen stellen also das Ursprüngliche und zeitlich Vorausgehende dar, erst in ihrem Rahmen findet die weitere spezielle Ausgestaltung statt. Die von der Selektion gesteuerte Anpassung bildet daher den Abschluß der einzelnen Entwicklungszyklen, niemals aber deren Anfang[27]." (Schindewolf 1950:403; Hervorhebungen im Original)

---

[27] Dies ist um so interessanter als schon Abel die Wirkung der Selektion bis zu einem gewissen Grade anerkannte, in einem ähnlichen Sinn wie Schindewolf, wenn er behauptet,

Es ist dieses morphologische Konzept Schindewolfs, das Abel zu überwinden glaubte, als er den Anpassungsbegriff zum zentralen Begriff der Evolution machte. Der Deutsche geht also nicht weiter als Abel, sondern im Gegenteil, bleibt einer früheren Version verhaftet.

Den glücklichen Griff – oder auch unglücklichen, je nach Sichtweise – tut Schindewolf mit der Hineinverlagerung des Bauplans in den Genotyp. Damit erklärt er das „Rosa'sche Gesetz", das die Moderne Synthese nur schwer deuten kann.

Schließlich möchte ich noch eine Stimme der Modernen Synthese zu Wort kommen lassen, nämlich Bernhard Rensch. Dieser war neben den anderen Autoren des Heberer Sammelbandes, die bedeutendste Stimme für die Synthese im Nachkriegsdeutschland. Er lehnte seit den 1940er Jahren saltationistische Erklärungsmodelle ab und wandte sich den Mechanismen der Evolution zu. Auch er stellte sich dieselben Fragen, wie vor ihm Abel oder Schindewolf (wobei letzterer auch viel zur gleichen Zeit arbeitete, aber nie von der Synthese vereinnahmt werden wollte). Im Bereich der Orthogenese schlägt er folgendes Bild vor:

„Auf eine Virenzperiode[28] folgt regelmäßig eine meist relativ lange Entwicklungsphase, in der einige der anfangs mehr oder minder 'richtungslos' gebildeten Formreihen wieder erlöschen, während die übrigen sich langsamer und meist in zunehmender Anpassung an die Umweltverhältnisse weiterentwickelten." (Rensch 1947:111f)
„Nun führen aber die der explosiven Entwicklungsphase eingeschlagenen Wege der Einpassung in die speziellen Biotope in vielen Fällen auch nur zu verhältnismäßig wenig vorteilhaften anatomischen Konstruktionen, die dann bei Konkurrenz mit günstiger gestalteten Formen leicht unterliegen. Es sind das die von O. Abel treffend bezeichneten 'fehlgeschlagenen Anpassungen'." (ebda. 115)

Nun wird klar, daß vieles, was Abel in bezug auf Anpassung vorschlug in der Frühphase der Modernen Synthese, zumindest von Rensch, übernommen wird. Was jedoch klar abgelehnt wird, ist der Lamarckismus, neben dem Saltationismus, der bei Abel (vgl. Abel 1910b; 1914a) vorkam, aber eine untergeordnete Rolle spielte. An Stelle der oben angeführten Axiome Abels setzt Rensch das synthetische Dogma der Trennung von Genotyp und Phänotyp, wobei er folgerichtig das „Biologische Trägheitsgesetz" strikt ablehnt und darin nichts weiter erkennen kann als eine phänomenologische Beschrei-bung, die jedoch falsch gedeutet worden sei[29].

---

daß „die Selektion durch natürliche Zuchtwahl keine neuen Formen zu erschaffen vermag; sie merzt aus, aber schafft nichts Neues" (Abel 1918b:4)

[28] Die Virenzperiode entspricht in der äußerlichen Form der Typogenese innerhalb einer Typostrophe Schindewolfs (1950) und der Phase des Aufstiegs bei Abel (1914b). Inhaltlich gesellt sich Rensch klar zu den Leuten, die keinerlei gesonderten Mechanismen für eine solche Phase annehmen.

[29] „[Zur Beurteilung der Orthogenese] sind aber stets die komplexen, ganzheitlichen Zusammenhänge im Organismus zu beachten, wie sie sich besonders in den Wachstumsallometrien und Kompensationserscheinungen, aber auch in vielen anderen Korrelationen äußern. Solange wir gerichtete Organumbildungen isoliert betrachten, besteht immer die Gefahr, daß wir das Zustandekommen falsch beurteilen, weil die Auslese gar nicht an dem

In jüngerer Zeit stellt sich das synthetische Dogma wiederum als das heraus, was vorher auch die Arbeiten Abels für die synthetische Theorie waren: ein epistemologisches Hindernis für neuere Forschungsprogramme.

6. Literatur

Abel, O. (1897a): Die Tithonschichten von Niederfellabrunn in Niederösterreich und deren Beziehung zur unteren Wolgastufe. – Verhandlungen der kaiserlich königlichen geologischen Reichsanstalt, Nummer 17 und 18, 343-362

Abel, O.(1897b): Einige neue Monstrositäten bei Orchideenblüthen" - Verhandlungen der kaiserlich-königlichen zoologisch-boptanischen Gesellschaft in Wien, Band XLVII, pp. 415-420

Abel, O. (1900): Untersuchungen über die fossilen Platanistiden des Wiener Beckens. - Denkschriften der kaiserlichen Akademie der Wissenschaften in Wien, Band LXVIII, 839-874, 4 Tafeln (eingereicht 1899)

Abel, O. (1902): Die Ursache der Asymmetrie des Zahnwalschädels. - Sitzungsberichte der kaiserlichen Akademie der Wissenschaften in Wien. Mathematisch-naturwissenschaftliche Classe Bd. CXI Abth. I. Juli 1902, 1-17, 1 Tafel

Abel, O. (1904): Über das Aussterben der Arten. - Comptes Rendus du IX Congrès Géologique International, Vienne, Wien, 739-748

Abel, O. (1907a): Die Stammesgeschichte der Meeressäugetiere. - Meereskunde: Sammlung volkstümlicher Vorträge zum Verständnis der nationalen Bedeutung von Meer und Seewesen, Erster Jg., 4. Heft, 1-36

Abel, O. (1907b): Die Aufgaben und Ziele der Paläozoologie. - Verhandlungen der kaiserlich-königlichen zoologisch-botanischen Gesellschaft in Wien, LVII Band, Ausgabe 10. Mai 1907, (67)-(78)

Abel, O. (1909b): Charles Darwin. - Mitteilungen des Naturwissenschaftlichen Vereines an der Universität Wien, Jahrgang 7, Heft 4, 129-148 (Festvortrag gehalten anläßlich der Feier der hundertjährigen Wiederkehr von Darwins Geburtstag am 10. Februar 1909)

Abcl, O. (1910a): Kritische Untersuchungen über die paläogenen Rhinoceratiden Europas. - Abhandlungen der K.K. Geologischen Reichsanstalt, Band XX, Heft 3, 1-52, 2 Tafeln

---

Organ selbst ansetzt.
Es erübrigt sich für uns nun deshalb auch, ein biologisches 'Trägheitsgesetz' anzunehmen, wie es O. Abel (1928) aufstellte, um die Erscheinung der Nichtumkehrbarkeit der Entwicklung, der Orthogenesen und der progressiven Reduktion der Variabilität auf einen gemeinsamen Nenner zu bringen. K. Ehrenberg (1932) fügte auch das 'biogenetische Grundgesetz' einem solchen Beharrungsgesetz ein. Alle diese Regeln der Evolution kommen durch Mutation, Selektion und korrelative Bindung der Merkmale zur Ganzheit eines Individuums zustande, und der an sich richtig erkannte gemeinsame Faktor ist zunächst nur die Beharrung des Erbgutes." (Rensch 1947:226)

Abel, O. (1910b): Was ist eine Monstrosität? (Diskussion unter Vorsitz von Herrn Prof. Dr. Abel). - Verhandlungen der kaiserlich-königlichen zoologisch-botanischen Gesellschaft in Wien, LX Band, Heft 6, (129)-(140)
Abel, O. (1912, Grundzüge der Paläobiologie der Wirbeltiere. - Stuttgart: Schweizerbart'sche Verlagsbuchhandlung
Abel, O. (1914a): Atavismus. - Verhandlungen der kaiserlich-königlichen zoologisch-botanischen Gesellschaft in Wien, LXIV Band, Heft 1/2, (31)-(50)
Abel, O. (1914b): Neuere Wege phylogenetischer Forschung. - Die Naturwissenschaften, Jg. II, Heft 2, 25-30 (Vortrag gehalten auf der 85. Versammlung Deutscher Naturforscher und Ärzte in Wien, September 1913)
Abel, O. (1914c): Orimente und Rudimente. - Mitteilungen des Naturwissenschaftlichen Vereines an der Universität Wien, Jahrgang 12, N° 4-6, 79-82 (Vortrag gehalten am 13. Jänner 1914)
Abel, O. (1914d): Die vorzeitlichen Säugetiere. - Jena: Gustav Fischer
Abel, O. (1918a): Methoden und Ziele der Paläobiologie. - Die Naturwissenschaften, Jg. VI, Heft 34, 497-502 und 514-520
Abel, O. (1918b): Das Entwicklungstempo der Wirbeltierstämme. Vortrag gehalten den 5. Dezember 1917. - Vorträge des Vereines zur Verbreitung naturwissenschaftlicher Kenntnisse in Wien, 58. Jahrgang, Heft 4, 1-30
Abel, O. (1920): Lehrbuch der Paläozoologie. - Jena: Gustav Fischer
Abel, O. (1922): Lebensbilder aus der Tierwelt der Vorzeit. - Jena: Gustav Fischer
Abel, O. (1925): Geschichte und Methode der Rekonstruktion vorzeitlicher Wirbeltiere. - Jena: Gustav Fischer
Abel, O. (1928): Parasitische Balanen auf Stockkorallen aus dem mediterranen Miozänmeer. - Palaeobiologica I. Band, 13-38, 2 Tafeln
Abel, O. (1928b): Das biologische Trägheitsgesetz. - Biologia Generalis, Band IV, 1-102, 1 Tafel
Abel, O. (1929a): Paläobiologie und Stammesgeschichte. - Jena: Gustav Fischer
Abel, O. (1929b): Otto Jaekel. - Palaeobiologica II. Band, 143-158
Abel, O. (1931): LOUIS DOLLO. 7. Dezember 1857 - 19. April 1931. Ein Rückblick und Abschied. - Palaeobiologica IV. Band, 321-344
Abel, O. (1935): Vorzeitliche Lebensspuren. - Jena: Gustav Fischer
Amundson, R. (1996): Historical Development of the Concept of Adaptation. - Michael R. Rose und George V. Lauder, Adaptation. - San Diego: Academic Press, 11-53
Beurlen, K. (1949): Urweltleben und Abstammungslehre. - Stuttgart: Curt Schwab
Borissiak, A. (1930): W. Kowalewsky, sein Leben und sein Werk. - Palaeobiologica III. Band, 131-256
Bowler, P. J. (1996): Life's Splendid Drama: Evolutionary Biology and the Reconstruction of Life's Ancestry, 1860-1940. - Chicago: University of Chicago Press

Carroll, R. L. (1997): Patterns and Processes of Vertebrate Evolution. – Cambridge: Cam-bridge University Press

D'Arcy Thompson, W (1983 [1917], Über Wachstum und Form – Frankfurt a. Main: Suhrkamp

Darwin, Ch. (1993) [1859]: The Origin of Species. - New York: Random House

Dollo, L. (1910): Paléontologie ethologique. - Bulletin de la Societé belge de Géologie, de Paléontologie et d'Hydrologie, Mémoires, Band 23, 377-421

Edlinger, K. & W. F. Gutmann (2002): Organismus – Evolution – Erkenntnis. Grundzüge der Kritischen Evolutionstheorie und der Organismischen Konstruktionslehre. - Frankfurt a. M. / Berlin / Bern / Bruxelles / New York / Oxford / Wien: P. Lang - Europ. Verlag der Wissenschaften.

Edlinger, K. & W. F. Gutmann & M. Weingarten (1991): Evolution ohne Anpassung, - Frankfurt a. Main: Waldemar Kramer.

Ehrenberg, K. (1975, Othenio Abel's Lebensweg: Unter Benützung autobiographischer Aufzeichnungen. – Wien: Eigenverlag.

Ehrenberg, K. (1932): Das biogenetische Grundgesetz in seiner Beziehung zum biologischen Trägheitsgesetz. - Biologia Generalis, Band VIII, 547-566, Tafel VII - XII

Ehrenberg, K., F. von Wettstein & W. von Marinelli (1939): Der heutige Wissensstand in Fragen der Abstammungslehre. - Palaeobiologica VII. Band, 3. Heft, 153-211

Fleck, L. (1983, Erfahrung und Tatsache: gesammelte Aufsätze: Mit einer Einleitung herausgegeben von Lothar Schäfer und Thomas Schnelle. – Frankfurt a. Main: Suhrkamp

Goethe, J. W. von (1999, Schriften zur Naturwissenschaft - Auswahl, Stuttgart, Reclam

Gould, Stephen J. & Eldredge, Niles (1977): Punctuated equilibria: The tempo and mode of evolution reconsidered". - Paleobiology Vol. 3, pp. 115-151

Gutmann, W. F. & K. Bonik (1981): Kritische Evolutionstheorie. Ein Beitrag zur Überwindung altdarwinistischer Dogmen. – Hildesheim: Gerstenberg.

Gutmann, W. F. & K. Edlinger (2002): Organismus und Umwelt – Zur Entstehung des Lebens, zur Evolution und Erschließung der Lebensräume. – Frankfurt a. M. / Berlin / Bern / Bruxelles / New York / Oxford / Wien: P.. Lang - Europ. Verlag der Wissenschaften

Hamburger, V.(1998): Evolutionary Theory in Germany: A Comment. - Ernst Mayr und William B. Provine (Hg.), The Evolutionary Synthesis: Perspectives on the Unification of Biology, Cambridge – London: Harvard University Press, 303-308

Hennig, E. (1932, Wesen und Wege der Paläontologie, Berlin, Gebrüder Borntraeger

Hennig, W. (1982, Phylogenetische Systematik- Berlin / Hamburg;:Paul Parey

Hofer, V. (2001): ‚Jurassic Boom' in Österreich: Die Wiener Schule der Paläontologie und die Wiener Volksbildung 1909 – 1919. - Spurensuche, Jg. 12, Heft 1-4, 40-71

Hoßfeld, U. (1999): Zoologie und Synthetische Theorie: Interview mit Wolf Herre. –

Junker, Th. (1999): Was war die Evolutionäre Synthese? Zur Geschichte eines umstrittenen Begriffes. - Thomas Junker und Eve-Marie Engels, Die Entstehung der Synthetischen Theorie: Beiträge zur Geschichte der Evolutionsbiologie in Deutschland 1930-1950. – Berlin: Verlag für Wissenschaft und Bildung, 31-78

Khittel, St. (2003): Von der „Paläobiologie" zum „biologischen Trägheitsgesetz": Herausbil-dung und Festigung eines neuen paläontologischen Denkstils bei Othenio Abel 1907 – 1934. - Diplomarbeit eingereicht an der Universität Wien, unveröffentlicht

Mägdefrau, K.(1968): Paläobiologie der Pflanzen. – Jena: VEB Gustav Fischer Verlag (Jena)

Mayr, E. (1967). Artbegriff und Evolution. - Hamburg: Parey.

Mayr, E. (1979): Evolution und die Vielfalt des Lebens. - Berlin / Heidelberg / New York: Springer

Mayr, E. (1988): Towards a New Philosophy of Biology. – Cambridge/Mass. / London: The Belknap Press of Harvard University Press.

Mayr, E. (1991): Eine neue Philosophie der Biologie: - München: Piper.

Mayr, E. (2002) [1982]: Die Entwicklung der biologischen Gedankenwelt:. – Berlin / Heidelberg / New York: Springer

Novacek, M. J. 1996): Paleontological Data and the Study of Adaptation – In: Michael R. Rose und George V. Lauder: Adaptation. San Diego: Academic Press, 311-359

Reif, W.-E. (1999): Deutschsprachige Paläontologie im Spannungsfeld zwischen Makroevolutionstheorie und Neo-Darwinismus (1920 – 1950) - In Thomas Junker und Eve-Marie Engels, Die Entstehung der Synthetischen Theorie: Beiträge zur Geschichte der Evolutionsbiologie in Deutschland 1930-1950. – Berlin: Verlag für Wissenschaft und Bildung, 151-188

Rensch, B. (1947): Neuere Probleme der Abstammungslehre: Die Transspezifische Evolution. - Stuttgart: Enke

Salvini-Plawen, L. & M. Mizzaro-Wimmer (1999): 150 Jahre Zoologie an der Universität Wien. - Verhandlungen der Zoologisch – Botanischen Gesellschaft in Österreich, Band 136, 1-76

Schindewolf, O. H. (1950): Grundfragen der Paläontologie. – Stuttgart: Schweizerbart'sche Verlagsbuchhandlung

Schindewolf, O. H. (1948): Wesen und Geschichte der Paläontologie. - Berlin: Wissenschaftliche Editionsgesellschaft

Schindewolf, O. H. (1936): Paläontologie, Entwicklungslehre und Genetik: Kritik und Synthese. – Berlin: Gebrüder Borntraeger

Simpson, G. G. (1949): Essay-Review of Recent Works on Evolutionary Theory by Rensch, Zimmermann, and Schindewolf. - Evolution, Volume III, N° 2, 178-184

Willmann, R. (1989): Palaeontology and the systematezation of natural taxa in Norbert Schmidt-Kittler und Rainer Willmann, Phylogeny and the Classification of Fossil and Recent Organisms. - Hamburg / Berlin: Parey, 267-291

Willmann, R. (1985): Die Art in Raum und Zeit: Das Artkonzept in der Biologie und Paläontologie. - Hamburg / Berlin: Parey

Zimmermann, W. (1968): Evolution und Naturphilosophie. - Berlin: Duncker und Humblodt

Zimmermann, Walter (1943): Die Methoden der Phylogenetik - In G. Heberer (Hg.), Die Evolution der Organismen: Ergebnisse und Probleme der Abstammungslehre. - Jena:, Gustav Fischer, 20-56

IST DIE DARWINSCHE ANPASSUNG NUR DAS OBERFLÄCHENGEKRÄUSEL DER EVOLUTION?

Josef H. Reichholf

1. Einleitung

Den „Blinden Uhrmacher" nennt Dawkins (1987) die „natürliche Selektion" Darwins, die aus der Ansammlung und Anhäufung von kleinen, zufällig auftretenden Erbänderungen (Mutationen) über den permanenten Tauglichkeitstest, dem die Überschussproduktion an Nachkommen ausgesetzt ist, das Neue in der Evolution hervorbringt. Adaptationismus nannten Gould (2002) und Andere diese Betrachtungsweise der Evolution. Lorenz (1963) gab Mutation und Selektion gar die Bezeichnung, die „beiden großen Konstrukteure des Artenwandels".

Nun gibt es in der Tat bzw. in der evolutionsbiologischen Fachliteratur eine Fülle von Befunden, aus denen die Wirkung von natürlicher Selektion hervorgeht. Dass es sie gibt, dass sie wirksam wird, steht außer Frage. Die kleinen Veränderungen im Evolutionsgeschehen lassen sich im Regelfall, so es sich nicht einfach um Zufallsverschiebungen, um „genetische Drift", handelt, auf natürliche Selektion zurückführen.

Nun gibt es in der Tat bzw. in der evolutionsbiologischen Fachliteratur eine Fülle von Befunden, aus denen die Wirkung von natürlicher Selektion hervorgeht. Dass es sie gibt, dass sie wirksam wird, steht außer Frage. Die kleinen Veränderungen im Evolutionsgeschehen lassen sich im Regelfall, so es sich nicht einfach um Zufallsverschiebungen, um „genetische Drift", handelt, auf natürliche Selektion zurückführen.

Doch wenn es um Neues geht, kommt ein gewisses, oft nicht gern zugegebenes Unbehagen zustande. Dann lässt sich „die Natur" nicht einfach und unbedacht personifizieren und zum Züchter machen, wie in der Tier- und Pflanzenzucht, deren Tätigkeit und Erfolge Darwin so beeindruckt und beeinflusst hatten. Dann muss der blinde Zufall einer Natur, die es als Wirkeinheit gar nicht gibt und die es in diesem Sinne auch nicht geben könnte, einem „kanalisierten Zufall" weichen, der doch innerhalb von Rahmenbedingungen (Constraints) lenkt und verhindert, dass allzuviel allzufrei variiert.

Das wirft zwangläufig die Frage, besser: das Kernproblem, auf, woran sich „die Anpassungen" denn eigentlich angepasst haben.

Die Antwort der Adaptationisten: „an die Umweltbedingungen (sprich: an die Natur)" verbleibt im Vagen, im Unverbindlichen. Schlüssel und Schloss kommen nicht zustande; lediglich ein Schlüsselbart, der schon irgendwie passt, weil er ja, der adaptationistischen Theorie zufolge, passen muss.

Die Problematik lässt sich in der gegenwärtigen Situation umfassender Durchbrüche in der modernen Genetik, speziell auf der Basis der Molekulargenetik, die inzwischen das Alphabet des Lebens lesen (aber noch nicht so recht, zumindest nicht umfassend genug, verstehen) kann, auch anders formulieren:

Was ist die tatsächliche Entsprechung der Basen- und Gensequenzen im Genom und ihrer (mutativen) Veränderungen in der Natur; also in der Umwelt dieses Genoms? Woran passt sich das ‚Alphabet des Lebens' an? Passt es sich überhaupt an? Oder schickt es nur immer neue, immer kompliziertere Versionen, Software-Programmen vergleichbar, hinaus in die Welt, die aus Neu- und Umprogrammierungen hervorgehen, ohne dass daran die Umwelt, die sich ändernden oder auch nicht wesentlich verändernden Umwelten in den Zeiträumen der Evolution, maßgeblich - und irgendwie auch partnerschaftlich - beteiligt ist? Genom-gestützte Evolutionstheoretiker, wie Dawkins (1978) oder Heschl (1998) brauchen offenbar „die Umwelt" gar nicht explizit. Sie dient nur noch als Metapher.

Akzeptieren wir aber „die Umwelt" als wesentlichen oder entscheidenden Gestaltungsfaktor für den Verlauf der Evolution, so ergibt sich daraus, dass das „evolutionäre Spiel" in kontinuierlich aufeinander folgenden Zeitreihen aktuell jeweils auf der wirklichen Bühne des Lebens stattfinden muss. Und das ist die ökologische Ebene. Also ist sie es, ist es die (wissenschaftliche) Ökologie, die uns den Selektionsprozess nicht nur als Möglichkeit vorführen können muss, sondern Selektion und Selektionsprozesse müssen nachgerade zentral im gesamten ökologischen Geschehen sein. Unbeschadet der Frage, ob mit der Zeit aus vielen kleinen Selektionsvorgängen mehr oder minder kontinuierlich und sich aufbauend schließlich etwas ziemlich Neues hervorgeht, oder ob wir vielleicht doch für die Prozesse der Makro-Evolution, die Großes und Neues schafft (vermeintlich oder wirklich), und der Mikro-Evolution (der kleinen, der winzigen Änderungen) qualitativ unterschiedliche Vorgänge annehmen sollten, muss die Bühne der Ökologie voll sein mit Anpassungen und Selektionsvorgängen. Und die Wissenschaft der Ökologie sollte entsprechend voll sein mit solch zentralen Konzepten, Thesen oder Theorien, die mit Selektion und Anpassung direkt zu tun haben. Ist das der Fall?

2. Die ökologische Bühne

Selektion sollte primär auf der innerartlichen Ebene als intraspezifische Konkurrenz ansetzen und sich zwischen den Arten als interspezifische Konkurrenz auswirken. Das setzt das Malthus-Darwinsche Prinzip der natürlichen Selektion aufgrund von Verknappung der Ressourcen voraus. Verbesserte Anpassungen zur effizienteren Nutzung der Ressourcen unter dem Druck der Konkurrenz kommen als Folgewirkungen zustande.

Für die konkrete ökologische Bühne bedeutet dies, dass es regelmäßig oder permanent zu einer Ausschöpfung der Ressourcen bis zur Kapazitätsgrenze kommt. Dichte-Effekte (density dependent competition) sollten daher vorherrschen und umfassend nachweisbar sein. Ungenutzte Reste der Ressourcen müssten die Ausnahme bilden oder dürften im Wesentlichen nur zustande kommen, wenn dichte-unabhängige abiotische Wirkungen gleich Katastrophen die Nutzbarkeit der Ressourcen beeinträchtigen oder weitgehend unmöglich machen. In der ökologischen Fachliteratur der (späten) Mitte des 20. Jahrhunderts drückt sich dies im umfassenden Streit zwischen Anhängern dichte-abhängiger Prozesse (Elton 1945 und eine Vielzahl von nachfolgenden Ökologen) und solcher, die diesen eine eher geringe Rolle zuweisen, weil abiotische, dichte-unabhängige Prozesse für Strukturierung und Funktionieren der „Communities" (Biozönosen) in der Hauptsache für die Steuerung verantwortlich gemacht werden (z. B. Andrewartha & Birch sowie viele Öko-Physiologen). Tendenzen, die Ressourcen bis zur Kapazitätsgrenze zu nutzen, zeigten sich vornehmlich in den künstlichen Agro- und Stadt-Ökosystemen Die betreffenden Arten erhielten Trivialnamen, nämlich „Schädlinge", und ihre Auswirkungen werden „Kalamitäten" genannt. Produktionsflächen von Kulturpflanzen, gleichgültig ob es sich dabei um gepflanzte Wälder, also Forste, oder um landwirtschaft-liche Kulturpflanzen, um Obst- und Gemüseanbau oder um Gärten und Anlagen ganz allgemein handelt, erwiesen sich als ungleich anfälliger für Schädlinge als natürliche oder naturnahe Ökosysteme. Dasselbe trifft für Massentierhaltungen jedweder Art zu.

Insbesondere aus Kreisen des Naturschutzes und der Ökologie-Bewegung wurden diese Befunde als Zeichen dafür erachtet, dass die natürliche Vielfalt ungleich stabiler als die künstliche Vereinfachung sei. Vielfalt, Biodiversität, müsse daher erhalten oder wieder hergestellt werden, um genau das zu verhindern, worum es im Darwinschen Mechanismus der Evolution geht, nämlich Selektion aufgrund spezifischer und veränderter Außenbedingungen, die zu neuen Anpassungen und somit zu evolutiven Veränderungen führt.

Resistenzerscheinungen bei Schädlingen wie auch im medizinischen Bereich bei Mensch und Tier gehören zu den direkt sichtbaren Wirkungen von Selektion und Adaptation. Diese „Art von Evolution" gilt verständlicher Weise als höchst unerwünscht und sie wird mittel- bis langfristig als große Gefahr eingestuft.

Nun könnte man diese schnelle Evolution einfach damit abtun, dass man mit der Zeit argumentiert, die bei den von den Schädlingen und Krankheitserregern betroffenen, für den Menschen als „nützlich" oder unentbehrlich eingestuften Organismen oder beim Menschen selbst verstreichen würde, bis diese Betroffenen mit ihrem „Gegenschlag" die alte Balance wiederhergestellt hätten. Die großen Verluste bis dahin würden dann durch die verbesserte Resistenz von Tier und Mensch gegen Schädlinge und Krankheitserreger wieder aufgefangen und ausgeglichen. Somit würden, über eine genügend große Zeitspanne betrachtet, derartige Wechselwirkungen, die uns „groß" und „bedeutend" erscheinen, weil wir selbst unmittelbar oder mittelbar Betroffene sind, nichts wesentlich Anderes sein als das, was in kleineren Dimensionen aber dafür beständig „in der Natur draußen" abläuft.

Die Ökologie hat hierzu sowohl begriffliche Konzepte als auch mathematische Formeln entwickelt, die dieses permanente Wechselspiel zwischen den Organismen mit Anpassungen und Gegenanpassungen beschreiben und verständlich machen. Der zentrale Begriff bleibt dabei die Konkurrenz.

Sie bewirkt, dass die verschiedenen Lebewesen in verschiedenartiger Weise leben. Sie bewohnen, so das begriffliche Konzept, verschiedene „ökologische Nischen". Das Konkurrenz-Ausschluss-Prinzip nach Gause & Volterra (vgl. die Lehrbücher der Ökologie) legt fest, dass keine zwei verschiedenen Arten dieselbe ökologische Nische auf Dauer bewohnen bzw. einnehmen können. Über kurz oder lang muss und wird die eine Art die andere verdrängen oder es kommt durch Anpassungsprozesse zu einer Auftrennung der Nische in feinere Untereinheiten, die eine Koexistenz erlauben. Jeder Art von Lebewesen, gleichgültig um welche Gruppe es sich handelt (Tiere, Pflanzen, Mikroben), wird von diesem Konzept der ökologischen Nische ein besonderer „Platz" oder eine spezifische „Funktion im Naturhaushalt" zugewiesen. Und das, obgleich es ganz offensichtlich a priori in der nicht-lebendigen Natur gar keine „ökologischen Nischen" gibt. Vielmehr wird die Nische praktisch aus sich selbst heraus über die Art des Lebewesens definiert, welches „darin" (worin?) vorkommt. Die Arten schaffen sich im Darwinschen Prozess der Anpassung ihre Nischen selbst. Lassen wir die Frage zunächst beiseite, warum sie das eigentlich tun sollten, wo die „Einnischung" doch eine Einschränkung bedeutet, sondern betrachten wir den Vorgang der Einnischung durch Konkurrenz ganz unmittelbar: Was dabei wirkt ist offensichtlich nicht die Umwelt, auch nicht ihre Begrenzung auf bestimmte Ressourcen bezogen, sondern es sind die anderen Lebewesen, die von diesen Ressourcen leben. Anpassung müsste daher auf diese und nicht auf die anonyme Umwelt bezogen sein. Genau das drücken auch die Konkurrenz-Ausschluss-Gleichungen aus (Abb. 1). Sie enthalten keinen einzigen Umweltfaktor, sondern aufeinander bezogene Beeinträchtigungen (Fortpflanzungsgrößen bzw. Überlebenswahrscheinlichkeiten). Mehr noch: Die Fälle von direkt nachvollziehbarer Merkmalsverschiebung (character displacement) aufgrund von (zu) großer ökologischer Ähnlichkeit sind, wie die diesbezügliche Betrachtung der Ökologie-Lehrbücher zeigt, ganz offensichtlich Raritäten. Es werden in den Lehrbüchern immer wieder dieselben Fälle wiederholt; am häufigsten Felsen- und Klippenkleiber.

The Lotka-Volterra model: a logistic model for two species

$$\frac{dN_1}{dt} = r_1 N_1 \frac{(K_1 - \{N_1 + \alpha_{12} N_2\})}{K_1}$$

or

$$\frac{dN_1}{dt} = \frac{r_1 N_1 (K_1 - N_1 - \alpha_{12} N_2)}{K_1}$$

and in the case of the second species

$$\frac{dN_2}{dt} = \frac{R_2 N_2 (K_2 - N_2 - \alpha_{21} N_1)}{K_2}$$

Abb. 1: Konkurrenz-Ausschluss-Gleichungen (LOTKA-VOLTERRA-GLEICHUNGEN)

Dagegen lassen sich offensichtliche Fälle von Unterschieden in Größe und Verhalten, wie etwa bei den mitteleuropäischen Meisen (Gattung *Parus*) all ihren Unterschiedlichkeiten zum Trotz kaum auf besondere, im Gelände „erkennbare" ökologische Nischen beziehen (Abb 2). Sogar für „reine Nadelwaldbewohner" gehaltene Arten, wie Tannen- (*Parus ater*) und Haubenmeisen (*Parus cristatus*) erwiesen sich mittlerweile als flexibel genug, auch in Laubwälder, Mischwälder und Parks oder Gärten erfolgreich vorzudringen und miteinander in unterschiedlichen Häufigkeiten und Verteilungen zu koexistieren. Unter ihrem Gefieder, das sie äußerlich als Arten unterscheidet, sind sie physiologisch ohnehin weitgehend gleich. Das drückt sich auch in ihrer Nahrungswahl, in ihrem Stoffwechsel und in den anderen untersuchten physiologischen Parametern aus.

Abb. 2: Gemeinsam die Wälder und Parkanlagen Mitteleuropas bewohnende Arten der Meisen (Gattung *Parus*). Ausmaß der zwischenartlichen Konkurrenz?

3. Fallbeispiel: Evolution der Vogelfeder

Federn kennzeichnen die gesamte Klasse der Vögel (Aves). Sie kommen in keiner anderen Tiergruppe vor, sind jedoch ohne Zweifel von Reptilienschuppen abgeleitet und entsprechen entstehungsgemäß wie funktionell zum Teil oder ganz den Haaren der Säugetiere- (Mammalia). Federn stellen Gebilde aus Keratin und damit Produkte der Haut dar. Federn trug bereits zweifelsfrei der „Urvogel" *Archaeopteryx lithographica* aus den 150 Millionen Jahre alten Solnhofer Jura-Schiefern nördlich der Donau in Bayern. Ihre Entstehung muss daher noch weiter zurück liegen. Neue Funde, insbesondere in China, bestätigen dies nicht nur, sondern sie belegen auch, dass andere Gruppen von Reptilien aus der großen Verwandtschaft der Dinosaurier Hautgebilde trugen, die als Federn anzusprechen sind. Manche waren wahrscheinlich sogar in der Lage damit zu fliegen (Prum & Brush 2003). Federn charakterisieren somit zwar in der Gegenwart (und das wohl mindestens schon seit Ende des Mesozoikums vor gut 65 Millionen Jahren) die Klasse der Vögel, aber das war nicht von Anfang der Federevolution an so.

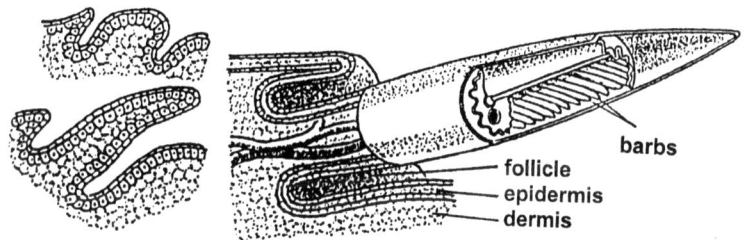

Abb. 3: Entwicklung der Vogelfeder

3.1. Die beiden Grundtheorien der Feder-Entstehung (Abb. 4)

Archaeopteryx stellt ein für Darwins Theorie höchst bedeutsames Fossil dar, weil es reptilienhaft-alte Merkmale und Eigenschaften mit vogelhaft-neuen Entwicklungen verbindet. Die „Urvögel" werden daher als klassische „missing links" betrachtet. Zudem zeigen die *Archaeopteryx*-Fossilien beispielhaft, wie man sich eine mosaikartige Evolution vorzustellen hat, in deren Verlauf auch - und gerade auch - die Zwischenstufen voll lebenstüchtig und überlebensfähig sind.

Doch der Urvogel konnte bereits fliegen. Das lässt sich mit an Sicherheit grenzender Wahrscheinlichkeit aus der Asymmetrie seiner Schwungfedern mit schmaler Vorderkante und breiter, eine Flügelfläche durch Überlappung der Federn an Hand und Armteil des Flügels bildender Hinterseite entnehmen. Von Anfang an wurden daher beide Modelle der Feder-Evolution auf das Fliegen, auf die Flugfähigkeit konzentriert.

Ihr Hauptunterschied liegt im Ausgangsbereich. Das erste, schon bald nach dem Fund von *Archaeopteryx* entwickelte Modell geht davon aus, dass Federn und Flugfähigkeit von den Bäumen herunter entwickelt wurden, denn die hakenartigen

Krallen an den noch freien Fingern des Handteils der Flügel weisen klar in diese Richtung Jungvögel des stammesgeschichtlich alten, zur vielfältigen Ordnung der Kuckucksvögel (Cuculiformes) gehörenden Hoatzins (*Opisthocomus hoazin*) klettern tatsächlich mit ihrer noch ausgebildeten Flügelkralle im Geäst von ufernahen Bäumen an Flüssen im nördlichen tropischen Südamerika. Schuppenvergrößerungen bis zur Tragflächenwirkung und allmählicher Übergang von Gleit„flügen" von den Bäumen herab in den forttragenden Kraftflug bilden daher das Grundmodell der ersten Theorie zur Entstehung der Feder, die so genannte arboreale Theorie.

Arboreal Theory

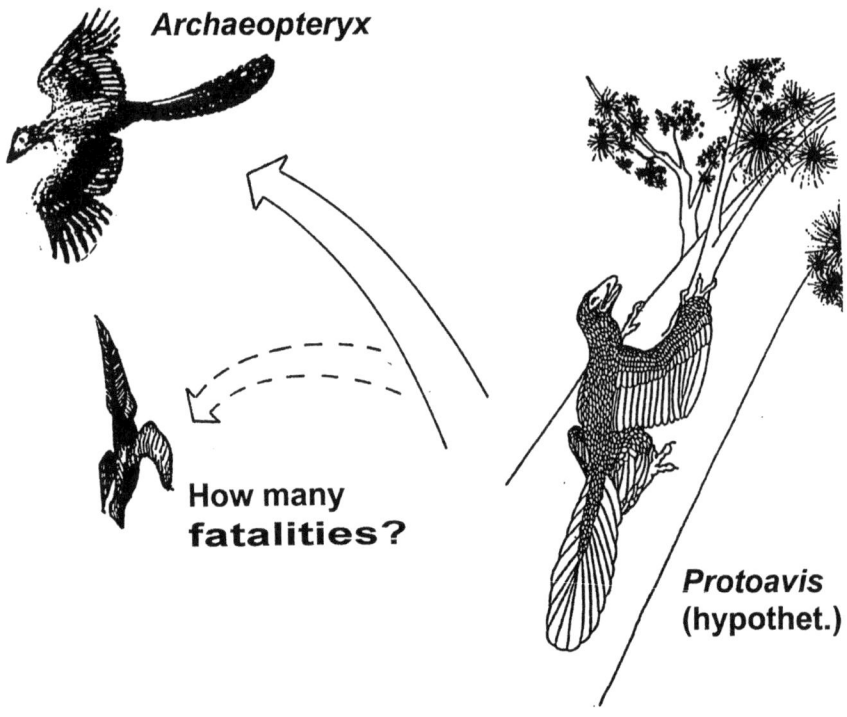

Abb. 4a: Die arboreale Theorie der Feder- und Vogelevolution

Der arborealen Theorie wurde bald schon, um die Wende vom 19. zum 20. Jahrhundert und ausführlich dargestellt von Heilmann (1926), die cursoriale Theorie entgegengesetzt. Ihr zufolge entwickelte sich das Abheben zu Gleitstrecken und der Übergang zum Kraftflug aus dem schnellen Lauf heraus. Die Schuppenvergrößerungen bewirkten allmählich eine Verlängerung der Gleitstrecken aus Sprüngen heraus, wie sich das sogar gegenwärtig bei den frisch aus demEi geschlüpften, erst wenige Stunden oder Tage alten Küken von Hühnervögeln, insbesondere von Raufußhühnern wie Auerhuhn (*Tetrao urogallus*) oder Birkhuhn (*T. tetrix*), aber auch bei Fasanen (*Phasianus colchicus*) beobachten lässt. Mit noch gänzlich unvollständigen Flügelchen heben die Kleinen aus schnellem Lauf heraus ab und drehen mehr oder minder weit tragende Bögen, deren Zielpunkte auch von Menschen kaum im voraus zu ermitteln sind. Für diese arboreale Theorie spricht auch der besondere Bau der Hinterextremität der Vögel mit der Spezialbildung eines „Laufes" und eines neuen Gelenks im Fußteil, das Intertarsalgelenk Beide Eigenheiten kennzeichnen das Vogelbein in seinem Bauplan genau so eindeutig als „Laufbein" bei die ähnliche, vierfüßige Entwicklung von Laufbeinen etwa beim Pferd und anderen Säugetieren. Lauf und Intertarsalgelenk der Vögel eignen sich zum Klettern denkbar schlecht und echte Stammkletterer, wie die Spechte (Picidae) oder die zu den Suboscinen Sperlingsvögeln gehörenden Baumsteiger (Dendrocolaptidae) haben sekundär einen Stützschwanz entwickelt.

Beide Theorien, die arboreale wie die cursoriale, reklamieren daher wichtige und unzweifelhaft vorhandene Fossilbefunde aus dem anatomischen Bereich für sich, ohne jedoch die jeweils andere Problematik damit lösen zu können, so dass neuerdings Peters (1994) beide zusammenzufassen versuchte in eine Art Kombinationsmodell, bei dem Klettern auf und Hüpfen über Felsen in offenem Gelände das Habitatmodell liefern sollen. Allen Dreien bleibt jedoch eine Grundschwierigkeit nicht erspart: Die allerersten Schuppenvergrößerungen lassen sich mit keinem „Selektionsvorteil" verbinden oder als „Anpassung" deuten. Bevor das erste Abheben gelingt oder eine nennenswerte Bremswirkung beim Sprung von Bäumen mit Vergrößerung der Gleitstrecke eintreten kann, ist von diesen Theorien eine „lange Strecke" zu überbrücken, für die keine Darwinschen Selektionsvorteile erkennbar oder gar wahrscheinlich zu machen sind.

Abb. 3 und 4 fassen das Dilemma zusammen, das auch das Kombinationsmodell von Peters nicht löst. Denn die ersten Schuppenvergrößerungen sollten/müssten „at random", also rein zufallsgemäß, zustande gekommen sein und die Wahrscheinlichkeit ihrer Rückmutation lässt sich wohl kaum als entschieden geringer a priori einstufen als ihre systematische und anhaltende Weiterentwicklung bis zu jenem Zustand, an dem die großen Schuppen wirklich „etwas bringen".

Für das evolutionsbiologisch in vieler Hinsicht passendere Modell der cursorialen Entstehung von Federn, Flugvermögen und den Vögeln versuchte gerade aus diesem Grund Ostrom (1980) einen Ausweg zu finden über das Funktionieren der Schuppenvergrößerungen an den Händen als eine Art „Fangkorb" für die hinter Insekten herjagenden, schnellen Echsen, die noch keine Vögel geworden waren. Doch dieses Ostromsche Modell enthebt sich selbst der Wirksamkeit und der Wahrscheinlichkeit, weil die größeren Schuppen bremsend wirken müssten. Es wurde daher vom Autor selbst rasch wieder fallen gelassen.

Cursorial Theory

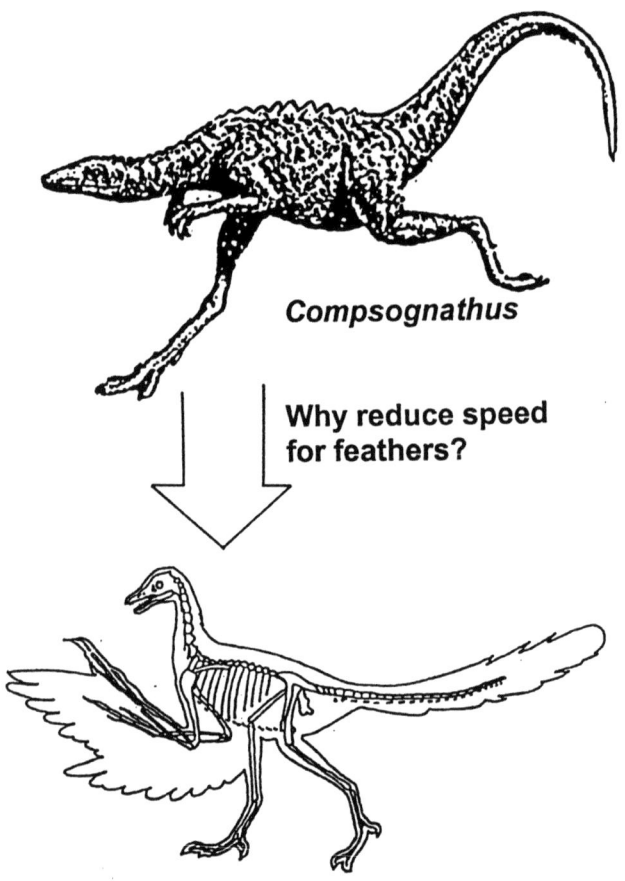

Abb. 4b: Die cursoriale Theorie der Feder- und Vogelevolution (Abb. 4 z. T. aus Feduccia 1980).

Zusätzliche Schwierigkeiten tauchen auf, wenn die Entwicklung der Federn bei den Jungvögeln oder den Vogelembryonen im Ei genauer betrachtet wird (Welty 1975; Abb 3-8). Das häufig in den Lehrbüchern wiedergegebene Schema der drei aufeinander folgenden Stadien der Federentwicklung aus einer Hautpapille (epidermale Papille), die sich zur Feder-Follikel weiter entwickelt, aus der schließlich das lange, röhrenförmige Gebilde hervorgeht, aus dem erst beim Aufplatzen des nun als „Blutkiel" bezeichneten, dritten Entwicklungsstadium die Feder herauskommt (Storer 1948), verschleiert nämlich die Tatsache, dass es sich bei den Federbildungen eben nicht einfach um vergrößerte, abgeflachte und dann aufgefächerte Schuppen handelt, sondern um ein eigenständigrundes Ausgangsgebilde mit intensiver Blutzufuhr so lange es noch unfertig ist! Blutkiele können nun aber fraglos kein Zwischenstadium der Entwicklung zwischen Schuppe und Feder sein, wenn der äußere Selektionsdruck oder -vorteil das Abheben oder das Weggleiten begünstigen soll.

Deshalb greifen wohl alle „äußeren Theorien" zur Feder-Evolution zu kurz, weil sie Funktionen, auch für die Zwischenstadien, suchen, die mit den späteren Eigenschaften der fertig evolvierten Federn verbunden sind, wie Flugvermögen und Wärmehaushalt.

3. 2. Was sind Vogelfedern eigentlich?

Betrachten wir daher die Feder zunächst einmal ohne Blickrichtung auf Flug und Wärmehaushalt (Isolationswirkung). Sie lässt sich, gleichgültig in welcher „Version" sie vorliegt, durch folgende Eigenschaften charakterisieren:

Federn sind Hautgebilde aus Horn (Keratin), deren Bildung aufwändig ist (d. h. Energie kostet), da sie gerade auch im Vergleich zu den ebenfalls aus Keratin gebildeten Reptilienschuppen eine sehr komplexe innere wie äußere Feinstruktur aufweisen. Sie werden aus den Grundbausteinen der Eiweißstoffe, nämlich Aminosäuren, gebildet. Ihre besondere Elastizität verdanken sie den schwefelhaltigen Aminosäuren (über Disulfid-Brückenbildung). Bei umfänglicher, kurzzeitiger Neubildung von Federn geht viel Wärme verloren, weil diese über die Blutkiele auf die Körperaußenseite gelangt. Federneubildung ist daher mit zum Teil ganz erheblichen Wärmeverlusten verbunden (gleichbedeutend mit zusätzlichen energetischen Kosten zur chemisch-physiologischen Synthese des Keratins aus den Aminosäuren und dessen interner Feinstrukturierung).

3. 3. Gefiederwechsel (Mauser)

Die Vögel mausern ihr Gefieder regelmäßig und meist zu bestimmten (Jahres)Zeiten (Vollmauser, Teilmauser). Zwei Gegebenheiten fallen dabei auf. Erstens weisen die allermeisten der gemauserten Federn einen erstaunlich guten Erhaltungszustand auf und zweitens verläuft der Federersatz nicht etwa kontinuierlich mit jeweils geringen Anteilen an neu zu bildenden Federn bezogen auf das Gesamtgefieder, sondern vielmehr in großen Schüben als Voll- oder Teilmauser. Lediglich Gefiederteile, die um der Erhaltung der vollen und (sehr) guten Flugfähigkeit nicht gleichzeitig gemausert werden dürfen, werden tatsächlich auch einzeln in geordneter Reihenfolge oder sogar erst dann, wenn sie entsprechend stark beschädigt sind, ersetzt (vgl. die Lehrbücher der Ornithologie). Das trifft vor allem für solche Vögel zu, die wie Greifvögel oder Hochseevögel auf ein ununterbrochen praktisch perfektes Fliegen angewiesen sind. Wenn nun aber Federn entsprechend ihrem Abnutzungszustand bei Bedarf ersetzt werden können, muss die Frage gestellt werden, warum dann bei der Mauser so viele so gute und voll funktionstüchtige Federn regelrecht „weggeworfen" werden. Mit energetisch aufwändigen, aus „wertvollen Eiweißstoffen" zusammengesetzten Gebilden sollte „sparsamer" (ökonomischer) umgegangen werden; gerade im Hinblick auf den Wärmehaushalt und die Erhaltung der Flugfähigkeit.

Der nach außen gerichtete, funktionale Ansatz im Sinne von Darwins Anpassung gerät hier in einen kritischen Erklärungsnotstand. Doch das ändert nichts daran, dass die Mauser von guten, von unbeschädigten und voll funktionstüchtigen Federn eine Tatsache ist, während gerade solche Federn, die besonders stark beansprucht werden, wie die Hand- und Armschwingen oder Steuerfedern großer Vögel, am längsten im Gefieder bleiben und bis zu tatsächlich erkennbaren Abnutzungserscheinungen in Benutzung bleiben.

3. 4. Art der Exkremente der Vögel

Vogelexkremente stinken im Vergleich zu denen der meisten Säugetiere oder vieler Reptilien nicht oder kaum. Dies ist zwar weithin geläufig, aber wird zumeist nicht im verdauungsphysiologischen Zusammenhang gesehen. Und in diesem unterscheiden sich die warmblütigen Vögel und die ebenfalls warmblütigen Säugetiere ganz erheblich. Denn wie Schlangen und einige andere Reptilien-Gruppen scheiden die Vögel den Großteil ihrer Endprodukte des Stickstoff-Stoffwechsels als Harnsäure und nicht wie die Säuger als Harnstoff und Ammoniak oder in Form von Ammoniumsalzen aus. Tab. 1 verdeutlicht den Unterschied quantitativ.

Nun sind es aber insbesondere die schwefelhaltigen Abbaustoffe, die den Exkrementen ihren von uns in aller Regel als Gestank bezeichneten Geruch verleihen: Die einfachste (End)Form, der Schwefelwasserstoff (H_2S), riecht nach „faulen Eiern", während komplexere „Stinkstoffe" in der Gruppe der Mercaptane zusammengefasst werden. Oxidierte Schwefelverbindungen treten in drei Gruppen als Sulfate, Sulfite und Thiosulfate auf. Alle sind sie, angefangen vom recht giftigen Schwefelwasserstoff, stoffwechselphysiologisch recht problematisch. Sie bedürfen besonderer Ausscheidungsmechanismen (vgl. Lehrbücher der Physiologie).

Da die Vogelnahrung natürlich - und unvermeidbarer Weise - auch schwefelhaltige Aminosäuren beinhaltet, müssen diese zu einem wesentlichen Teil auf andere Weise vom Vogelkörper entsorgt werden, wenn die Exkremente nur so wenig davon enthalten. Hieraus ergibt sich eine erste Verbindung zu den Federn, beinhalten sie doch besonders viel Schwefel(>10 % allein die schwefelhaltige Aminosäure Cystein bezogen auf alle Aminosäu-ren und einen Gesamtgehalt von 3 % Schwefel und mehr, je nach Art der Vögel - Bezzel & Prinzinger 1990). Somit ist zwischen Federn und Schwefel auf jeden Fall eine Beziehung gegeben; wie bedeutungsvoll sie ist, das ist zu klären.

3. 5. Die Feder - ein „Entsorgungsprodukt"?

Versucht man nun den Schwefel im Keratin der Federn, die Stickstoffentsorgung über Harnsäure und die Mauser zusammen zu bringen, so deutet sich eine interessante Betrachtungsweise an: Kann es sein dass Federn (ursprünglich) in grundsätzlich ähnlicher Weise nicht benötigte, also im Überschuss vorhandene Eiweißbestandteile der Nahrung nach außen entsorgen, wie das bei sich häutenden Fröschen etwa auch passiert (die sogar, wie die afrikanischen *Hyperolius*-Arten, in der Lage sind, bei Eiweißbedarf die eigene gehäutete Haut wieder zu verzehren und teil wieder zu verwerten!)? Das scheint in ganz klarem und geradezu krassem Gegensatz zu der besonderen Feinstruktur der Federn zu stehen. Doch diese stellt einen späte(re)n Zustand dar und nicht den Anfang. Und es ist ein weiterer wichtiger Faktor mit in die Betrachtung einzubeziehen und das ist der Wasserhaushalt. Vögel gehen grundsätzlich äußerst sparsam mit Wasser um. Da kaum Wasser zur Lösung von Harnstoff und Ammoniak in der Bildung und Abscheidung von Urin benötigt und verwendet wird, weil Harnsäure nur schwer wasserlöslich ist, wäre die etwa bei den Säugern vollzogene Trennung von Urogenitalsystem und Enddarm nicht vonnöten gewesen. Tatsächlich scheiden die Vögel alle drei Produkte, die Ausscheidungen des Enddarms, der Nieren und der Geschlechtsorgane über eine Austrittsöffnung, die Kloake, ab. Das spart insbesondere Wasser. Somit müssen die besonderen Ausscheidungsverhältnisse der Vögel auch in Bezug zum Wasserhaushalt betrachtet werden.

Sollten aber nun Anfangsstadien der Federbildung wie auch einfache Federformen als Ausscheidungsprodukte des Stoffwechsels angesehen werden, was auch für jenen Teil des Gefieders der rezenten Vögel Geltung haben könnte, der nicht direkt zum Fliegen benötigt wird („Kleingefieder"), dann würde allerdings die Mauser „guter" Federn durchaus verständlich sein. Die Mauser würde dann einfach schubweise, von Zeit zu Zeit, später zu festen Phasen im Jahreszyklus des Vogels, das Gefieder erneuern und damit unter der Haut, im Federbildungsbereich, angesammelte Aminosäuren verwerten und aus dem Körper entfernen. Denn diese sind ja bereits „tote" Gebilde, die nur in der Haut mehr oder minder lang, bis zur Mauser eben, verankert bleiben. Ganz anders als Haare der Säuger wachsen sie nicht beständig nach.

Der Ansatz, die Mauser als Abscheidungsvorgang von Federn mit (fester) Zeitverzögerung bzw. nach (später) fixiertem Zeitplan ihres Ablaufes zu betrachten, löst das Problem der Abgabe guter, nicht hinreichend abgenutzter Federn einerseits (im rezenten Zeitmaß), andererseits kann dies aber auch als von Anfang an wirksame Ausgangsfunktion betrachtet werden, die keinerlei zusätzlicher „Anpassungen" bedarf (im evolutionären Zeitmaß). Die späteren Funktionen würden sich „sekundär, tertiär" etc. anschließen; etwa in der Reihung „Wärmeschutz" ,„ Flugtauglichkeit" der Federn und schließlich Einbeziehung in die semantischen Systeme von Balz oder Artdifferenzierung nach Gefiedermerkmalen (Reichholf 1992, 1996). Im Hinblick auf die physiko-chemischen Vorgänge mag so eine Modellvorstellung, weil hinsichtlich der beteiligten Eiweißstoffe und der umgesetzten Energien gut quantifizierbar, befriedigend erscheinen, evolutionsbiologisch ist sie das jedoch nicht. Denn auch sie gibt keine überzeugende Begründung für den „Anfang", für die allerersten Phasen der Federentstehung, der Durchsetzung dieses Prozesses, seiner Verstärkung und weiteren, ganz erheblichen Differenzierung. Die fernen Vorfahren der Vögel hätten sich einfach weiter häuten können, wenn es allein um die Entsorgung von überschüssigem Eiweiß reich an Schwefel gegangen wäre. Anderes, Wichtiges muss wohl hinzu gekommen sein

Stickstoff-Stoffwechsel

Vögel (und Schlangen)	90% der Ausscheidungen Ammoniumsalz der Harnsäure
Säuger	>95% $CO(NH_2)_2$
Mensch/Tag	20-30 g Harnstoff 1 g Harnsäure
Harnstoff & Ammoniak	= leicht wasserlöslich = hoher Wasserbedarf
Harnsäure	= fast unlöslich = geringer Wasserbedarf

	N : C	N : O
Vogel	4 : 5	4 : 3
Säugetier	2 : 1	2 : 1

Erheblich höhere Effizienz der Säuger geht auf Kosten des Wasserverbrauches!

Tabelle 1: Vergleich der Effizienz des Stickstoff-Stoffwechsels bei Vögeln und Säugern und Auswirkungen auf den Wasserbedarf.

3. 6. Quelle der Eiweiß-Überschüsse

Um für den Stoffwechsel nicht nur entbehrlich als direkte Nahrungs- und Energiequelle zu sein, muss das Eiweiß in der Nahrung (anhaltend) in beträchtlichen Überschüssen vorhanden gewesen sein. Mehr noch: Um zu einem schlüssigen Modell der Feder-Evolution zu kommen, müssen zwei ganz grundlegende Bedingungen erfüllt sein:

1. anhaltende, über Jahrmillionen unveränderte Vorteilhaftigkeit und
2. hinreichende Unabhängigkeit von schwankenden, sich verändernden Außenbedingungen.

Anders ausgedrückt: Die Selektionsvorteile dürfen nicht wie die Umweltbedingungen erratisch gewesen sein und die Anfangsvorteile müssen groß/hoch gewesen sein und nicht klein und schwach, um gegenüber den Anderen, den Konkurrenten, Durchsetzungsvermögen entwickelt zu haben.

Die Vögel stammen, wie die Fossilfunde beweisen, aus einer Gruppe von Reptilien, die grob in der Bezeichnung „Dinosaurier" zusammengefasst werden können. Kurz ausgedrückt, könnte man sie als die einzigen überlebenden Dinosaurier bezeichnen. Ihre nächsten lebenden Verwandten sind die Krokodile und nicht etwa flinke, auf den Hinterbeinen mit aufgerichtetem Vorderkörper laufende Echsen, wie sie im „cursorialen Modell" der Vogelevolutionen mit dem konkreten Beispiel des *Compsognathus* am besten zu vergleichen wären.

Die Vögel waren also nicht allein in ihrer Evolution. Sie hatten nähere und weitere Verwandtschaft in Form anderer Stammeslinien der Dinosaurier. Und sie sind mit diesen tatsächlich näher verwandt als mit den ihnen in vieler anderer Hinsicht vergleichbaren und ihnen entsprechenden Säugetieren. In dieser anderen Gruppe warmblütiger (homöothermer) Wirbeltiere entstanden „Flieger" ganz unabhängig von den Vögeln und tatsächlich nach dem „arborealen Theorie-Schema" von den Bäumen „herab" und ohne Laufbeine. Wie unterscheiden sich die Vögel eigentlich von den Fledermäusen im Speziellen und den Säugetieren im Allgemeinen, wenn sie zweifellos mit geregelt hoher Körperinnentemperatur eine grundlegende Gemeinsamkeit besitzen und die Säuger wie die Vögel aus der Klasse der Reptilien – gleichwohl aus einer ganz anderen Stammeslinie – stammen?

Die Säuger kennzeichnet die Entwicklung von Haaren (auch wenn es sekundär zum totalen Verlust der Haarbildung kommen konnte) wie die Vögel die Federn charakterisieren. Beide stellen Keratingebilde dar, die aus runden Anlagen entstehen und nicht aus flächigen Schuppen hervorgehen. Aber ganz anders sind die Lungen beider Abkömmlinge der Reptilien gebaut. Die Säuger tragen die zwar vielfach sehr stark in feinste Lungenbläschen aufgeteilten Sacklungen, die sich nahtlos von den entsprechenden einfacheren Lungen der Landwirbeltiere ableiten lassen. Die Vögel jedoch haben ein ganz eigenes und einzigartiges starres Röhrensystem als Lunge, das in Kombination mit Luftsäcken funktioniert und dabei eine weit höhere Effizienz als die besten Säugerlungen entwickelt. Weil es keine „blinden Enden" in diesem einsinnig ausgerichteten Durchströmungssystem gibt. Die Effizienz der Vogellunge übertrifft die der Säuger auf gleiche Größe bezogen um das Vier- bis Fünffache. Auf gleiche Leistung im Gasaustausch bezogen kommt der Vogel entsprechend mit einem Viertel bis Fünftel der Größe der Säugerlunge zurecht.

Zudem liegt die Körperinnentemperatur im Durchschnitt, auf gleiche Körpermasse bezogen, bei den Vögeln deutlich höher als bei den Säugern. Viele Vogelkörper

„arbeiten" bei Betriebstemperaturen, die knapp unter der Todesgrenze von 42 oder 43 Grad Celsius liegen; der Unterschied zu Säugern vergleichbarer Größe kann 4 bis 5 Grad Celsius ausmachen. Diese außerordentlich hohe Intensität des Stoffwechsels erfordert einerseits einen entsprechend hohen Umsatz an Energie (Wieser 1986), andererseits aber auch eine besonders wirkungsvolle Kühlung, die sicher genug verhindert, dass sich der Körper bei nur Zehntelgrad Spielraum über die kritische Grenze hinaus erhitzt. Nun können aber merkwürdiger Weise die Vögel äußerlich überhaupt nicht schwitzen, da sie nicht nur über keine Schweißdrüsen in der Haut verfügen, sondern mit Ausnahme der Bürzeldrüse, als einer hochspezialisierten Drüse am Hinterrücken nahe dem Schwanzansatz überhaupt keine Hautdrüsen haben. Die Kühlung muss im Wesentlichen als innere Kühlung vollzogen werden. Dies geschieht über die Koppelung mit der Atmung im Lungen-Luftsack-System.

Hieraus ergibt sich zwar die Art und Weise, wie Vögel trotz höchster Raten im Stoffwechsel Wasser sparen können und gleichzeitig doch auch höchst effizient kühlen, nicht aber der Grund, weshalb sie überhaupt so hohe Stoffwechselraten erreicht haben und aufrecht erhalten.

Soweit dies die Fossilfunde bisher erkennen lassen und, soweit man dies der Energetik der rezenten Vögel entnehmen kann, dürfte der umfassenden, intensivierten Nutzung von Insekten dabei in der Evolution der Vögel die Schlüsselfunktion zukommen. Die Verknüpfung mit den Insekten erklärt auch, weshalb alle Vögel im Wesentlichen hinsichtlich ihrer Verdauung ein „schnelles Durchlauf-System" darstellen und so gut wie keine besonderen Mägen entwickelt worden sind.

Die Verwertung von Fischen, von anderen größeren Tieren (carnivore Vögel, wie die Greifvögel und Eulen z. B.) und insbesondere die Nutzung von Früchten und Pflanzen ganz allgemein stellen späte sekundäre Entwicklungen in der Evolution der Vögel dar. Primär waren und sind sie (schnelle) Läufer und Flieger. Das ergibt sich aus der Zusammenschau ihrer Anatomie („Laufbein", Flügelbildung) und Physiologie (höchste dauerhafte Stoffwechselrate mit geringen Nutzungsanteilen „schwieriger" Nahrungsbestandteile). Die innere Anatomie fügt sich hierzu bestens ein mit dem hocheffizienten Herzen und Blutkreislauf, der Röhrenlunge ohne tote Luftvolumina, der schnellen Verdauung und der Wasser sparenden Ausscheidungen.

Hieraus lässt sich ableiten, dass die fernen Vorläufer der Vögel buchstäblich Vor„Läufer" gewesen sein sollten, die hinter ergiebiger Beute herjagten. Der Größe nach können das nur Insekten primär gewesen sein; der Menge nach bietet sich die Insektennutzung in der Anfangshälfte des Erdmittelalters (Mesozoikum) vor 150 bis 180 Millionen Jahren geradezu an, kennzeichnet diese Periode doch eine gewaltige Entfaltung des Insektenlebens im Zusammenhang mit der Evolution der Bedecktsamer (Angiospermen). Die Insekten bieten daher beides gleichermaßen: Nahrung in der passenden Größe und in großer Menge - und das anhaltend über Jahrmillionen hinweg.

3. 7. Energetik der Insektennutzung

Wie der Grundstock der Reptilien müssen auch die fernen Vorfahren der Vögel zunächst wechselwarm (poikilotherm) gewesen sein. Ihre Leistungsfähigkeit hing damit von zwei Rahmenbedingungen ab. Erstens die Umgebungstemperatur unmittelbar, die Beginn und Ausmaß der Beweglichkeit festlegt, und zweitens die Stoffwechselwärme, die nach in Gang kommen der Stoffwechselmaschinerie erzeugt wird. Das kann in der fernen Vergangenheit des Mesozoikums nicht anders als in der Gegenwart gewesen sein.

Nun liefern aber Zucker und Fett ungleich schneller verwertbare Energie als der Abbau von Eiweiß, der zudem Endprodukte anhäuft, die mit mehr oder weniger großem Aufwand aus dem Körper ausgeschieden, entsorgt, werden müssen (Stickstoffverbindungen, Schwefelverbindungen). Dagegen können Zucker und Fette im Stoffwechsel praktisch rückstandsfrei verbrannt werden, weil deren Endprodukte lediglich aus Kohlendioxid und Wasser bestehen. Pro Gewichtseinheit, pro Gramm Nahrung etwa, liefert Fett am meisten Energie - und zu anhaltenden und aufwändigen Leistungen wird auch Fett umfänglich genutzt und „verbrannt" (etwa im Vogelzug über weite Strecken).

Hieraus lässt sich ein positiver Regelkreis ableiten: Je mehr fettreiche Insekten gefangen und genutzt werden können, um so höher kann die Stoffwechselleistung des Reptils ausfallen („das auf dem Weg zum Vogel ist"). Je höher die Stoffwechselleistung, um so schneller wird der Läufer und um so mehr Insekten kann er flitzend und springend erbeuten. Und so fort - nicht ganz! Denn um so größer wird auch der Anfall von Eiweiß, das nicht verbraucht wird, wie auch von gar nicht verwertbaren Stoffen, wie die Chitinhülle von Insekten. Letzter lassen sich über Gewöllebildung schon aus dem Kropf wieder auswürgen, erstere gehen aber zwangsläufig mit der verstärkten Nutzung von Fett in den inneren Stoffwechsel (intermediärer Metabolismus) ein. Wo sie nicht für Wachstum oder (bei den Weibchen) für die Ausbildung der vergleichsweise sehr großen Eier verwendet werden können, bleiben Eiweißstoffe, zumeist schon zerlegt in Aminosäuren, übrig und werden zum Überschuss.

Diesen gilt es nun zu entsorgen. Die beiden Möglichkeiten, die seit Anbeginn der Wirbeltierevolution (und darüber hinaus) zur Verfügung stehen, sind der Abbau im Verdauungsvorgang mit Ausscheidung über den Enddarm bzw. über die Nieren als Stickstoff-Endprodukte und auch - kaum berücksichtigt - über die Haut. Auch wir Menschen scheiden beträchtliche Mengen von Aminosäuren über die Haut aus, deren bakterielle Nutzung und Zersetzung zum Teil für den Geruch von Schweiß verantwortlich ist. Diesen Stoffwechselkanal nutzen die Vögel ungleich intensiver. Das geht aus der bereits dargelegten Tatsache hervor dass ihre Exkremente kaum „Stinkstoffe" enthalten.

Somit lässt sich aus Gründen der Energetik die Federbildung in ihren Vorformen durchaus auch als besondere und besonders wirkungsvolle Ausscheidung von Überschüssen verständlich machen. Und das um so mehr als eine so hohe Stoffwechselintensität, wie sie die Vögel erreicht und eingestellt haben, die Entstehung freien Schwefelwasserstoffs oder giftiger Mercaptane doch sehr beschränkt haben musste bzw. auf unbedeutende Mengen reduziert haben sollte. Die Zwischenlagerung in den ganz anders gearteten „Hautdrüsen", nämlich in den Federfollikeln, erscheint plausibel und bildet keinen Widerspruch, denn auch die beiden anderen Ausscheidungswege geben nicht kontinuierlich die Abfallstoffe ab.

Die geschilderte positive Rückkoppelung kann dabei, da ein Organismus-interner Vorgang, auch bei sich ändernden Außenbedingungen langfristig kontinuierlich aufrecht erhalten werden und bleiben. Sie wird sogar um so autonomer, je höher die Intensität des Stoffwechsels ansteigt und je unabhängiger damit das Funktionieren des Vogelorganismus auf hohem energetischen Niveau von den Außentemperaturen wird. Die Vögel haben sich ohne Zweifel direkt als Organismen am stärksten von den abiotischen Umweltbedingungen emanzipiert (Reichholf 1992). Ihr hoher Autonomiegrad im inneren Geschehen wird durch die Koppelung einer extrem leistungsfähigen Lunge mit einer schnellen, sehr effizienten und auf die energetisch wesentlichen Stoffe konzentrierten Verdauung gewährleistet. Den evolutionären Weg dazu beschreibt am besten zweifellos das „cursoriale Modell" ; jedoch nur dann, wenn es nicht als Anpassung nach außen betrachtet wird, sondern als innere Leistungssteigerung des Stoffwechsels. Dann ergibt sich daraus auch die Lösung der grundsätzlichen Problematik der allerersten Anfangsvorteile und des so langfristigen Anhaltens der Selektionsvorteile. Der Darwinsche Ansatz über Anpassung kann diese Schwierigkeiten nicht meistern, wenn es um genau das Entgegengesetzte geht, nämlich Emanzipation von den Umweltbedingungen und nicht Anpassung an sie.

3. 8. Der Übergang

Die gesamte innere Organisation der Vögel ist auf Höchstleistungen des Stoffwechsels eingestellt (Sturkie 1986). Die mit Abstand wichtigste Eigenschaft des Vogelkörpers und seiner Leistungsfähigkeit bildet nicht die als so kennzeichnend für die Vögel erachtete Feder dar, sondern die Vogellunge mit ihrem einzigartigen Bau. Die Federn können nur sekundär dienlich geworden sein für eine weitere Effizienzsteigerung, die mit dem Zustandekommen der aktiven Flugfähigkeit einsetzte (Wieser 1986). Ihrem Ursprung nach lassen sie sich in keinen direkten Zusammenhang mit dem Fliegen bringen. Auch im Hinblick auf ihre thermoisolatorischen Eigenschaften geht das nicht, weil die Anfangsstadien in dieser Hinsicht genau so wenig bringen wie fürs Fliegen.

Als Ausscheidungsprodukt eines an Intensität stark zunehmenden Stoffwechsels betrachtet kommt nicht nur ein sinnvoller Zusammenhang zustande, sondern dieser Blickwinkel eröffnet auch experimentelle Zugänge und Überprüfungsmöglichkeiten. Auch stoffwechselphysiologische Bilanzen lassen sich erstellen; etwa was es bringt, wenn schwefelhaltige Aminosäuren zunächst ohne weitere Nutzbarkeit über die Haut entsorgt und später über den Einbau in Federn und die Entwicklung des Fluggefieders höchst nützlich werden.

Doch die allerersten Anfänge mögen noch immer Skepsis erzeugen. Wie konnte es überhaupt dazu kommen, dass mehr oder weniger flache Hautschuppen von Reptilien eine Rundstruktur annahmen, aus denen sich Federn (und auch Haare in paralleler Entwicklung bei den Säugetieren) im Laufe der Jahrmillionen herausbildeten. Oder kam es womöglich doch zu einem ganz neuen Anfang bei der Federbildung und die (heutig erkennbaren) Reptilienschuppen sind gar nicht direkt den Federn (und Haaren) homolog? Dass bestimmte Gene (Prum & Brush 2003) für die Federbildung verantwortlich und deren Entstehung in der Entwicklung des Jungvogels keinen erkennbaren (ontogenetischen) Übergang von einer Art Reptilienschuppen-Stadium erkennen lässt, macht diese Frage durchaus berechtigt. Neuerdings wird ja im Modell der Feder-Evolution von Prum & Brush (2003) sogar das lang verpönte „Biogenetische Grundgesetz" von E. Haeckel wieder bemüht, um die Eigenständigkeit der Federevolution zu begründen. Und die beiden Autoren stellen sogar fest „Vorher müssen die Federn einen anderen Sinn gehabt haben" als zum Flug oder zur Wärmeisolation zu taugen. Die neuen Funde von „gefiederten Dinosaurier" bringen zwar eine Menge an Details zu. den unterschiedlichen Formen und Möglichkeiten von Federn in der mesozoischen Evolution, aber wie Prum & Brush (2003) zu entnehmen ist, keinerlei (äußere) Ansatzpunkte für die ursprüngliche Funktion; zumal die meisten auch erheblich jünger als *Archaeopteryx* sind. Sie zeigen aber auf jeden Fall, dass die Entwicklung der Feder nicht zwangsläufig mit der Evolution der Vögel verbunden ist. Vögel lassen sich nicht mehr (außer in der rezenten Situation, in der die anderen Versionen von befiederten Dinosauriern ausgestorben sind) durch die Federn charakterisieren.

Von der stoffwechselphysiologisch-energetischen Seite betrachtet, also von „innen" her, vom Organismus, wären Federn oder federähnliche Gebilde bei anderen Dinosauriern nicht nur kein Widerspruch, sondern geradezu zu erwarten gewesen. Die neuen Funde unterstützen diese „innere Sicht" und machen der „äußeren" mit Darwinscher Anpassung an die Umwelt noch größere Schwierigkeiten. *Archaeopteryx* war bis dato ein so gutes, weil so einfaches Fossil, das mosaikartig den Übergang von den Reptilien zu den Vögeln zeigte. Aber *Archaeopteryx* hatte flugtaugliche Federn und so wurde die direkte Verknüpfung von Feder und Flug praktisch vorgegeben. Das hat sich nun nach Sachlage der Fossilfunde zwar geändert, nicht aber in der grundsätzlichen Betrachtungsweise, wie die neueste Zusammenfassung von Prum & Brush (2003) zeigt.

Dabei bietet die stoffwechselphysiologisch-energetische Betrachtung eine elegante Lösung des Problems der allerersten Anfänge der Federevolution. Denn von „innen heraus" müssen nicht nur die überschüssigen Stoffe kommen, sondern von innen nach außen muss auch die überschüssige Wärme abgeführt werden. Bei den in dieser Hinsicht ungleich besser bekannten Säugern, zumal beim Menschen, geschieht dies über eine stärkere Durchblutung der Haut. Dabei wird an den Schweißdrüsen das zu „heiße" Blut in ganz ähnlicher Weise wie bei der Federbildung herangeführt und nach Abscheidung von Wasser und Salzen gekühlt in den Körper zurück geleitet.

In stark vergrößerter Weise wird dem Blutkiel der Federn Blut zugeführt und wieder davon in den Körper zurück geleitet. Blutkiele verlieren viel Wärme. Das ist wohl bekannt und wäre leicht energetisch vergleichend im Hinblick auf den entsprechenden Vorgang in der Säugerhaut zu messen. Die Blutzufuhr versorgt die epidermale Abscheidung. Die stoffwechselphysiologische Verknüpfung liegt auf der Hand: Bei uns Menschen werden auch Aminosäuren über die Schweißdrüsen abgegeben und das in beträchtlichen Mengen! Der Vogelorganismus ist aber extrem auf Wassersparen eingerichtet, weil die innere Kühlung bei den energetischen Höchstleistungen im Flug entscheidend ist. Sie ermöglicht einen Dauerbetrieb, wo es bei uns (oder auch beim Geparden zum Beispiel) nur zu einem streckenmäßig unbedeutenden Sprint reicht.

Herz und Lunge leisten dies; letztere in Zusammenarbeit mit dem speziellen Luftsacksystem.

Folglich sollte die Steigerung der Stoffwechselrate vor der Federevolution bereits eingesetzt haben und folglich sollte es innerhalb der komplexen Gruppe der Dinosaurier auch durchaus unterschiedliche Möglichkeiten gegeben habe, Eiweißausscheidungen verstärkt an die Körperoberfläche zu verbringen. Letzteres beweisen die neuen Funde befiederter Dinosaurier stammesgeschichtlich erheblich jüngeren Alters als die Urvögel (*Archaeopteryx*). Ersteres legt die Entwicklung des hochspezialisierten Laufbeins der Vorfahren der Vögel nahe, wie es sich schon weitgehend bei kleinen, schnellen Zweibeinern unter den Reptilien, wie beim *Compsognathus*, zeigt. Der Wärmestau im Körper bei schnellem Lauf, zumal unter hohen Außentemperaturen, wie sie in jener Zeit des Erdmittelalters anzunehmen sind, zwingt zur verstärkten Durchblutung der peripheren Bereiche des Körpers, speziell der Haut. Die röhrenförmige Anordnung der nach außen gerichteten Blutgefäße mit zuführender Arterie und abführender Vene und einem terminalen Kapillargeflecht bewirkt diesen Wärmetransport an die Außenhaut und den Austausch, bedeutet aber auch verstärkte Zufuhr und Ausscheidungsmöglichkeiten überschüssiger Aminosäuren im Keratin-Bildungsbereich der Epidermis. Geschieht das schubweise, kommt das Grundmuster der Untergliederung der Feder zustande, wie das sehr eindrucksvoll Prum & Brush (2003) ausgeführt haben. Dann kann an der nun spitzkegelförmigen, zur Röhre sich vergrößernden (verlängernden) Blutkielbildung (von igelartigem Aussehen) die Wärmeabgabefunktion mit der Eiweißausscheidungsfunktion verknüpft werden und sich gegenseitig verstärken. All das hat sehr viel mit den Innenbedingungen im Organismus und sehr wenig mit den Außenbedingungen zu tun.

Diese können erst nach Überwindung der kritischen Schwelle ansetzen, nämlich als die Keratingebilde groß genug geworden waren, um auch Wärme haltend wirken zu können, bzw. differenziert genug, um beim Aufplatzen Flächen auszubilden, die nach und nach „tragfähig" wurden. Dann erst, nach wohl Jahrmillionen Vorlauf, setzt die eigentliche Federevolution in Zusammenhang mit Entstehung und Differenzierung des Fluges ein.

4. Darwinsche Anpassung im erweiterten Evolutionsmodell

Im geschilderten Fallbeispiel der Evolution der Feder kommt der Darwinschen Selektion lange Zeit so gut wie keine Funktion zu. Es sind die inneren Prozesse, die dominieren oder den anfänglichen und über lange Zeiten weiteren Verlauf der Entwicklung steuern und bestimmen. Ähnliches lässt sich leicht auf die Säugetiere oder auf andere Stammeslinie übertragen oder innerhalb einer Line für die Anfangs- und gegenwärtigen Endzustände festhalten. Grundsätzliche Übereinstimmung kommt sowohl mit den Schindewolfschen Grundschritten in der Entstehung von Neuem, der Typogenes und der Typostase (auf die ggf. die Auflösung, die Typolyse) folgt, als auch mit dem „unterbrochenen Gleichgewicht" (punctuated equilibrium von Gould & Eldredge (Gould 2002 in der letzten Fassung) erkennen. Daher erscheint es gerechtfertigt, als grundsätzliches Modell der Entstehung von Neuerungen in der Evolution der Organismen die in Abb. 5 zusammengefasste Form zu wählen. Sie entspricht - gleichsam im zeitlichen Querschnitt des Geschehens - Entstehung, Wachstum und Entwicklung von Populationen in der Ökologie. Die Konkurrenz als selektive Kraft wird im Wesentlichen erst jenseits des Umkehrpunktes in der Kurvenentwicklung wirksam und die Feineinstellung kommt als „Gekräusel an der Oberfläche" zustande. Ursprung und primäres Anwachsen sind hingegen weitestgehend unabhängig davon. Hieraus erklärt sich auch, weshalb so viele so unterschiedliche Lebewesen von den gleichen Ressourcen leben können und weshalb die (erd)geschichtlichen Prozesse in der Biogeographie eine so überragende Rolle spielen, die weit über die scheinbaren Grenzen des „ökologischen Theaters" hinaus gehen. Dieses findet statt, während die Zeiten die Bühne selbst bewegen und verändern.

Anpassung gerät so zur Feineinstellung, die ohne Zweifel auch existiert. Das Neue kommt aber im Gegensatz dazu aus den Organismen. Es entfaltet sich gerade dann, wenn aus irgendwelchen Umständen heraus (Katastrophen, Massensterben, die vorausgegangen sind z. B.) die Bühnen frei geworden sind und nicht, wie im Sinne Darwinscher Anpassung zu erwarten und zu fordern wäre, wenn die Konkurrenz am größten ist und damit die Selektion am stärksten wirkt. Dann vielmehr bewirkt sie genau das Gegenteil von Veränderung und Fortschritt, nämlich die „Stasis" im Sinne von Gould oder Schindewolf oder sie wird zur „stabilisierenden Selektion", wie es die Populationsgenetiker nennen würden. Trifft diese Sichtweise zu, ergibt sich zwangsläufig auch, warum die evolutive Veränderung in der Ökologie so wenig berücksichtigt wird und ökologische Konzepte und Theorien eine so geringe Rolle in der Analyse von Evolutionsprozessen spielen. Die Autonomie des Organismus arbeitet den Außeneinwirkungen entgegen. Sie gleicht mit innerer Stabilität die äußeren Schwankungen aus. Gerade am Beispiel der Vogelfeder wird diese Gegebenheit am deutlichsten sichtbar, ermöglichte sie doch vielen Vögeln den Flug über Kontinente und Meere zwischen selbst ausgesuchten Brutgebieten und Zwischenrast- oder Überwinterungsräumen.

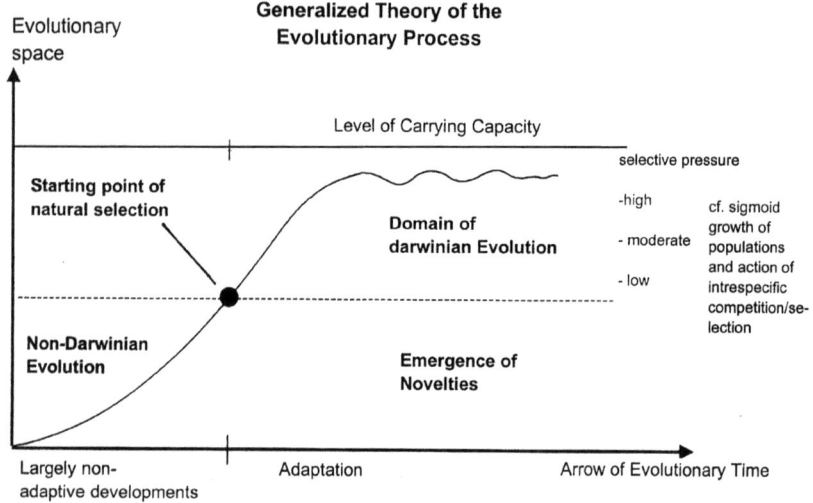

Abb. 5: Allgemeines Modell zur Entstehung von Neuem in der Evolution (Reichholf. Orig.)

Keine anderen Lebewesen, den Menschen ausgenommen, konnten sich so sehr wie gerade die Vögel von den Umweltbedingungen emanzipieren und sich die jeweils passende „Umwelt" selbst suchen. Ihr Innenmilieu arbeitet dauerhaft am äußersten noch gerade tolerierbaren Grenzbereich bei Temperaturen, die höher als jeder Tagesdurchschnitt auf der Erde liegen. Sie halten Rahmenbedingungen aus, die zwischen der extremen Südpolkälte, wo die Kaiserpinguine in der Finsternis der Südwinternacht ihre Jungen großziehen, und der feuchten Hitze der tropischen Tieflandregenwälder liegen, tauchen Hunderte von Meter tief ins Meer oder fliegen über die höchsten Gebirge der Erde - mit im Wesentlichen denselben Stoffwechselabläufen in ihren Körpern. Woran haben sie sich angepasst? Äußerlich durchaus in gewissem Sinne an die Nutzung unterschiedlichster Lebensmöglichkeiten, innerlich blieben sie aber so gut wie unverändert „heißblütig" mit höchsteffizienter Lunge und der Produktion von Federn sowie der Fortpflanzung über nach außen abgelegte Eier. Ihre Vielfalt entspricht kaum mehr als einer Säugetier-Ordnung und doch sind sie ganz zu Recht „eine Klasse für sich".

Zusammenfassung

In Darwins Sicht der Evolution nimmt die Anpassung an die Umwelt die entscheidende Position als „Motor" von Veränderungen ein. In der Folgezeit und bis in die Gegenwart wurden so gut wie alle Eigenschaften der Lebewesen als Anpassungen identifiziert und interpretiert, wobei stillschweigend von der Voraussetzung ausgegangen wurde, alles, was

„passt", müsse auch „angepasst" sein. „Adaptationismus" nannte S. J. Gould diese Vorgehensweise und kritisierte den allzu leichtfertigen Umgang mit dem Begriff der Anpassung, ohne aber ein besseres Gegenkonzept angeboten zu haben.

Da nun aber die Anpassung an die Umwelt in der Wissenschaft von der Umwelt, in der Ökologie, eigentlich das Kernstück bilden sollte, überrascht die Tatsache, dass Aspekte des Werdens. (Evolution) in den einschlägigen Lehrbüchern kaum zu finden oder nur als interpretative Anmerkungen vorhanden sind. Ökologie scheint sich evolutiven Prozessen und Konzepten geradezu widersetzen zu wollen. Darlegungen zum Funktionieren des Naturhaushaltes", zur „Regulation von Populationen" oder zum „Gleichgewicht der Natur" kommen ohne evolutionäre Dynamik aus, während rasche Veränderungen, aus denen neue. Zustände hervorgehen (könnten) als Katastrophen eingestuft werden. Der Unterschied zum Prozessualen der Evolution ist zu groß als dass er nur auf unterschiedliche Sichtweisen (statische vs dynamische Sicht) beruhen könnte. Vielmehr entspricht die „Praxis" der Ökologie evolutionsbiologisch den langen Phasen von „Stasis", die (nur) durch kurze Ereignisse „punktiert" (im Sinne von S. J. Gould) unterbrochen werden, aus denen Neues hervorgehen kann (Typogenese).

Diese Entstehung von Neuem wird am Beispiel der Vogelfeder ausführlich dargestellt als vornehmlich oder nahezu ausschließlich innerer Prozess des Umgangs mit Überschüssen aus dem Stoffwechsel. Die Vorformen (Protofedern) entstehen als Ausscheidungsprodukte des Stickstoff- und Schwefelstoffwechsels unabhängig von Anpassungen an irgendetwas. Erst in fortgeschrittenen Entwicklungsstadien und -formen werden sie tauglich für neue Funktionen und geraten unter Anpassungsdruck. Federartige Bildungen konnten daher (folgerichtig) auch in anderen Stammeslinien der Großgruppe der Dinosaurier neuerdings nachgewiesen werden. Ihre Entstehung ist nicht auf die Vögel beschränkt und hatte auch primär nichts mit dem Flugvermögen zu tun. Das Beispiel der Vogelfeder verdeutlicht, was sich in der Diskrepanz zwischen „Ökologie" und „Evolution" allgemein andeutet: Die Entstehung von Neuem hat wenig mit Anpassung zu tun. Diese kommt als „Gekräusel an der Oberfläche sekundär hinzu. Primär kennzeichnet den Gang der Evolution vielmehr das Gegenteil: die Emanzipation von der Umwelt unter Verstärkung der Autonomie der organismischen Organisation.

Summary: 'Is Darwinian Adaptation Only the , Ripple on the Surface of Evolution?!

In Darwin's view of evolution the concept of adaptation to the environment is placed centrally and should be the , motor' of the evolutionary process. After the publication of the „Origin of species by means of natural selection" virtually all traits of organisms and organismic functions have been linked with adaptation: All what is „apt" must be „adapt(ation)". Adaptationism is that, claimed Stephen J. Gould in his critics, but without presenting an other and better concept.

Surprisingly enough, adaptation to the environment and evolutionary change are not central in the concepts of ecology, which seems to be quite resistant to evolutionary thought indeed. Statements like "functioning of the economy of nature" , "regulation of populations" or "balance of nature" are devoid of evolutionary dynamics and change. Rapid change, indeed, is viewed as a catastrophe comparable to the "punctuation" of the equilibrium sensu Gould, when something new emerges (typogenesis).

The emergence of a novelty, the feathers of birds, is dealt with in more depth and detail in the second part of this paper. It is shown that none of the main theories concerning 'the feather's evolution overcomes the problem of no adaptive value of the very first stages of reptile scale enlargement and/or change in structure until a quite advanced state of the new structure as attained. The completely alternative interpretation is based on metabolism and its autonomy; i. e. the excretion of surplus nitrogen- and sulphur-containing compounds. The excretion of amino acids containing sulphur (methionin, cystein) via the feathers still works in the regular process of moulting where "good" feathers are shed. Feather-like structures, quite consequently, have been found now in other evolutionary lines of the dinosaurs recently. Primarily the evolution of feathers and feather-like structures made up of keratin had nothing to do with flight or insulation, obviously.

Thus the example of the bird feather exemplifies what has been stated for the general discrepancy between ecological and evolutionary theory:

The emergence of novelties has little to do with adaptation. It is added much later on as something like the , ripples on the surface' whereas the prime course of evolution may be characterized as an emanzipation from the environment towards more autonomy and independence in the organismic organization.

Literatur

Andrewartha, H. G. & L. C. Birch (1954): The distribution and abundance of animals. - Chicago & London: Univ. Chicago Press.
Bezzel, E. & R. Prinzinger (1990): Ornithologie. – Stuttgart: Ulmer.
Dawkins, R. (1978): Das egoistische Gen. – Berlin: Springer.
Elton, C. S. (1946): Competition and the structure of ecological communities. - J. Anim. Ecol. 15: 54 - 68.
Gould, S. J. (2002): The Structure of Evolutionary Theory. - Cambridge, Massachusetts: Belknap. Harvard Univ . Press.
Heilmann, G. (1926): The Origin of Birds. – London: Witherby.
Heschl, A. (1998): Das intelligente Genom. – Berlin: Springer.
Hutchinson, G. E. (1959): Hommage to Santa Rosalia or why are there so many kinds of species. - American Naturalist 93: 145 - 159.
Mayr, E. (1963): Artbegriff und Evolution. – Hamburg: Parey.
Lorenz, K. (1963): Das sogenannte Böse. – Wien: Borothra-Schoeler.

Ostrom, J. H. zit. in Feduccia, A. (1980): The Age of Birds. - Cambridge, Massachusetts: Harvard Univ. Press.
Peters, D. S. (1994): Die Entstehung der Vögel. Verändern die jüngsten Fossilfunde das Modell? – In: Gutmann, W. F., D. Mollenhauer und D. St. Peters (Hgb.): Morphologie & Evolution. Symposien zum 175jährigen Jubiläum der Senckenb. Naturforsch. Ges. 1994, Senckenberg-Buch 70, Seite 403-423
Prum, R. O. & A. H. Brush (2003): Zuerst kam die Feder. - Spektrum der Wissenschaft 10/2003:32 - 41.
Reichholf, J. H. (1992): Der schöpferische Impuls. Eine neue Sicht der Evolution. – Stuttgart: Deutsche Verlags-Anstalt.
Reichholf, J. H. (1996): Die Feder, die Mauser und der Ursprung der Vögel. Archaeopteryx 14: 27 - 38.
Storer, J. H. (1948): The Flight of birds. - Bloomfield Hills Michigan: Cranbrook Inst. Science,.
Sturkie, P. D. ed. (1986): Avian Physiology. – Berlin: Springer..
Welty, J. C. (1975): The Life of Birds. Philadelphia: Saunders.
Wieser, W. (1986): Bioenergetik. – Stuttgart: Thieme.

DIE ENERGONTHEORIE IN KURZFASSUNG
IHRE BEWEISFÜHRUNG UND IHRE PRAKTISCHE ANWENDUNG

Hans Hass

Einführung

Ausgangspunkt der Energontheorie ist die Tatsache, dass alle Lebewesen Eigenbewegungen ausführen und dass in ihren Körpern und Organen komplexe Prozesse stattfinden. Nach den in der Physik ermittelten Naturgesetzen sind jedoch keinerlei Bewegungen und Prozesse ohne „freie", arbeitsfähige Energie möglich. Woher nehmen also die so verschiedenen Arten von Pflanzen und Tieren die für ihre Lebensleistungen notwendigen Energiemengen? Da nach den Hauptsätzen der Thermodynamik Energie nicht aus Nichts erschaffen werden kann, müssen notwendigerweise sämtliche Lebewesen die für ihre Lebensleistungen erforderlichen Energiemengen aus Umweltquellen gewinnen. Dagegen ist offensichtlich kein Einwand möglich. Dies aber bedeutet zwingend, dass sämtliche Lebewesen, Einzeller wie auch Vielzeller, „energieerwerbende Systeme" sind. Wie auch immer sie gestaltet sein mögen: Sie müssen, um existieren und sich fortpflanzen zu können, im Durchschnitt positive Energiebilanzen erwirtschaften. Sie alle müssen durchschnittlich mehr für sie nutzbare Energie aus Umweltquellen gewinnen, als ihre gesamten Tätigkeiten an solcher verbrauchen.

Da es bis 1970, als ich die Energontheorie veröffentlichte, für „energieerwerbende Systeme" keine gemeinsame Bezeichnung gab, benannte ich sie „Energone". Diese Bezeichnung lehnt sich an die Bezeichnung der Elementarteilchen „Protonen", „Elektronen", und „Neutronen" unmittelbar an. In einfachster Fassung behauptet die Energontheorie, dass ebenso wie sämtliche Arten von Atomen aus Protonen, Elektronen und Neutronen aufgebaut sind, sämtliche das Leben selbständig fortsetzende Strukturen „Energone", also energieerwerbende Systeme sind.

Der Begriff des Energons

Der Begriff „Energon" ist relativ. Vermögen materielle Strukturen im Durchschnitt positive Energiebilanzen zu erzielen, dann sind sie als „Energone" zu bezeichnen. Vermögen sie dies in veränderten Umweltbedingungen nicht, dann hören sie auf Energone zu sein. Ein Beispiel: In geeigneter Umwelt ist etwa ein Reh ein sehr erfolgreiches Energon, das anzuwachsen und sich nach Erreichen einer bestimmten Größe fortzupflanzen vermag. Versetzt man jedoch ein Reh auf das Eis rings um den Nordpol (oder 50 Meter tief ins Meer), dann endet seine Lebensfähigkeit, dann ist diese stur kein Energon mehr. Seine Existenz erlischt. Das gilt im Prinzip auch für alle anderen Tier- und Pflanzenarten. Und es gilt ebenso auch für alle weiteren Energonarten, auf die wir anschließend zu sprechen kommen werden.

Während man in der Biologie alle aus Zellen bestehenden Strukturen als „Lebewesen" („Organismen) bezeichnet, fasst die Energontheorie sämtliche materiellen Gefüge, die einen sich steigenden Energiestrom fortzusetzen vermögen, als „Energone" zusamrnen. Die beiden Begriffe „Lebewesen" und „Energon" decken sich über weite Strecken der Evolution des Lebens. Ausnahmen sind jedoch jene Lebewesen, die „Artefakte" bilden, sieh also zusätzliche Organe schaffen. Sie steigern die Leistungsfähigkeit ihres Zellkörpers durch funktionserbringende Einheiten, welche nicht über Zelldifferenzierung zustandekommen, nicht mit dem Zellkörper fest verwachsen sind und auch nicht vom eigenen Genom gesteuert hergestellt sein müssen.

Erstes Beispiel: die Netzspinne. Sie ist mit dem von ihr erzeugten Netz nicht fest verwachsen, ja das Netz könnte ihr als Organ des Beutefanges gar nicht dienen, wenn es mit dem Körper fest verbunden wäre. Trotzdem ist es ein essentieller Bestandteil ihres Körpers. Zweites Beispiel: Der Ameisenlöwe (Myrmeleon): Er bildet eine ganz ähnliche Fangvorrichtung aus losem Sand. Es ist ein Trichter, in den vorbeilaufende Insekten hineinrutschen, wo der Ameisenlöwe sie am tiefsten Punkt empfängt und verschlingt. Diese Falle besteht zur Gänze aus anorganischem Material. Drittes Beispiel: die leeren Schneckenhäuser, welche dem Einsiedlerkrebs (Pagurus) als Schutzorgan seines Schwanzteils dienen. Dadurch wurde die Panzerung des Schwanzteils überflüssig und wurde im weiteren Evolutionsverlauf wieder rückgebildet. Im Sinne der Energontheorie sind diese Sehneckenhäuser ebenso „Organe" des Einsiedlerkrebses, wie sie es bei der Schnecke waren, obwohl er sie nicht selbst herstellte.

In der Biologie hat man diese zusätzlichen funktionellen Einheiten als bemerkenswerte Ausnahme eingestuft, hat sich aber mit der Frage, ob sie trotzdem als Organe einzustufen sind, nicht näher eingelassen. Sie kommen über angeborene Verhaltenssteuerungen zustande und sind eindeutig für den Selektionswert der betreffenden Arten wichtig. Aber zur Zellstruktur, die man zur Definition der „Lebewesen" verwendet, gehören sie offensichtlich nicht. Bei der großen Zahl von Kuriositäten des Lebens fielen sie nicht sonderlich ins Gewicht.

Energon und Mensch

Ein ganz krasser Unterschied zwischen den Begriffen „Lebewesen" und „Energon" tritt erst beim Menschen in Erscheinung, dessen geistige Leistungsfähigkeit so weit gediehen ist, dass er sich „Werkzeuge" anzufertigen und sie zielführend einzusetzen vermag sowie sich auch mit Artgenossen sprachlich zu verständigen lernte. Sämtliche Werkzeuge werden vom Menschen in subjektiver Bewertung, höchst verständlich, als etwas vom Menschen eindeutig Getrenntes und nicht zu diesem Gehörendes angesehen, bzw. empfunden. Vom Energonbegriff her stimmt dies jedoch eindeutig nicht. Sie verbessern unsere Lebensfähigkeit, machen uns den Tieren und Pflanzen überlegen: Sie sind also in diesem Sinne durchaus „Organe"! Ihr besonderer Vorteil liegt in ihrer Ablegbarkeit. Nach Aufrichtung des Körpers bei unseren Vorfahren wurden die Arme und Hände frei und letztere waren funktionell vorzüglich geeignet, solche Werkzeuge bei Gebrauch an unseren Zellkörper zu binden und zielführend einzusetzen. Die dazu nötigen Steuerungen wurden durch Lernvorgänge und „Üben" künstlich im Gehirn aufgebaut und wenn sie sich als Erfolg erwiesen, sprachlich und später auch schriftlich weitergegeben.

Bei allen Tieren, die Artefakte bilden oder sich von anderen Organismen gebildete Organe zu eigenen machen, entsteht dieses Verhalten über Veränderungen im Erbgut (über Mutationen und sexuelle Rekombination). Dieser, den übrigen Verbesserungen des Zellkörpers durchaus analoge, langsame Vorgang erlaubte es wohl nur in seltenen Einzelfällen, dass mehr als eine Bildung von zusätzlichen Einheiten zustande kam. Die gleichzeitige Bildung mehrerer zusätzlicher Organe störte sich wohl gegenseitig allzu sehr. Die Artefaktebildung und die Verwendung fremder Organe zeigte somit im Evolutionsgeschehen bereits einen weiteren möglichen Weg auf, zu vererbbaren Vorteilen zu gelangen. Doch erst als die Funktion der Neubildung von Organen vom Genom (einem Zellorgan) auf das vielzellige Gehirn des Menschen überging, wurde es möglich, dass mehrere Werkzeuge gleichzeitig gebildet und ohne sich gegenseitig zu stören, weiterentwickelt werden konnten.

Arbeitsteilung als Aspekt des Energons

In den Verbänden der Urmenschen kam es zu einer anwachsenden Arbeitsteilung: Einzelne Individuen spezialisierten sich auf die Herstellung benötigter Werkzeuge, was zu den Berufsformen „Handwerk" und zum „Handel" führte. Letzterer erfolgte zunächst über Tausch. Doch hier waren die Entwicklungsmöglichkeiten beschränkt, da nur im Ausnahmefall das Angebot mit dem Bedarf und den Wünschen des Tauschwilligen übereinstimmte. Bot einer eine Axt zum Tausch und der Tauschwillige hatte bloß Eier und Rüben zu bieten, dann stieß dieses „Geschäft" wohl auf Schwierigkeiten. Die Einführung des Geldes als Universalvermittler zwischen Angebot und Nachfrage beseitigte dann diese Problematik.

Bei Anwendung des Energonbegriffs ist der Mensch somit nicht „Ziel" der Evolution des Lebens, sondern das erste zu den Tieren gehörende Lebewesen, das die Leistungsfähigkeit seines Zellkörpers nahezu beliebig zu steigern vermag. Die Entfaltung dieser neuen Fähigkeit war jedoch keine plötzliche „Fulguration" im Sinne von Konrad Lorenz, sondern eine ungemein schwierige und langsame, die nach heutigem Forschungsstand nicht weniger als zwei bis vier Millionen Jahre in Anspruch nahm. Erst seit etwa 50.000 Jahren beschleunigte sich dann das Tempo des Fortschrittes erheblich. Unsere Fähigkeit, im Gehirn selbst Erfahrungen miteinander zu vergleichen, Schlussfolgerungen daraus zu ziehen und ich-bewusst Planbildungen zu versuchen, war dabei von besonderer Bedeutung.

Energon als Einheit der Evolution

So gesehen ist nicht der nackte menschliche Körper das der natürlichen Auslese Unterworfene, sondern eben dieser Körper plus aller zusätzlichen Einheiten. Dieser entsprechend erweiterte „Leistungskörper" des Menschen ist somit das den Körpern der Tiere und Pflanzen Vergleichbare. Wie aber soll man die zusätzlich gebildeten Einheiten bezeichnen? Funktionell betrachtet sind es zweifellos Organe, ganz ebenso wie das Herz, die Lunge oder die Augen, aber die Bezeichnung „Organ" ist kaum anwendbar, denn sie ist im Sprachgebrauch für die von Zellen gebildeten Einheiten reserviert. In meinen ersten Büchern bezeichnete ich diese Bildungen als „künstliche Organe", aber das führte immer wieder zu Missverständnissen. Also nenne ich sie nun, da ich durchaus nicht auf den so treffenden „Organ"-Begriff verzichten möchte, „zusätzliche Organe", was offenbar besser verstanden wird.

Das Wesentliche an diesen Organen ist, dass sie eindeutig dem Energon „berufstätiger Mensch" im Konkurrenzkampf Vorteile einbringen und ihm bei der Grundfunktion aller Lebewesen, der Erzielung positiver Energiebilanzen, helfen. Das Geld ist in organisierten Gemeinschaften ein perfekter Vermittler, der nahezu jede benötigte Leistung in jede andere konvertierbar macht. Beim Energieerwerb der Pflanzen ist das Sonnenlicht die Energiequelle welche durch den Vorgang der Photosynthese erschlossen wird. Beim Energieerwerb der Tiere sind die Gewebe anderer Lebewesen die Energiequelle, an die sie durch Fressen der Beute und deren Verdauung herankommen. Der Mensch gelangte durch seine geistige Umsicht zu einer dritten, wieder ganz anderen Form des Energieerwerbs. Dieser erfolgt indirekt über einen „doppelten Tauschvorgang". Im ersten wird über den „Verkauf" von Leistungen oder Produkten, die andere benötigen, Geld erworben. Und im zweiten wird dann mit diesem Geld von anderen Nahrung und damit die darin enthaltene Energiemenge gewonnen.

Geldwirtschaft

Bei dieser Form des Energieerwerbs ist der erste Tauschakt der schwierigere und wesentliche. Zweierlei ist dazu nötig. Erstens: Dienstleistungen oder Produkte anbieten zu können, die andere benötigen. Und zweitens: an einen Interessenten zu gelangen, der auch zu dessen Erwerb genügend Geld zur Verfügung hat. Der jeweilige Kaufpreis regelt sich dann weitgehend von selbst nach „Angebot und Nachfrage". Die Teilbarkeit des Geldes ist dabei besonders wichtig. Mit dem erworbenen Geld anschließend an Nahrung zu gelangen, ist in der Regel wesentlich einfacher. Bei normaler Wirtschaftssituation sind Anbieter schnell zur Stelle.

Ein weiterer Vorteil des Geldes ist, dass man mit diesem nicht nur Nahrung erwerben kann - sondern geradezu beliebig viele Dienste anderer, die den eigenen Wünschen entgegenkommen. Darauf konzentrierte sich das Interesse des Menschen, sobald seine notwendige Hauptfunktion, Energie zu erwerben, erreicht war

Es kam so in der Energonentwicklung zu einem völlig neuen Vorgang. Bisher war es selbstverständlich, dass alle gewonnenen Überschüsse in weitere Energonbildung investiert wurden. Nun werden sie auch für ganz andere Tätigkeiten verwendet, welche die Bilanzen erheblich belasten. Stört somit der Mensch auch das Gesamtgeschehen, das er so erfolgreich steigert? Keineswegs. Denn, um sich diese positiven Innenerlebnisse zu verschaffen, benötigt der Mensch Geld. Somit wurde diese Ausrichtung auf „Kultur" im weitesten Sinne zu einem besonders potenten Antrieb dafür, in Energonen tätig zu sein. Dass auch bei der neuen Form von Energieerwerb über doppelten Tausch die Erzielung positiver Bilanzen die Grundvoraussetzung für Bestehen und Weiterentwicklung ist, versteht sich von selbst.

Beim berufstätigen Menschen kommt als weiteres Novum hinzu, dass die Mechanik einer zwangsläufig „artgleichen Vermehrung" wegfällt. Wahrend ein Maikäfer immer nur Maikäfer und eine Tanne immer nur weitere Tannen hervorbringen kann, ist kein Berufstätiger gezwungen, die erworbenen Überschüsse in die Bildung weiterer gleichartiger Energone zu investieren. Er kann sie vielmehr auch zur Bildung ganz anderer Energone verwenden. Dies bedeutet einen weiteren großen Fortschritt in der Lebensentwicklung.

Höhere Integrationsstufen

Auch die Bildung noch größerer und mächtigerer Energone wurde jetzt möglich. Wir bezeichnen sie als „Wirtschaftsunternehmen" (oder „Betriebe"). Sie stellen Energone von noch höherer Integrationsstufe dar. Der berufstätige Mensch wird in ihrem entsprechend erweiterten Gefüge zum Funktionsträger und ist somit austauschbar. Sogar für den Unternehmensleiter oder Unternehmensbesitzer trifft das zu. Auch bei diesen Energonen erfolgt der Energieerwerb über „doppelten Tausch". Auch für sie ist die zu erschließende Energiequelle („Markt" genannt) ein gegebener Bedarf an spezialisierten Dienstleistungen oder benötigten Hilfsmitteln („Güter", „Waren", „Produktionsmittel"). Auch bei den Wirtschaftsunternehmen ist unabdingbare Lebensnotwendigkeit, dass sie entsprechende Geldgewinne erwirtschaften. Auch diese Gewinne müssen nicht unbedingt der Fortpflanzung, also der Bildung weiterer Energone zufließen. Je mehr sich die „Technik" des Menschen verbesserte, umso mehr steigerte sich die Kultur: Das Interesse an Lebensformen, welche die Entfaltungsmöglichkeiten steigern und Freude, Glück und Trieberfüllung einbrachten.

Die Wirtschaftsunternehmen sind von den Berufstätigen nicht immer klar zu trennen. Das zeigt sich etwa bei Unternehmen, die sich im Besitz einzelner Personen oder Familien befinden. Aber die Auswechselbarkeit der Menschen als Funktionsträger („Angestellte", „Arbeiter", „Führungskräfte" etc.) schafft doch eine recht klare Abgrenzung zu den Energonen, die unter der Bezeichnung „Berufstätige" einzustufen sind.

Noch größer sind die als „Staaten" bezeichneten Energone. Auch sie sind auf die Erzielung von durchschnittlich positiven Energiebilanzen angewiesen. Die Verflechtungen mit den übrigen Energonen sind hier noch weit mehr verwickelt, aber der Zusammenhang, dass nach physikalischen Grundgesetzen keinerlei Bewegung oder Prozess ohne entsprechenden Energieaufwand möglich ist, ist auch hier von entscheidender Bedeutung. Die Staaten stellen eine weitere Gruppe von Energonen dar, die den Wirtschaftsunternehmen (welche in der Regel Bestandteile von Staaten sind), als noch größere Einheiten angefügt werden. Ihre mögliche Lebensdauer erhöht sich noch mehr als bei den Wirtschaftsunternehmen.

Die Stufen der Hierarchie

In der Hierarchie der Energon-Entfaltung lassen sich somit drei Hauptgruppen unterscheiden. Erstens: die Einzeller (samt aller ihrer phylogenetischen Vorstufen bis zur „echten" kernhaltigen Einzelzelle). Zweitens: die Vielzeller, die allesamt jeweils aus einer Einzelzelle (der „Eizelle") hervorgehen. Drittens: die große Gruppe von Energonen, welche der vielzellige Mensch bildet. Ich gab diesen die gemeinsame Bezeichnung „Hyperzeller", weil sie nicht ausschließlich aus differenzierten Zellen gebildet sind, sondern auch „zusätzliche Organe" umfassen. Diese sind jedoch nicht mit dem Körper fest verwachsen, sondern ablegbar und austauschbar. Sie können unmittelbar aus anorganischem Material gebildet sein. Und sie können auch von anderen erworben werden.

Diese große Gruppe der Hyperzeller zerfällt in drei Untergruppen: die berufstätigen Menschen („Berufstätige"), die Wirtschaftsunternehmen („Betriebe") und die Staaten. Das bedeutet freilich eine ganz andere Beurteilung des Menschen und seiner Werke und erfordert ein gehöriges Umdenken.

Die Energonforschung geht der Frage nach, ob nicht sämtliche Energone noch über weitere vergleichbare Fähigkeiten verfügen müssen. Die Erzielung von durchschnittlich positiven Energiebilanzen ist für alle eine conditio sine qua non. Eine weitere für alle obligate Eigenschaft ist der Erwerb entsprechender Baustoffe zur Instandhaltung der Strukturen, für Wachstum und Fortpflanzung. Eine dritte umfasst entsprechende Steuerungen, um weitere Energonstruktur zu bilden. Dazu kommt noch die Fähigkeit sich gegen ungünstige oder feindliche Umwelteinwirkungen abzuschirmen, sowie die weitere, günstige und freundliche zu nutzen. Das ist gleichsam die „Außenfront" aller Energone.

Dazu kommt noch eine „Innenfront", deren einzelne Abschnitte ebenfalls klar definierbar sind: Alle funktionellen Einheiten, aus denen sich Energone zusammensetzen, müssen in irgendeiner Form aneinander gebunden sein. Manche Bewegungsabläufe müssen mit anderen koordiniert sein. Sämtliche Funktionsträger müssen aufeinander abgestimmt sein, dürfen einander nicht gegenseitig stören. Die Funktionsfähigkeit aller muss erhalten und nötigenfalls wieder hergestellt werden. Und für alle sind individuelle Verbesserungen oder solche für die weitere Energonentwicklung vorteilhaft.

Alle diese und weitere Verwandtschaften sind Beweise für das Energonkonzept im Rahmen der Lebensentfaltung.

Heute ist diese Entwicklung - die Evolution des Lebens - an einen kritischen Punkt angelangt. Der Planet Erde und seine Ressourcen werden zu Mein für diese Entwicklung. Die Hyperzeller, die vom Menschen gesteuert werden, sind den Einzellern und Vielzellern allzu sehr überlegen geworden. Sie drängen diese zurück, schädigen sie durch ihre Auswirkungen und untergraben so die eigene Lebensgrundlage.

Bibliographie

Eibl-Eibesfeldt I. (1964): Im Reich der tausend Atolle. – München: Piper.

Hass, H. (1968): Wir Menschen. Das Geheimnis unseres Verhaltens. Wien-Frankfurt-Zürich: Molden Verl.

Hass, H. (1970): Energon. Das verborgene Gemeinsame. - Wien-Frankfurt-Zürich: Molden Verl.

Hass, H. (1979): Wie der Fisch zum Menschen wurde. Die faszinierende Entwicklungsgeschichte unseres Körpers. – München: Bertelsmann.

Hass, H. (1988): Der Hai im Management. Instinkte steuern und kontrollieren. – München: Wirtschaftsver. Langen-Müller/Herbig.

Hass, H. (1994): Die Hyperzeller. Das neue Menschenbild der Evolution. – Hamburg: Carlsen.

Hass, H. & H. Lange-Prollius (1978): Die Schöpfung geht weiter. Station Mensch im Strom des Lebens. - Zürich: Seewald Verl.

Hass, L. (1970): Ein Mädchen auf dem Meeresgrund. - Wien: Verl. Carl Ueberreuter.

Jung, M. & A. Hantschk (1996): Rahmenbedingungen der Lebensentfaltung. Die Energontheorie des Hans Hass und ihre Stellung in den Wissenschaften. - Solingen: Verl. Natur und Wissenschaft.

Jung, M. (1994): Hans Hass. Ein Leben lang auf Expedition. – Stuttgart: Verl.Naglschmid.

Thie, P. (1953): Mit Hans Hass im Ägäischen Meer. Der Kapitän des Expeditionsschiffes erzählt.- Berlin-Dahlem: Leutz Verl. Wien-Frankfurt-Zürich: Molden Verl.

DIE NON-MAINSTREAMS IN DER MEDIZIN NEBEN DEM VIRCHOW´SCHEN PARADIGMA

Walter Feigl

Inhaltsverzeichnis

1. Rudolf Virchow, geschichtlich betrachtet	150
2. Die Fragestellungen	151
2.1 Welche medizinischen Pradigmen gibt es überhaupt?	151
2.2 Die Macht des Zellular-Pathologie-Paradigmas (ZPP)- mit folgenden Fragen:	151
2.3 Welche Non-mainstreams existierten/existieren neben dem ZPP?	152
2.4 Wirkt das ZPP heute noch/wieso – und/oder sind wir beim nächsten Paradigma?	152
3. Medizinische Paradigmen	152
3.1 "Vor"-"Pathologisch"	153
3.2 „Pathologisch"	154
3.2.2 Zellularpathologie	154
3.3 „Post"-pathologisch	155
4. Das Zellular-Pathologie-Paradigma (ZPP)	155
5. Welche (Non)-mainstreams waren/sind neben dem ZPP?	157
5.1 Klassiker	158
5.2 Unterdrückung der „humoralen" Pathologie Rokitanskys	158
5.3 Die Systemiker (Ricker, Eppinger, Letterer)	159
5.3.1 Gustav Ricker	159
5.3.2 Hans Eppinger	159
5.3.3 Erich Letterer	160
5.3.4 Zusammenfassung (der „Systemik")	160
Was haben wir von Ricker gelernt?	160
Was haben wir von Eppinger gelernt?	161
Und was haben wir von Letterer gelernt?	161
5.4 Konsequenzen für den Mainstream	161
5.4.1 Probleme der Virchowschen Lehre mit dem Entzündungs-begriff	161
5.4.2 Probleme der Virchowschen Lehre mit dem Tumorbegriff	162

5.5 Pischinger, Regulations-, Energie-Mediziner usw   163

6. Wieso wirkt das ZPP heute noch – und/oder sind wir beim nächsten Paradigma?
                                                          163
6.1 „Pathologischer Rückblick"   163
6.2 „Feld-osszillierender" Vorausblick   164

Literatur   165

1. Rudolf Virchow, geschichtlich betrachtet

Ein kurzer geschichtlicher Abriss aus dem Leben Rudolf Virchow (1821-1902) soll uns dem, was ich in diesem Aufsatz unter „Virchowschem Paradigma" verstehe, näher bringen (vorwiegend aus dem www):

Der am 13. Oktober 1821 im pommerschen Schievelbein (heute: Swidwin/Polen) als Kind des Fleischermeisters Carl Virchow und seiner Frau Johanna (geb. Hesse) geborene Rudolf Virchow wuchs in bescheidenen Verhältnissen auf. Daher studierte er (1839 – 1843) an der Berliner militärärztlichen Akademie, die begabte Studenten auf Staatskosten zu Heeresärzten ausbildete und erhielt 1843, nach der Promotion in Medizin, dort eine Assistentenstelle an der militärärztlichen Akademie. 1846 legt er dort das medizinische Staatsexamen ab und ist ab dem Zeitpunkt als Pathologe an der Akademie tätig. 1847 habilitiert er in Berlin, und gibt auch ab 1847 - bis 1852 gemeinsam mit dem Mediziner Benno Reinhardt (1819-1852) - das „Archiv für pathologische Anatomie und Physiologie" heraus (ab 1902: Virchows Archiv). Er untersucht 1848 im Auftrag der Regierung eine Typhusepidemie in Oberschlesien und fordert in seinem Bericht die „volle und unumschränkte Demokratie", ohne die es keinen Wohlstand und keine Gesundheit geben könne. Während der Märzrevolution kämpft er auf seiten der Demokraten in Berlin. In Berlin nimmt er im Oktober am Demokratischen Kongreß teil. 1848/49 gibt Virchow die Zeitschrift „Medicinische Reform" heraus. Er gebraucht hier erstmalig den Begriff „Volksgesundheit" und fordert eine „öffentliche Gesundheitspflege".

Aufgrund seines politischen Engagements verliert Virchow 1849 seine Stelle an der militärärztlichen Akademie, wenige Monate später erfolgt die Berufung auf den Lehrstuhl für Pathologie in Würzburg. Virchow hatte zuvor schriftlich versichert, sich nicht mehr radikal-politisch betätigen zu wollen. 1850 erfolgt die Heirat in Würzburg mit Rose Mayer, Tochter eines Geheimen Sanitätsrats; aus der Ehe gehen sechs Kinder hervor. Er untersucht 1852 im Auftrag der Württembergischen Regierung den gesundheitlichen Zustand der Bevölkerung der Elendsquartiere im Spessart. Virchow fordert wiederum Bildung, Wohlstand und Freiheit als Voraussetzung für eine Gesunderhaltung und Heilung der Betroffenen. 1854 beginnt er die Herausgabe des sechsbändigen „Handbuchs der speciellen Pathologie und Therapie", die er 1867 beendet. 1856 erfolgt die „Rück"-Berufung auf die für ihn geschaffene Professur an der Berliner Universität, den ersten Lehrstuhl für Pathologische Anatomie in Deutschland. Mit der Schrift „Die Cellularpathologie in ihrer Begründung auf physiologische und pathologische Gewebelehre" begründet Virchow 1858 eine neue naturwissenschaftliche Krankheitslehre. Nach dieser „Solidarlehre" können alle Krankheitszustände des Organismus auf krankhafte Veränderungen der Körperzellen zurückgeführt werden. Sie löst die jahrhundertealte „Humoralpathologie" ab, die Krankheit als eine Störung des Säftesystems, der Krasen (Blut, Schleim, Galle und Schwarzgalle) versteht.

1859-1902 ist er Mitglied der Berliner Stadtverordneten-Versammlung. Er setzt sich u.a. für den Bau von Krankenhäusern und für die Erhebung medizinischer Daten ein. 1862-1867 ist er Mitglied des Preußischen Abgeordnetenhauses für die Fortschrittspartei. Virchow fordert u.a. geringere Ausgaben für das Militär und den Ausbau der öffentlichen Sozialfürsorge. Auf seine Initiative erhält Berlin als eine der ersten europäischen Großstädte eine Kanalisation mit zentraler Wasserversorgung und -entsorgung. Dort fordert Bismarck nach einem besonders scharfen Rededuell Virchow zum Duell. Durch Vermittlung des Kriegsministers sieht Bismarck von seiner Forderung ab. 1870/71 ist Virchow im Deutsch-Französischen Krieg für die Organisation des Fronteinsatzes von Lazarettzügen zuständig. 1880-1893 ist er Mitglied des Deutschen Reichstags für die Fortschrittspartei, ab 1884 für die Freisinnige Partei. Er engagiert sich insbesondere für den Ausbau der staatlichen Gesundheitsfürsorge. 1886-1888 ist er an der Gründung des Ethnologischen Museums und des Völkerkundemuseums in Berlin mitbeteiligt. Am 5. September 1902 stirbt Rudolf Virchow in Berlin an den Folgen einer Schenkelhalsfraktur bei einem der ersten überlieferten Straßenbahnunfälle.

2. Die Fragestellungen

Folgende vier Fragenkomplexe möchte ich aus der Sicht des Pathologen diskutieren:

2.1 Welche medizinischen Pradigmen gibt es überhaupt?

Hier möchte ich einen Vergleich zwischen dem Virchow'schen Zellular-Pathologie-Paradigma (ZPP) und anderen medizinischen Paradigmen wie z. B. Harvey's Kreislauftheorie oder Morgagni's Makropathologie ziehen - also sozusagen eine kurze Abhandlung „Medizinische Paradigmen im Überblick" brignen Eine solche konnte ich in der Literatur bisher nicht finden.

2.2 Die Macht des Zellular-Pathologie-Paradigmas (ZPP)- mit folgenden Fragen:

Warum war (und ist) das ZPP so übermächtig? Oder, anders gesagt: Stimmt es, dass der Mediziner noch heute bei der täglichen Arbeit und bei der Forschung als Arbeitstheorie das ZPP im Kopf hat? Und: Wie stellt es sich heute – wissenschaftsgeschichtlich - vor dem Hintergrund der damaligen Zeit dar? Dies sollte ein Vergleich des eingangs gebrachten geschichtlichen Virchow-Teils mit den früheren Überlegungen unseres Arbeitskreises (Feigl 1987, Feigl/Bonet 1989, Feigl 1997 und Bonet 2000) bringen.

2.3 Welche Non-mainstreams existierten/existieren neben dem ZPP?

Dieses - als eigentliches Thema der vorliegenden Arbeit – betrifft natürlich Koch, den Intimfeind Virchows und die Entdeckung der Erreger diverser Infektionserkrankungen an erster Stelle! Daneben steht aber auch die Unterdrückung der „humoralen" Pathologie (sie wird als Ausläufer der Krasenlehre angesehen, als Stichworte dazu „nicht solid(ar)" – „nicht sichtbar" und „funktionell") Hierher gehören die Systemiker (Ricker, Eppinger, Letterer), das Ausgangsthema des vorliegenden Aufsatzes, sozusagen die Non-Mainstreamer im engeren Sinn. Und schließlich beginnt hier schon das Paradigma der Energie-Medizin (Kapitel 6)

2.4 Wirkt das ZPP heute noch/wieso – und/oder sind wir beim nächsten Paradigma?

Laut neuerer Literatur sind wir am Beginn des Paradigmas der kybernetisch-elektromagnetischen Feldoszillation (Hanzl), eben bei den Energie-Medizinern. Aber: Wir Ärzte denken noch immer histopathologisch – schließlich starben die letzten Makroskopiker erst Mitte bis Ende des 20JH aus....

3. Medizinische Paradigmen

Nach Kuhn vollzieht sich der Fortschritt in der Wissenschaft nicht durch kontinuierliche Veränderung sondern durch revolutionäre Wechsel. Derartige Wechsel nennt er Paradigmenwechsel, wobei mit dem Paradigma die jeweils gültigen Theorien und Arbeitsmethoden zu bestimmten Zeiten von bestimmten Wissenschaftlern gemeint sind. Sie haben mit Wirklichkeit und Wahrheit nichts zu tun. Alle wirklich bedeutenden Erkenntnisse und Entdeckungen sind bis dato nicht in jeweils gültige Paradigmen einzuordnen.

Ich habe diese Definition des Alternativmediziners Hanzl (1995) ausgewählt und an den Anfang gestellt, weil sie kurz - das wollen medizinische Leser - ist. Bevor wir aber mit einer Einordnung beginnen, möchte ich einige andere Begriffe Kuhn´s erwähnen. „Anomalien" sind nach seiner Definition Phänome, auf die der Forscher durch das Paradigma nicht vorbereitet ist, „normale Wissenschaft", das was z. B. der Forscher tätglich im Labor durchführt. „Inkommensurabilität" ist das Problem, dass in der Sprache eines neuen Paradigmas das vorhergehende Problem gar nicht definiert werden kann.

Eine vielleicht suffizientere, wenn auch nicht einfachere Definition gibt Kuhn zwölf Jahre nach dem Erscheinen seines Hauptwerkes der „Struktur wissenschaftlicher Revolutionen":

Darin beschreibt Kuhn das Paradigma etwa folgendermaßen: Ein Paradigma ist die Summe (des Gedankengutes) von Wissenschaftlern, die (das) als disziplinäre Matrix symbolische Verallgemeinerungen (SVA), Modelle und Musterbeispiele verwenden. Diese (Matrix) bezieht sich auf Einzeldisziplinen der Wissenschaft. Als SVA gelten allgemeine Zuordnungsregeln und Ziehung von Klassengrenzen, aber auch die Anwendung von Ähnlichkeitsregeln.

Betrachtet man „Virchow" unter diesen Voraussetzungen, so wird die Sache noch komplizierter, aber auf das ZPP lässt sich diese Ausführungen m. E. zumindest zum Teil anwenden. Für diesen Aufsatz habe ich in „vor"-pathologische, „pathologische" und „post"-pathologische Paradigmen unterteilt, wobei die Bezeichnung nur der Kürze und des Schlagworts wegen (für den Vortrag) gewählt wurde. Paradigmen sind per se natürlich nicht krankhaft.....

3.1 "Vor"-"Pathologisch"

Hier finden sich eine Reihe von wesentlichen Entdeckungen bzw. Wendepunkten, die mir – im Rahmen der Vortragsvorbereitung - eingefallen sind. Versuchen wir sie zu charakterisieren:

Empedokles v Agrigent, 504-433 v Chr (Krasenlehre)
Hippokrates v Kos, 460 –377 v Chr (Schulebildner)
Celsus, 24v –50 n Chr (Entzündung)
Galen, 130-201 (5.Kardinalsymptom)
Paracelsus, 1493 – 1541 („Neuzeit")
Vesal, 1514 –1564 (Anatomie)
Harvey, 1578 –1657 (Blutkreislauf) usw.

Schon während des Vortrags diskutierte ich, ob sie nicht zu Lebzeiten, oder zumindest für lange Zeit „non-mainstreamer" waren Warum wählte ich gerade sie aus?
Nun - Hippokrates gilt als Vater der westlichen Medizin, in seinen Schriften findet sich die Krasenlehre, als deren Begründer aber Empedokles gilt. Beide waren sie Angehörige der ionischen Ärzteschule, deren medizinisches Wissen die griechische Periode beherrschte. Ich möchte die Krasenlehre hier kurz, aber doch rekapitulieren, da sie für die weiteren Ausführungen wichtig ist. Genaueres findet sich bei Horn (2002).
Im Prinzip handelt es sich um (die) vier „Säfte" des Körpers: 1) Die schwarze Galle (das ist wohl jene, die wir als schwarz-grünes Bildungsprodukt der Leber verstehen, und die in der Gallenblase gespeichert wird). Sie wird in wechselnder Weise über den Stuhl ausgeschieden. 2) Zur gelben Galle (die nach „modernerer" Sicht, also der der letzten 100 Jahre, der Gallenflüssigkeit mit vermindertem Gallenfarbstoff entspricht) zählt wohl auch die gelbe Ausscheidungsflüssigkeit (Harn) des Körpers. 3) Schleim – hierher zählten die Alten wohl auch Schweiß und Sperma 4) Blut – der Begriff ist wohl eindeutig.
Gesund war ein Organismus in dem eine „Eukrasie", also eine harmonische Mischung dieser Flüssigkeiten vorherrschte, krank das Missverhältnis. Über Konsequen-

zen dieser für Pathologie-Verhältnisse völlig abstrusen Theorie wird noch zu sprechen sein.

Celsus gilt als Vater der Entzündung, deren vier Kardinalsymptome Tumor (Schwellung), Rubor (Rötung), Calor (Wärme) und Dolor (Schmerz) er bereits beschrieb. Galen, auf den die „galenische Medizin" (Pflanzenheilkunde) zurückgeht, fügte als Symptom fünf die Funktion laesa hinzu. Die Definition der Entzündung scheint mir aber einer paradigmatischen Wende – oder zumindest einem Teil einer Solchen zu entsprechen.

Paracelsus (eigentlich Theoprastus Bombastus von Hohenheim, der sich „para", also „neben" dem berühmten Celsus stellte) gilt uns als jener Arzt, der uns nahe legte, den Sinnen - und nicht den überlieferten Lehren - zu vertrauen. Vesal ist mit seinem "De humanis corpori fabrica" (Über die Gestalt des menschlichen Körpers) der Begründer der modernen lokalistischen Anatomie.

Harvey stellte ein komplett neues Paradigma des Blutkreislaufes auf – bis dahin glaubte man immerhin, das Blut dringe durch die Herzscheidewände...

3.2 „Pathologisch"

3.2.1 Pathologische Anatomie

Morgagni (1682 – 1771) gilt mit seinem 1761 erschienenen Werk „De sedibus et causis mormorum per anatomen indagatis» (Über Sitz und Ursache von Krankheiten, aufgefunden mit Hilfe der Anatomie), als Begründer der Pathologie. Er verglich als Erster systematisch klinische Befunde mit an der Leiche gefundenen Veränderungen, daher auch der Begriff der „pathologischen" Anatomie. Sein Werk bildete die Grundlage der lokalisierenden Organdiagnostik, was die „Organpathologie" begründet – zur damaligen Zeit revolutionär, heute auch als mechanistisch den „ganzheitlichen" Bestrebungen gegenübergestellt.

Letztlich vollzog Morgani im 18.Jahrhundert das, was im 16.Jahrhundert Vesal mit seinem „De humani corporis fabrica" im Bereich der „normalen" Anatomie bewirkte. Diese Richtung nennt sich auch „sogenannte" Solidarpathologie, eine Richtung die der schon erwähnten Humoralpathologie gegenübersteht. Es muß nicht erwähnt werden, dass es sich um reine Makropathologie handelt, also ein Betrachten (und Betasten) mit den naturgegebenen Sinnen, ohne Mikroskop. Das ist auch deswegen zu erwähnen, weil Malphigi (1628 - 1694) bereits ein Jahrhundert davor mikroskopische Befunde (Milz-, Nierenkörüerchen) beschrieben hat.!

3.2.2 Zellularpathologie

Dieses – wie in Abschnitt vier zu beschreiben sein wird - „Virchow´sches Paradigma" – ist seit 1858 in seiner Schrift „Die Cellularpathologie in ihrer Begründung auf physiologische und pathologische Gewebelehre" niedergelegt. Diese Richtung ist der letzte Ausläufer der "Solidar"-Pathologie, eben auf die Zellen, auf die Betrachtung durch das Mikroskop ausgedehnt (= das Zellularpathologie-Paradigma (ZPP))

Auch hier gibt es verschiedene Anschauungen, was ein „medizinisches Paradigma" betrifft. So bezeichnet der Geschichtsmediziner Schipperges eine Rede Virchows (um 1900) als Übergang in eine neue Zeit – als Paradimgenwechsel, wenn Virchow von der Einführung der „sozialen" Medizin spricht.

3.3 „Post"-pathologisch

Hierfür steht eben „das neue medizinische Paradigma", von dem so viel die Rede ist, von Günther S. Hanzl. Es wurde als Monographie 1995 mit dem gleichnamigen Titel im Karl F. Haug Verlag Heidelberg, der für seine Publikationen aus dem alternativmedizinsichen Sektor bekannt ist, publiziert. Wir werden am Schluß darauf zurückkommen

4. Das Zellular-Pathologie-Paradigma (ZPP)

Um die Macht des „wirklichen" Virchow'schen Paradigmas – des Paradigmas der Zellular/ Solidar-Pathologie, eben ZPPs zu erfassen, wollen wir also einen historischen Vergleich anstellen.

Wie stellen sich die Überlegungen, die in unserer Arbeitsgruppe seit 1986 auftauchen, vor dem Hintergrund der damaligen Zeit dar? Ich versuche nun einen Vergleich des eingangs gebrachten geschichtlichen Virchow-Teils (www) und anderer Virchow-Zitate (1858, 1859) mit den früheren Überlegungen unseres Arbeitskreises. In einer Arbeit im ersten Band unserer Reihe (Peter Lang 2000), von E. M. Bonet unter dem Titel „Gesundheit und Pathologie - Systemtheorie nach W. Feigl und R. Riedl" (die Gedanken wurden aber schon erstmals publiziert in Feigl 1987 und ausführlicher in Feigl & Bonet WMW 1989), liest man:

„Virchow hatte zu seiner Zeit den größten Einfluss auf die Medizin und seine Thesen gelten ungebrochen bis heute wegen des auch heute noch gültigen Paradigmas der Zellular-Pathologie. Auch schon zu Zeiten Virchows und davor hatte man in der Anatomie und Histologie Vorstellungen davon, wie die Organe aufgebaut sind, man kannte bereits das Nieren-Glomerulum. Schwann hatte Mitte der 30er-Jahre des 19. Jahrhunderts die nach ihm benannten Nerven-Scheidezellen entdeckt. Die Pathologen aber waren immer noch der Überzeugung, der Körper habe vier Säfte, die gelbe und schwarze Galle, etc. (Krasenlehre). Von einer Theorie der Pathologie war keine Rede.

Virchow war Schüler des genialen Physiologen Johannes Müller, der seinen Mitarbeitern die Anwendung des Mikroskops nahe legte. Danach war Virchow an der Charité in Berlin und hatte die Idee, auch pathologische Befunde, wie etwa eine pathologische Leber, Milz, etc. unter dem Mikroskop anzuschauen.

Innerhalb kurzer Zeit schrieb er dann sein Haupt- und Lebenswerk, das 1858 herauskam, die berühmte „Zellularpathologie", mit der er alle Krankheiten, die damals existierten, neu erklärte. Vordem war es beispielsweise nicht möglich, zwischen einem entzündlichen Tumor und einem Neoplastischen zu unterscheiden. Erst das Mikroskop zeigte, dass sich die Zellen vermehrten und ihre Gestalt änderten.

Auch wusste man nicht, was sich bei der Entzündung abspielt. Virchow aber sah, dass Zellen einwandern, Leukozyten, Lymphozyten etc., die für die Entzündung maßgeblich sind, und dass es zu einer Fibrose, also einer Faserbildung, folgt. All das war bis dahin in der Theorie der Medizin nicht vorhanden. Seit Ende des 19. und Anfang des zwanzigsten Jahrhunderts und bis heute, ist diese Theorie grundlegend für die Medizin."

Im Expose zu meiner Dissertation (W Feigl: Wissenschaftstheoretische Untersuchungen zur Krankheitslehre, 2004, in Vorbereitung) schrieb ich:

„Der Pathologe VIRCHOW hat als Schüler des genialen Physiologen MÜLLER die Bedeutung des Mikroskops in der Gewebsuntersuchung erkannt. Er hat die Untersuchungen, die bis dahin auf normales Gewebe (Mikroskopie) beschränkt waren, auf krankhaftes Gewebe (Histopathologie) ausgedehnt. Innerhalb kurzer Zeit verfasste er die „Zellularpathologie", die das medizinische Denken grundlegend reformierte. Dass diese Theorie auf Veränderungen in einzelnen Zellen bzw. auf deren summativem Prinzip (Zellen proliferieren, gehen zugrunde, etc) beruhte, fiel vorerst nicht auf. Erst als man für krankhafte Veränderungen mehr als ein einfaches kausales Prinzip bzw. emmergente Phänomene brauchte, kam es zu Problemen in der Medizintheorie. Die moderne Biomedizin ist gerade dabei, diese Problem zu lösen, eine klassische Wende entsprechend einem Kuhn'schen Paradigma ist jedoch noch nicht passiert. Es ist Aufgabe der vorliegenden Untersuchung, den state of the art zu beschreiben."

Was ich herauszustellen – besonders in den 90er Jahren, aber eigentlich seit 1989, bezw erstmals publiziert 1986 - versuchte, war, das in meinen Augen der grundlegende Paradigmenwechsel darin bestand, dass man eben seit Virchow jede krankhafte Veränderung (auch) unter dem Mikroskop betrachtet. Eigentlich hat es mich gewundert, dass dies vor mir noch niemanden „so" aufgefallen war. Für mich war das ein klar auf der Hand liegendes Faktum, geschichtswissenschaftliche Untersuchungen auf diesem Gebiet kannte ich jedoch damals noch nicht. Ein Text Virchows selbst (1958, 1959)bringt uns der Sache näher. Virchow unterschied zwischen der diagnostischen und wissenschaftlichen Bedeutung des Mikroskops. Letztere erschien ihm als Grundlagenforscher wichtiger:

"Denn man muß sich das klar machen, daß es außer der angewendeten (diagnostischen) eine wissenschaftliche Mikroskopie gibt, und daß diese letztere es ist, welche das Urteil endgültig bestimmen muß. In der Entwicklung der Medizin wird es am Ende darauf ankommen, ob das Mikroskop nur ein diagnostisches oder ein wirklich reformatorisches Mittel war."

Um mit dem Mikroskop die Medizin zu reformieren, muß man nach Virchow "mikroskopisch denken" lernen:

"Nur wenige sind soweit gekommen, daß sie wirklich mikroskopisch denken gelernt haben, und das ist es eben, was wir verlangen. Für die meisten, namentlich die älteren Ärzte ist es mit der Mikroskopie, wie mit einer fremden Sprache, wo man freilich fremde Wörter gebraucht, aber in der eigenen Sprache denkt. Es ist für sie etwas Fremdes, das sie nur gebrauchen ... zur Diagnose, ... als dem einzigen praktischen Gesichtspunkte."

Virchow war sich also des „histologischen Denkens" völlig bewusst. Dass wir heute die histologische Diagnostik in den Vordergrund stellen, liegt daran, dass – von Virchow selbst noch nicht entsprechend erkannt, aber wie sollte es auch - die Tumor- „Diagnostik" schlechthin die Domäne der Patho-Histologie ist....

Ein weiteres Detail fiel mir auch während der Vorbereitung zu diesem Vortrag auf: Das Faktum, dass wohl schon im 17. Jahrhundert das Mikroskop in der Untersuchung des menschlichen Gewebes eingesetzt wurde, jedoch ein Jahrhundert später – zu Morgani's Zeiten - in der Untersuchung pathologischer Vorgänge so gut wie keine Rolle spielte. Der Schlüssel scheint darin zu liegen, dass in den ersten Jahrzehnten des 19. Jahrhunderts ein Schub in der Verbesserung der Leistungsfähigkeit der Mikroskope lag:

Im Jahre 1814 verfertigte J. v. Fraunhofer seine ersten für das Mikroskop verwendbaren achromatischen Linsen. Achromate sind Linsensysteme, die zumindest eine Sammel- und eine Zerstreuungslinse besitzen. Sie dienen zur Vermeidung von Farbfehlern. Verbindet man das mit dem Faktum, das das Mikrotom (zum Anfertigen histologischer Schnitte) erst um 1830 in Frankreich aufkam (Purkinje in Deutschland beschrieb sein „Mikroskopische Quetsche" 1840) und die mikroskopische Färbung 1856 von J. Gerlach entdeckt wurde, so wundert es überhaupt, dass Malphigi bereits mehr als hundert Jahre zuvor seine Entdeckungen machen konnte. Für die Krankheitslehre war dann aber Virchow in den 50ern des 19. Jahrhunderts der „Mann mit der richtigen Methode zur richtigen Zeit" – oder geschlechtsneutraler, weniger maskulin „die richtige Person am richtigen Ort zur richtigen Zeit (eben bei Müller in der ersten Hälfte dieses Jahrhunderts)"

Noch ein weiteres Faktum scheint mir erwähnenswert: Dass Johannes Müller ein Universalgenie war, las ich meines Wissens erstmals bei Doerr (1984). Mir war allerdings damals nicht bewusst, das er in seinem Physiologischen Institut auch bereits Arbeiten über „pathologische Histologie" durchführte. Das würde Virchows Primat ein wenig mindern, nicht jedoch die 1958 erschienene „Cellularpathologie", die der Histopathologie denn Durchbruch veschaffte.

Auf Grund all dieser Überlegungen lässt sich nun aber einmal in erster Lesung wohl die Frage beantworten, warum das ZPP so übermächtig war und ist! Und warum es so ist, dass der Mediziner noch heute bei der täglichen Arbeit und bei der Forschung als Arbeitstheorie das ZPP – Virchows histologisches Denken (sic!) im Kopf hat!

5. Welche (Non)-mainstreams waren/sind neben dem ZPP?

Kommen wir zum eigentlichen Thema des Vortrags! Wir sind nun soweit, dass wir das Gegensatzpaaar mainstream/nonmainstream „auflösen" können und ich hätte hier einige Gruppen von wesentlichen Strömungen, bzw. Non-mainstreams anzubieten:

5.1 Klassiker

Eine der größten Entdeckungen für die Medizin mit Hilfe des Mikroskops im 19.Jahrhundert war wohl die Entdeckung der Mikroorganismen. Und es ist ein Treppenwitz, dass gerade Virchow diese Krankheitsursachen lange ablehnte. Pasteur (1822 –1895) entdeckte die Mikroorganismen und danach wurden die der einzelnen Krankheitserreger Stück für Stück identifizert. Speziell Koch (1843 –1910), gilt hier als einer der Ersten, der 1876 die Infektiosität des Milzbrandbakteriums und später die Tuberkulose als infektiös nachgewiesen hatte. Und er war es auch, der jahrzehntelang von Virchow aufs Ärgste bekämpft wurde.

Ich glaube dies steht – pars pro toto – für sämtliche anderen wichtigen Theorien der Medizin des 20. Jahrhunderts, die sich gegen das „histologische Denken im dogmatischen Sinn" durchsetzen musste. Und es geht, glaube ich bis zur Psychosomatik, der der Schulmediziner – wohl auch aus ähnlichen Gründen – lange Zeit nicht so recht über den Weg traute.

5.2 Unterdrückung der „humoralen" Pathologie Rokitanskys

Das Pathologie-Konzept eines der größten Gegenspieler Virchows war die Krasenlehre (siehe 3.1), die Karl v Rokitansky, der berühmte Wiener pathologische Anatom noch Mitte der 50er Jahre in seinem Lehrbuch vertritt. Als Stichwort gilt „Nicht Solid(ar)" – Pathologie. Sie wurde – nach einer vernichtenden Rezension des Rokitanskischen Lehrbuch in Virchows Zeitschrift - durch Rokitansky selbst in der zweiten Auflage praktisch ersatzlos gestrichen.

Damit wurde aber ein weiteres Kind mit dem Bade ausgegossen. Erstens hatte die Krasenlehre durchaus ihre positiven Seiten (siehe Horn 1999, 2001), da sie eine „funktionelle Lehre" war. Die ganze (moderne) Labormedizin mit der gesamten Blut-Chemie ist letztlich „Humoralpathologie" und sieht (in Wien) Rokitansky als ihren Urvater!

Und zweitens bekam ab diesem Zeitpunkt die Humoralpathologie einen „esoterischen" Touch – wer auch immer sich im 20.Jahrhundert sich auf sie berief, wurde sofort ins paramedizinsche Eck verstossen. Das ging eher in die Richtung, dass man (oft aus Unkenntnis) Humorallehre mit „nicht (im LM) sichtbare Pathologie" oder mit „funktionelle Pathologie ohne morphologische Veränderungen" verwechselte, oder als sogenannte „feinstoffliche"(!!) Veränderungen in der Pathologie bezeichnetete. Wieder ein Trugschluß, den schon von mein Lehrer Kucsko (siehe Kapitel 6.1) mit dem Satz Lügen strafte: „Natürlich haben wir bei jeder funktionellen auch morphologische Veränderungen, nur können wir sie (noch) nicht sehen!" ′ (Feigl, Zeitzeuge, Frühjahr 1976, Holznerseminar) Er berief sich dabei auf Veränderungen im Lichtmikroskop (Dystrophie), die man erst später mit Hilfe des Elektronenmikroskops verstehen konnte…

5.3 Die Systemiker (Ricker, Eppinger, Letterer)

Ich verwende hier einen (neuen) Begriff für drei von mehreren Schulen, die zwei Dinge gemeinsam haben, nämlich 1) „Systemtheoretische" Lehren und 2) eine fehlende Anerkennung durch die Schulmedizin. Ich würde sie hier als „paradigmatische" NON-MAINSTREAMer bezeichnen. Es handelt sich um denn deutschen Pathologen der Zwischenkrigszeit Gustav Ricker, den Grazer Internisten Hans Eppinger, und den Pathologen der der Nchkriegszeit und frühen 60er Jahre Erich Letterer.

5.3.1 Gustav Ricker

Ein Blick in die Magdeburger Geschichte zeigt das Wirken von Professor Gustav Ricker (1870 – 1948): Er war von 1906 bis 1933 Direktor der Pathologischen Anstalt Magdeburg. Nach den Zerstörungen im Zweiten Weltkrieg, denen zwei Gebäude und sechs Baracken vollständig und drei Gebäude teilweise zum Opfer fielen, begann 1945 der Wiederaufbau der Sudenburger Krankenanstalten. In Würdigung seiner Verdienste erhielt 1948 das Sudenburger Krankenhaus seinen Namen.

Seine Entdeckung war die Rickersche Relationspathologie – wie vieles heute längst vergessen! Danach steht jedes Krankheitsgeschehen in enger Beziehung zum Nervensystem, indem periphere Reize intensitätsabhängig Veränderungen an der Endstrombahn bewirken, woraus über den örtlichen Kreislauf im angrenzenden Gewebe weitere krankhafte Abläufe resultieren. Diese Veränderungen laufen nach dem ebenfalls nach ihm benannten Rickerschen Stufengesetz (engl.: vascular reactivity law) ab.

Ricker legte sein Wissen in der längst vergriffenen Monographie Pathologie als Naturwissenschaft: Relationspathologie (fuer Pathologen, Physiologen, Mediziner und Biologen. Berlin : Springer Wien 1924) nieder.

Er kommt aber wieder in Mode! In einer Diplomarbeit von Bettina Berger über „Krankheit als Konstruktion" lesen wir: Der Pschyrembel der Naturheilkunde stellt das Rickersche Stufengesetz als nur noch von historischer Bedeutung dar. Büngeler räumt der Rickerschen Relationspathologie allerdings 1960 eine ganz andere Position ein. Büngeler beschreibt, die 1924 veröffentlichte Schrift Rickers „Pathologie als Naturwissenschaft", geradezu als eine Revolution des von Virchow aufgerichtete Lehrgebäude der Zellularpathologie. Ricker trennt sich vom Primat der Zelle (sic!), der er die innervierte, also auf dem Nervenweg gesteuerte Blutstrombahn überordnet. Zelluläre Veränderungen sind demnach nicht primäre Zellentartungen, sondern Folgen von Relationsstörungen zwischen Blutstrombahn und davon abhängigen Zellen.

5.3.2 Hans Eppinger

Daten: Hans Eppinger jun., * 5. 1. 1879 Prag, † 26. 9. 1946 Wien, Internist; Sohn von Hans Eppinger sen., Pathologe in Graz; Univ.-Prof. in Freiburg i. Br., Köln und Wien.

Sein Lebenswerk galt der Erforschung von Leberkrankheiten und Kreislaufstörungen, er organisierte die I. Medizin. Univ.-Klinik in Wien und schuf die Permeabilitätspathologie. Diese wurde – zu Unrecht – wie sein zweites „wissenschaftliches Kind", die seröse Entzündung der Leber – diese zu Recht, da sie durch die infektiöse Genese der Virushepatitis obsolet geworden war – vergessen. 1936 wurde er anlässlich einer Erkrankung J. Stalins nach Moskau berufen und war nach 1945, obwohl seiner Stellung als Vorstand der Klinik enthoben, Vertrauensarzt des sowjet. Oberkommandos. Auf Grund seiner Verstrickungen in KZ-Experimente und deren Konsequenzen - einer etwaigen Verurteilung – erschoß sich Eppinger etwas mehr als ein Jahr nach Kriegsende. Seine bedeutendsten Werke waren Versagen des Kreislaufs (1927), Seröse Entzündung (1936), und Leberpathologie (1937), in der er die „Betriebsgemeinschaft der Zellen in der Leber" kreierte (siehe unten)

5.3.3 Erich Letterer

Der Name des Pathologen Letterer (1895–1982), ist in die Medizingeschichte durch das **Abt-Letterer-Siwe Syndrom** eingegangen. Es dies eine sehr seltene maligne, tumoröse Systemerkrankung aus dem Formenkreis der „Histiozytosen" im Säuglings- u. Kleinkindalter. Die Erkrankung wurde schon in der ersten Hälfte des vorigen Jarhunderts vom amerikanischen Pädiater Abt, eben von Letrerer und vom schwedischen Kinderarzt Siwe als „Säuglingsreticulose" beschrieben. Die Klärung der Herkunft der Mutterzellen dieses systemischen Tumors - ob retikuläre Zellen des Körperabwehrsystems oder sogenannte Histiozyten, einer Art Bindegewebs-Stammzellen - ist allerdings erst in den letzten Jahrzehnten gelungen.

Daneben ist Letterer mir noch ein Begriff als ein Nestor der Pathologie – er verfasste (mit anderen) im Handbuch der Allgemeinen Pathologie die sogenannten „Prolegomena einer Allgemeinen Pathologie" - und war selbst mit den Pathologie-Ikonen Büchner und Roullet Herausgeber des vielbändigen, nie vollendeten Handbuchs der „Allgemeinen"...

Und Drittens – er verfasste ein längst vergriffenes Lehrbuch (Allgemeine Pathologie 1959). Liest man dieses, so staunt man, welche Weitsicht Letterer damals schon hatte. Zischka, ein längst emeritierter Wiener Pathologieprofessor und Primararzt erzählte mir einmal, Letterer habe ihm gegenüber erwähnt, er wundere sich, wie oft er seine Ideen ohne Nennung seines Namens immer wieder in anderen Schriften finde......

5.3.4 Zusammenfassung (der „Systemik")

Was haben wir von Ricker gelernt?

Das „Einandern" (ein sondererbarer Wort-Neologismus) – er war der erste, der das Miteinander verschiedener Zellen in der Pathologie betonte ! Der Begriff Funktions-Einheit der Zellen stammt von ihm. Die „Mathematisierung" durch das Stufengesetz, und dass er die Entzündung abschaffen wollte, weil sie Teleologie enthalte, war wohl etwas zu weitgehend...

Was haben wir von Eppinger gelernt?

Die sogenannte Betriebsgemeinschaft der Leber, ein systemisches Modell – Leberzelle, Kupffersche Sternzelle und Kapillare bilden eine Einheit.

Und was haben wir von Letterer gelernt?

In seinem genialen (längst vergriffenen) Lehrbuch verwendet er den Begriff „causale Teleologie" der Entzündung, den Begriff der Funktionsgemeinschaft der Zellen und vieles mehr..

Wenn wir uns nun fragen, ob diese drei Personen – oder weitere ähnliche, sie waren sicher nicht allein – zu einem Paradigmenwechsel geführt haben, so kann ich nur sagen – nein!

In den 80er Jahren des letzten Jahrhunderts habe ich versucht, die Systemtheorie in der Medizin zu etablieren. Über zehn Jahre (1986-98) existierte eine Ringvorlesung. Unser Kreis existiert nicht mehr, aber dass Entzündung ein systemisch-kybernetischer Begriff (früher sagte man dazu „teleologisch") ist oder dass Tumorautonomie auf kompliziert rückgekoppelte Ursache-Wirkung-Beziehungen der Onco- und Supresorgene beruht, lernt heute schon der Medizinstudent...

Das Gedankengut ist - sozusagen subcutan, langsam - in das medizinsche Wissen eingedrungen, ohne grossen Wechsel war das geschehen......

5.4 Konsequenzen für den Mainstream

Nun möchte ich nocheinmal - summierend aus früheren Arbeiten - die beiden Hauptpunkte, die beiden Krankheitsbegriffe, für die all medizinsichen Überlegungen von Bedeutung, sind rekapitulieren:

5.4.1 Probleme der Virchowschen Lehre mit dem Entzündungsbegriff

(Die Überlegungen finden sich zum Großteil bereits in meinem ersten Vortrag 1998 vor der Gesellschaft für organismisch-systemsiche Forschung und Theorie, transskripiert im schon erwähnten Bonet-opus im Band eins dieser Schiftenreihe (2000) unter „Der Begriff der Entzündung aus systemtheoretischer Sicht")

Mitte der 70er-Jahre findet man im damals für Wiener Medizinstudenten maßgeblichen Lehrbuch Holzners: „Entzündung ist eineReaktion auf einen Reiz. Wenn dieser eine bestimmte Größe erreicht, kommt es zu einer Strukturnekrose." Dieser Satz geisterte nicht nur durch die Lehrbücher von Holzner, sondern war in irgendeiner Form auch in allen anderen Lehrbüchern. Aber das passt sogar für banale Entzündungen nicht. Denkt man z.B. an den Schnupfen, die Absonderung eines entzündlichen Exsudats aus der Nase. Eine Nekrose aber ist ein schwerer Zelltod, und wenn ein Schnupfen auftritt, müssen dabei Gott sei Dank keine Strukturnekrosen auftreten

Ein anderes Lehrbuch, der schwedische Ipals, schreibt: „Die Definition der Entzündung ist schwierig. Einige Lehrbücher definieren sie als die Antwort des Organismus auf einen Reiz.Das ist eine Tautologie, weil gewöhnlich etwas als Reiz definiert wird, das eine Reaktion des Organismus hervorruft........"

Im Lehrbuch von Büchner steht: „So alt die Abgrenzung entzündlicher Prozesse und Herdbildungen in der Medizin ist, so schwierig wurde es im Laufe der Zeit, insbesondere für die morphologische Pathologie, eine klare Abgrenzung entzündlicher Phänomene gegenüber anderen Erscheinungen der Pathologie vorzunehmen. Einige neuere Pathologen - wie Aschoff und Ricker - neigen dazu, den Entzündungsbegriff aufzugeben."

Noch in den 80er-Jahren wusste ich auch keine bessere Definition als „Reaktion auf einen Reiz", bis mir damals in einer Vorlesung, die ich gemeinsam mit Prof. Locker, der lange Zeit im medizinisch-biologischen Bereich tätig war, gehalten habe, sagte: „Entzündung ist eine Partialgesamtheit, die so lange aufrecht erhalten bleibt, bis der Entzündungsreiz beseitigt ist." Ich würde sagen, das ist Sytemtheorie pur !

Und in „modernen Lehrbüchern" ? Man findet im letzten Wiener Pathologie-Lehrbuch Bankl-Radaszkiewicz-Bankl (1995): "Entzündung ist Reaktion auf Alteration. Zweck der Entzündung ist Beseitigung des ursächlichen Entzündungreizes......" Und im modernsten deutschsprachigen Lehrbuch Böcker-Denk-Heitz (1999) „Entzündung ist ein intravitaler, örtliche begrenzter Abwehrprozeß auf eine Gewebsschädigung....." Wie eben gesagt – das „Verständnisproblem" hat sich von selbst gelöst...

5.4.2 Probleme der Virchowschen Lehre mit dem Tumorbegriff

(Auch diese Überlegungen finden sich in meinem ersten Vortrag 1998 unserer Gesellschaft, transskripiert von E. M. Bonet (2000) in dem Kapitel „Anwendung der Systemtheorie auf die Tumorgenese")

Ein größeres Problem war Mitte der 80er-Jahre die Frage: Was ist ein Tumor? Bzw. einem Studenten zu erklären, was ein autonomer Tumor wäre. Ein maligner Tumor, wie wir alle wissen, unterscheidet sich von anderen Tumoren dadurch, dass er malign transformiert wird. Die Zellen haben einen veränderten Kern, weniger Zytoplasma, das Chromatin wird mehr. So weit ist das noch einfach. Aber was ist ein gutartiger, benigner Tumor? Was unterscheidet ihn von der sogenannten Hyperplasie (Vermehrung gleichartiger Zellen)?

Die Antwort lautet: Nur die sog. „Tumor-Autonomie". Was aber heißt „Autonomie" für ein Gebilde, das sich im Körper entwickelt?

Um das zu begreifen, habe ich ein wenig über Systemtheorie lernen müssen. Vor allem, dass Systeme mehr als ihre Einzelteile sind. Was im Übergang von der Hyperplasie zum benignen Tumor verlorengeht, ist die Struktur, oder besser die Strukturinformation;

mit dem Verlust des geregelten Wachstums, der Steuerbarkeit. Letztendlich ist das der Grund für die Autonomie.

Dies lässt sich noch weiter entwickeln: Wirkt der Reiz weiter, greift dieser Vorgang auf das Zellinnere über, so kommt es im Inneren der Zelle zu Veränderungen, zu Mutationen. Sobald die Zelle selbst ihre Form verändert, löst sie sich aus dem Einzelverband, es kommt einerseits zur Metastasierung, anderseits zur Zellveränderung, zur Polyploidie; zu all jenen Veränderungen, die typisch sind für einen malignen Tumor.

1987 habe ich Kontakt mit der Arbeitsgruppe um Prof. Riedl aufgenommen, und gemeinsam mit Elfriede Bonet versucht, diese Überlegungen mit Hilfe dessen Theorie zu erklären (Näheres im Artikel „Die Ordnung des Lebendigen" von R. Riedl im Band „Systemtheorie in der Medizin"). Nimmt man nun das sog. Riedlsche" Schichtenmodell" als Basis, ergibt sich, dass es zu wenig ist, nur eine Ursache zur Erklärung der Phänomene der Welt anzunehmen. Neben der „Wirk-Ursache" ist ebenso eine „Material-Ursache", eine „Form-Ursache" und eine „Zweck-Ursache" anzunehmen.

Wenn auch diese Überlegungen durch die moderne Genetik etwas überholt sind, seit man Supressor-Gene, Oncogene etc. kennt, haben diese Vorstellungen aber zum Verständnis der Pathologie mir und Hunderten von Pathologiestudenten allemal geholfen.....

5.5 Pischinger, Regulations-, Energie-Mediziner usw

Dieser Punkt soll im folgenden Kapitel 6.2 aufgerollt werden:

6. Wieso wirkt das ZPP heute noch – und/oder sind wir beim nächsten Paradigma?

Der Schluß dieses Aufsatzes knüpft am Beginn an: Laut neuerer Literatur sind wir am Beginn des Paradigmas der kybernetisch-elektro-magnetischen Feldoszillation Ich habe das Buch , aus dem dieser Zungenbrecher stammt, und das ein gewisser Hanzl im Jahre 1995 verfaßt hat (Das neue medizinsche Paradigma), aus zwei Gründen in den Vordergrund gestllt. Erstens gilt es als eine Art Kultbuch der 90er Jahre in alternativkomplementär-medizinsichen Kreisen. Und zweitens hat es als Titel den wissenschaftstheoretischen Begriff des Paradigmas – es nimmt also für sich in Anspruch, diesen – für uns wichtigen Punkt zu behandeln.

6.1 „Pathologischer Rückblick"

Hier möchte ich aber noch kurz, was Pathologie und Paradigmen betrifft, einen Rückblick in eigener Sache machen und auf den schon erwähnten Pathologen Kuzsko (1910 – 1976) zurückkommen:

In den 60er und Anfang der 70er Jahre, als ich mit der Ausbildung im Fach Pathologie begann, war die Welt der Kommunikation zwischen Kliniker und Pathologen so, dass bei jedem wichtigen Todesfall die behandelnden Ärzte bis hinauf zum Klinikchef zur

Obuktion kamen – und mit dem Obduzenten bezwiehungsweise dem Seziersaalchef die Makroskopie diskutierten.

Ich erinnere mich da besonders beider medizinischer Kliniken für Interne, der Chefs weiland Deutsch und Fellinger, wenn sie persönlich nicht konnten, zumindest den für die Station verantwortlichen Professor entsandten, der als Gesprächspartner aber eben auch den Seziersaalchef verlangte. Dies war in der Nachfolge Chiari der (letzte) Leiter des Seziersaaldepartments Kucsko. Makroskopisch – denn maximal hatte man einen wenig aussagekräftigen Gefrierschnitt, noch dazu von Leichenmaterial – wurde der Fall geklärt. Und ich muß sagen, häufig exzellent.

Mit der Übernahme der Pathologie durch den neuen Chef Holzner (1969), änderte sich dies binnen weniger Jahre. Kuczko (1976 verstorben) war nicht mehr, die klinische Arbeit nahm zu, viele Fälle – und zumeist die Interessanten – mussten sowieso erst histologisch abgeklärt werden, was Wochen dauerte. Binnen weniger Jahre war die „pathologische Makroskopie" abgewertet, in den 80er Jahren fraß die Histopathologie die Institute auf (ein Ausdruck, der in den Lebenserinnerungen des Pathologen Hamperls auftaucht) und war die Histologie die (einzige) Methode. Holzner war eher ein Histopathologe – und dies wirkte sich in der Klärung der Todesfälle wie auch in der Lehre aus, die nun mit einer Überfälle von histologischen Details beladen wurde.

Die (zumindest) Wiener Medizinstudenten waren somit ab Mitte der 70er – fast ausschließlich - mit dem histopathologischen Paradigma aufgewachsen. Um der Wahrheit gerecht zu werden – Holzer hatte dies als die „amerikanische" Methode mitgebracht – wir haben uns also nur einem anderem Denken angeschlossen. Allerdings – und das wurde nicht bedacht, die USA-Ausbildung beginnt anders, eine Änderung der Pathologie hätte auch eine Reform des übrigen Studiums mit sich ziehen sollen....

Seit damals, und eben in den 80er und 90er Jahren, in denen ich in Routine, Lehre und Forschung in der Pathologie tätig war, war das so! Dies meine ich damit, wenn ich sage, wir Ärzte denken noch immer histopathologisch........

6.2 „Feld-osszillierender" Vorausblick

Machen wir also abschließend einen Blick auf die „neuen" Mediziner, die ich ganz gerne unter „Energie-Mediziner" subsummiere. Es sind die Nachfolger des Heroen der Alternativmedizin Pischinger (unter der Leaderschaft des alternativen Biologen Heine), die sogenannten Regulationsmediziner (Übersicht bei deren Ikone Otto Bergsmann) und viele andere mehr – nicht zuletzt die so modernen „Energie-Mediziner" , die mit ihren Magnetmatten bis in die Tagespresse gekommen sind.

Aus einem Internet-Buchladen, indem sich an prominenter Stelle auch Hanzl befindet, finden sich folgende Titeln, die ich in meinen Vortrag an die Wand geworfen habe und die ich gerne kommentieren möchte:

Die Homöopathie – eine klassische Alternativ-Dsiziplin - von ihrem verstorbenen Wiener Doyen M. Dorcsi findet man hier, gefolgt von „Biophysikalischer Therapie" der Allergien von einem Peter Schumacher, und weiter gefolgt von „Allergien und

Schwingung", als neue Hoffnung für Allergiker vom Dr. med. Jürgen Hennecke im Astro-Spiegel-Verlag.

Ein weiterer Papst der neuen Heilkunde, Ulrich Warnke schreibt ein Opus über „Der Mensch und die 3. Kraft: Elektromagnetische Wechselwirkung/ Zwischen Stress und Therapie". Und Rupert Sheldrake mit seinen eingewickelten Wirklichkeiten darf mit „Das Gedächtnis der Natur" nicht fehlen.

Auf der gleichen Internetseite wird die „Zeitschrift Regulationsmedizin" angepriesen, in der wieder U. Warnke über „Quantenphilosophie und traditionelle Energetik" schreibt, und nochmals Günther S. Hanzl über den Umgang mit potenzierten Organpräparaten (auch ein Homöopathiekonzept – praktisch Null Wirkstoff, hohe Wirkung!)

Problematisch beginnt es zu werden, wenn Krebsbehandlung (nur) „alternativ" behandelt wird, worauf dann Titel wie „Die Medizinische System- und Regulationsdiagnostik EAV bei neoplastischen Erkrankungen" wieder von Günther S. Hanzl oder „Von der EAV bei Tumortherapie zur Elektro Karzinom-Therapie" von einem Herrn B. Weber in der nämlichen Zeitschrift angeboten werden.

Was will ich mit dieser kurzen Auflistung andeuten?

Die Frage, ob die moderne Medizin heut ein neues Paradigma hat, möchte ich vorsichtig mit „eher nein" beantworten! Gefährlich wäre, wenn sich (schon/oder - wieder) "nichtstoffliche" Energie-/und oder „Funktions"-Konzepte durchgesetzt hätten, die ohne naturwissenschaftliche Erklärung (was ich an anderer Stelle defineirt habe) sind! Und die sogenannte kybernetisch-elektromagnetischen Feldoszillation (Hanzl) ist – liest man Hanzls Buch genauer (die Meisten tun es nicht, weil ihnen vor Kapiteln wie Chaos- oder Attraktor-Theorie graut) – nicht das Gelbe vom Ei! Natürlich oszilliert jede lebendige Struktur – ob Zelle oder Interzellularraum! Und kybernetisch (rückkoppelnd) sind sie auch, die organismischen Strukturen – das wissen wir schon seit Bertalanffy....

Der Ordinarius für Biophysik der Wiener Medizinischen Uni Prof. Bergman meinte einmal in einem Gespräch, überall wo „Energie" als Erklärungskonzept verwendet, aber nicht ordentlich definiert wird, wird die Sache problematisch. Oszillierende Feld-Energie – das ist es ja gerade, was man ins Treffen schickt, wenn naturwissenschaftliche (histopathologische) Konzepte nicht mehr ausreichen.

Aber vielleicht liegt es daran, das ich selber gelernter Pathologe bin, der – wie Virchow bereits – nur glaubt, was er sehen kann. Damit möchte ich schließen, ein anderer Vortrag des heutigen Tages von Prof. Dr mult A.Stacher wird sich aber mit den guten (und fraglichen) Seiten dieser Richtungen näher beschäftigen.

Literatur

Bankl, H., & T. Radaszkiewicz (1996): Klinische Pathologie. Band 1. Prinzipien der morphologischen Pathologie. - Wien / München / Bern: Verlag Maudrich.

Berger, B. (2002): Krankheit als Konstruktion. Diplomarbeit 2002 www.

Böcker, G., Denk H., Heitz .P (1997): Pathologie. - München / Wien /Baltimore: Urban & Schwarzenberg-Verlag.
Bonet, E. M. (2001): Systemtheorie nach W. Feigl und R. Riedl. In: Edlinger K., W. Feigl & G. Fleck (Hrsg): Systemtheoretische Perspektiven. - Frankfurt a. M. / Berlin / Bern / Bruxelles / New York / Wien: Peter Lang Verlag.
Büchner, F. (1959) Allgemeine Pathologie. - München / Berlin: Urban & Schwarzenberg-Verlag.
Claus, J. C. (1985): Medizingeschichte. - Wiesbaden: Verlag Medical Tribune.
Doerr, W. (1985): Konturen der Pathogenese aus der Sicht des Allgemeinpathologen. - In Schipperges, H. (Hrsg): Pathogenese. Grundzüge und Perspektiven einer Theoretischen Pathologie. Festschrift zum 70.Geburtstag von Wilhelm Doerr. p 160 –170. Berlin Heidelberg New York Tokyo: Springer-Verlag.
Feigl, W. (1987): Systempathologie – Anwendung der Systemtheorie in der Krankheitslehre. Ärztliche Praxis und Psychotherapie 9 (6) 5-10.
Feigl, W. Bonet E. M. (1989): Systemtheorie in der Medizin. - Wiener Medizinische Wochenschrift 139 (5), 87 –91.
Feigl, W. (1997): Medizinische Systemlehre – Systemtheorie in der Pathologie. Zehn Jahre Vorlesung an der Wiener Medizinischen Fakultät. - In: Feigl, W., E.M Bonet & D. Zabransky (Hrsg): Systemtheorie in der Medizin. Theoretische Grundlagen für die Ganzheitsmedizin. – Wien: Verlag Facultas.
Hanzl, G.S. (1995): Das neue medizinische Paradigma - Theorie und Praxis eines erweiterten wissenschaftlichen Konzeptes. – Heidelberg: Verlag Haug.
Heine, H. (1997): Lehrbuch der biologischen Medizin. - Stuttgart: Hippokrates-Verlag (erste Auflage 1991).
Horn, S. (2000): Examiniert und Approbiert. Die Wiener medizinische Fakultät und nicht-akademische Heilkundige in Spätmittelalter und früher Neuzeit. - Dissertation, Universität Wien.
Horn, S. (2001): Des Probstes heilkundlicher Schatz. Beiträge zur Kirchengeschichte Niederösterreichs 9. - St.Pölten: Diözesanarchiv.
Kuhn, T (1967): Die Struktur wissenschaftlicher Revolutionen. - Frankfurt a. M.: Suhrkamp-Verlag dt Taschenbuchausgabe, 1976 (Engl. Originalausgabe 1962)
Kuhn T. (1977): Die Entstehung des Neuen. Studien zur Struktur der Wissenschaftsgeschichte (Hrsg Krüger L) – Frankfurt a. M.: Suhrkamp.
Letterer, E. (1959): Allgemeine Pathologie. Grundlagen und Probleme. - Stuttgart: Thieme-Verlag.
Pischinger, A. (1975): Das System der Grundregulationen. - Heidelberg: Haug-Verlag
Ricker, G. (1924): Pathologie als Naturwissenschaft: Relationspathologie; fuer Pathologen, Physiologen, Mediziner und Biologen. - Berlin / Wien: Springer.
Virchow, R. (1971): Drei Reden über das Leben und Kranksein (1858, 1859, 1859) - München: Kindlerverlag.
Wußing, H. (Hrsg.) (1983): Geschichte der Naturwissenschaften. - Köln: Aulis.Verlag

HAHNEMANN UND DIE HOMÖOPATHIE
GANZHEITLICHE MEDIZIN VOR UND NEBEN DEM MAINSTREAM

Friedrich Dellmour

Die Homöopathie ist nicht nur eine komplementäre medizinische Methode neben dem heutigen mainstream, sondern sie war es auch schon zur Zeit ihrer Entdeckung, die 1790 durch den sogenannten Chinarindenversuch Samuel Hahnemanns erfolgte, der diese heute weltweit angewandte medizinische Therapiemethode 1796 in seinem Artikel „Versuch über ein neues Prinzip zur Auffindung der Heilkräfte der Arzneisubstanzen, nebst einigen Blicken auf die bisherigen" der medizinischen Öffentlichkeit vorlegte. Wenn wir die Homöopathie am „mainstream" messen oder mit diesem vergleichen wollen, können wir somit zwischen dem damaligen mainstream – zur Zeit der Entdeckung der Homöopathie – und dem heutigen mainstream im Jahr 2003 – unterscheiden. Damit kann man sich dem Thema „Homöopathie und mainstream" von zwei Seiten nähern:

1. Homöopathie und Mainstream zur Zeit Hahnemanns: wodurch unterschied sich die Homöopathie vom mainstream der damaligen Medizin?
2. Homöopathie und Mainstream heute: wodurch unterscheidet sich die Homöopathie vom heutigen mainstream der Medizin?

Ein kurzes Plädoyer für die Homöopathie ...

Im seinem Eröffnungsvortrag hat Erhard Oeser gesagt, dass die Homöopathie bei wirklich ernsthaften Erkrankungen keine „Alternative" zur mainstream-Medizin sein kann, weil dann z.B. Chemotherapie oder Chirurgie erforderlich sind. Diese Aussage ist so falsch, bzw. der „History of ideas" zuzuordnen, die W. Jure zurecht von der „History of facts" getrennt hat, wie E. Oeser selbst ausführte [59]. Deshalb möchte ich einleitend ein kurzes Statement über die Wirksamkeit der Homöopathie bringen.

Akute Krankheiten – die Homöopathie ist eine wirksame Therapie in akuten und auch lebensbedrohlichen Krankheiten. Sie war in der vorantibiotischen Zeit eine verläßliche Therapie zur Behandlung der Diphtherie [2] und wird heute mit Erfolg bei nahezu allen infektiösen Krankheiten bis hin zur Meningitis [20] eingesetzt [10] – so ferne es sich der behandelnde Arzt zutraut und er einen ausreichenden Kenntnis- und Erfahrungsstand hat.

Mein dreijähriger Sohn Christoph wurde durch Homöopathie von einer schweren membranösen Laryngitis geheilt, als Cortison keine Wirkung mehr hatte. Er war am Ersticken und konnte nur mehr sitzend röchelnd atmen. Da an ihm aber drei Symptome zu beobachten waren, die für die homöopathische Mittelwahl wichtig sind, gab ich ihm Lachesis D12. Das Kind beruhigte sich darauf hin in wenigen Minuten, schlief ein und konnte wieder liegend atmen. Am Morgen bekam er wegen Husten Phosphor D12 und nochmals Lachesis D12. Darauf hustete er dicke Membranen aus und war gesund.

Chronische Krankheiten – die Homöopathie ist eine bewährte medizinische Methode zur Behandlung chronischer und chronisch-rezidivierender Krankheiten, wo Besserungen und bleibende Heilungen möglich sind, selbst wenn die mainstream-Medizin nicht einmal die Krankheitsursache kennt. Beispiele sind rezidivierende Sinusitis [15] und andere, wiederkehrende Entzündungszustände, z.B. Otitis media, Asthma und chronisch obstruktive Lungenerkrankung (COPD), Morbus Crohn und andere Autoimmunkrankheiten, wo dramatische Besserungen auch neben bestehenden Medikamenten oder Cortison-Dauertherapie möglich sind.

Dasselbe gilt für chronisch-infektiöse Erkrankungen wie Tuberkulose und Aids, wie ein röntgenologisch kontrollierter Fallbericht und Studien zeigen [10].

Dies gilt auch für psychische, psychosomatische und manchmal auch psychiatrische Krankheiten - schon Hahnemann hatte erfolgreiche Heilungen suizidaler Depressionen berichtet [46]. Ich selbst konnte mit Homöopathie zwei seit 29 bzw. 8 Jahren bestehende Fälle von Bulimie heilen [16], wobei nicht „Spontanheilungen", sondern Heilungsverläufe auftraten, wie sie in den Lehrbüchern beschrieben sind.

Non-mainstream ...

Die homöopathische Medizin ist eine wirksame Therapie für akute und chronische Erkrankungen. Die Homöopathie ist sogar in der Akut- und Notfallsmedizin und als Erste Hilfe bei Himalaya-Expeditionen bewährt - wenn man ihre Möglichkeiten und Grenzen kennt und sie nur in jenen Krankheitsfällen anwendet, die **regulatorisch** therapierbar sind, d.h. wenn der Organismus noch ausreichende Fähigkeiten hat, mit seiner physiologischen „Selbstheilungskraft" (Autoregulation) zu reagieren.

In jenen Fällen aber, wo die homöopathische Medizin aufgrund mangelnder oder fehlender Regulationskraft des Patienten nicht angezeigt ist, hat die Homöopathie wenig bis keine Wirkung - weshalb man einen chirurgischen Fall nicht mit Homöopathie heilen kann - genauso wenig, wie dies mit einem Antibiotikum gelingt.

Dieser auf **unterschiedlichen organismischen Wirkebenen** (Pharmakologie / Regulation) beruhende, aufgrund der einseitigen Fokussierung der mainstream-Medizin auf die Klinische Pharmakologie aber nicht erklärbare, scheinbare Widerspruch weist auf ein großes Problem der non-mainstream-Medizin hin: es können sehr leicht **Fehlinformationen** verbreitet werden !

Bezogen auf die Wirksamkeit der Homöopathie läßt sich der Widerspruch zur Aussage „Homöopathie kann in ernsten Krankheiten keine Alternative zur Schulmedizin sein" durch die von E. Oeser selbst vorgelegte, **mehrfache** Begriffsbedeutung von „non-mainstream" erklären:

In Abhängigkeit von der individuellen, regulatorischen Situation des Kranken (nicht der Krankheit!) und den Fähigkeiten des Arztes ist die Homöopathie
- **komplementär** zur wissenschaftlichen Medizin, d.h. eine sinnvolle therapeutische Ergänzung
- **alternativ** zur wissenschaftlichen Medizin, d.h. dieser therapeutisch überlegen
- **falsch**, wenn methodisch nicht angezeigt, d.h. ein „therapeutischer Irrtum".

Diese **Unterscheidung** ist nach außen hin nicht transparent. So erleben verschiedene Menschen die Homöopathie als **wirksam** (komplementär - ergänzend zur Schulmedizin), **sehr wirksam** (alternativ - besser als Schulmedizin) oder **unwirksam** (wenig wirksam bis unwirksam - schlechter als Schulmedizin). Diese unterschiedlichen Möglichkeiten werden „in einen Topf" geworfen und ergeben ein sehr widersprüchliches Bild dieser non-mainstream-Methode.

Diese Ausgangssituation führt dazu, dass Kritiker, die sich an der „Schulmedizin", d.h. an „sicherem" Wissen orientieren, vor allem die kritischen Punkte der Homöopathie wahrnehmen und deshalb die gesamte Methode ablehnen - auch wenn es sich dabei um Einzelbeobachtungen oder falsche Anwendungen handelt. Beispielhaft dafür sind die unterschiedlichen Reaktion auf Negativerlebnisse bei mainstream- und non-mainstream-Methoden: in der Schulmedizin heißt es häufig „da kann man nichts machen, wir haben alles versucht!", während es in der Homöopathie - vielleicht schon nach nur einem, falsch gewählten und nicht angezeigten Mittel heißt „ich habe die Homöopathie probiert, die wirkt auch nicht!" und vielen Patienten - und nicht selten auch Klinikern und andere Kritikern – dabei gar nicht bewusst ist, dass sie eine umfassende Therapiemethode verwerfen, die sie gar nicht kennen und deren Wirksamkeit von der richtigen Anwendung und Erfahrung des Arztes abhängen.

Gliederung

Aufgrund des Umfanges der Thematik wurde folgende Gliederung gewählt:

1. Samuel Hahnemann (1755-1843)
Wissen, Weisheit, Glaube, Verantwortung

2. Homöopathie und Mainstream zur Zeit Hahnemanns
2.1 Medizin
Mainstream der Medizin
Non-mainstream: Homöopathie
Erfahrung, Wissenschaft, Dokumentation, Krankheitsbegriff, Symptombegriff,
Arzneimittelprüfung an Gesunden, Einzelmittel, SimilePrinzip, Pharmakologie, Heilung
Mainstream in der Homöopathie
Menschenbild, Sensorische Medizin, Kraftbegriff, Lebenskraft

2.2 Pharmazie
Mainstream der Pharmazie
Non-mainstream: homöopathische Pharmazie
Verdünnung - Potenzierung, Konservierung mit Alkohol, Verreibung (Trituration),Globuli, Eigene Arzneiherstellung,Dispensierrecht
Mainstream in der homöopathischen Pharmazie
Phytotherapie, Tinkturen, Toxikologie
2.3 Theorie
Mainstream der medizinischen Theorie
Non-mainstream: homöopathische Theorie
Wissenschaft, Ganzheitlicher Zusammenhang, Logische Erklärung, Erfahrung
Mainstream in der homöopathischen Theorie
Sinnliche Wahrnehmung, Trennung belebte-unbelebte Natur, Kraftbegriff, Konstitution, Psora-Theorie

3. Homöopathie und Mainstream - heute
3.1 Medizin - heute
Mainstream der Medizin - heute
Klinische Pharmakologie, Evidence based medicine, Wahrscheinlichkeitsmedizin, Pharmakoökonomie,
Polypragmasie, Stark wirkende Arzneimittel, Keine Regulationsmedizin, Keine Ganzheitsmedizin
Non-mainstream: Homöopathie - heute
Krankheitsbegriff, Symptombegriff, Arzneimittelprüfung am Gesunden, Einzelmittel Simileprinzip, Therapie,Ganzheitsmedizin
Non-mainstream-Problematik des Simileprinzipes
Natürliche Similephänomene: Wissenschaft, Medizin, Psychologie
Übernatürliche Similephänomene: Magie, Philosophie, Religion
Mainstream in der homöopathischen Medizin - heute
Dokumentation, Klinische Medizin, Klinische Studien, Anatomie, Histologie, Physiologie, Neurologie,Neurophysiologie, Pharmakologie
Mainstream-Problematik der Homöopathie
Kein Interesse, keine Mittel, Pathogenese-Hygiogenese, unterschiedliche Denkrahmen
3.2 Pharmazie - heute
Mainstream der Pharmazie - heute
Non-mainstream: homöopathische Pharmazie - heute
Verdünnungen – Potenzierung, Bioinformatives Wirkprinzip, Triturationen und Globuli, Arzneiherstellung durch den Arzt, Dispensierrecht
Mainstream in der homöopathischen Pharmazie - heute
Arzneimittelgesetz, Homöopathisches Arzneibuch, Europäisches Arzneibuch
Mainstream-Problematik der homöopathischen Pharmazie
Zulassungspflicht, Unterschiedliche Standards, Herstellungsänderungen,

Arzneimittelverbote, Wirtschaftlichkeit
3.3 Homöopathische Theorie - heute
Mainstream der medizinischen Theorie - heute
Fehlende methodische Möglichkeiten, Pathogenetische Orientierung, Klinische Pharmakologie, Evidence Based Medicine, Pharmakoökonomie, Forschungsbudget
Non-mainstream: homöopathische Theorie - heute
„Konservative" Homöopathen, „Kreative" Homöopathen, „Wissenschaftliche" Homöopathen
Non-mainstream-Problematik der homöopathischen Theorie
Keine verbindlichen Standards, Spaltungen,
Klassische Homöopathie („internalistisch"),
Kreativ-spekulative Homöopathie („externalistisch")
Mainstream im Non-mainstream?
Homöopathie und Schöpfung
Evolution?

1. Samuel Hahnemann (1755-1843)

Samuel Hahnemann kämpfte mit vergleichbaren Problemen, als er gegen den mainstream seiner Zeit die Homöopathie als non-meanstream-Methode etablierte. Unter schwierigeren Bedingungen als heute gelang es ihm, ein neues Therapieverfahren zu entdecken, seine therapeutische Anwendung systematisch zu erforschen, an der Universität zu lehren und dieses Wissen gegenüber Kritikern zu verteidigen und damit der Nachwelt zu erhalten.

Wie war Hahnemann dies möglich? Die Kraft dazu schöpfte er aus 4 Quellen:

• **Wissen**
• **Weisheit**
• **Glaube**
• **Verantwortung**

Wissen ...
Christian Friedrich Samuel Hahnemann wurde 1755 in Meißen (Sachsen) geboren und studierte in Leipzig, Wien und Erlangen Medizin [31,62,67]. Als Arzt, Chemiker und Pharmazeut beschäftigte er sich ausführlich mit chemischen Fragen und Christoph Wilhelm Hufeland, in dessen „Journal der praktischen Arzneykunde und Wundarzneykunst" er viele Aufsätze veröffentlichte, bezeichnete ihn als den „besten Chemiker unter den Ärzten" – und in der Tat war Hahnemann ein begnadeter Wissenschaftler.

Er gab ein zweibändiges Apothekerlexikon [32] heraus und verfasste ein Standardwerk über den von ihm entwickelten, gerichtsmedizinischen Arsennachweis und die verschiedenen Formen der Arsenvergiftung mit 502 Paragraphen [48]. Er hatte einen Überblick über die gesamte Medizin seiner damaligen und früheren Zeit und zitierte in seinen Hauptwerken – die in 12 Bänden in 2 – 6 Auflagen erschienen– arabische

Originalzitate aus dem 8. Jahrhundert, neben vielen Publikationen zu pharmazeutischen, chemischen und hygienischen Themen.

Hahnemann hat mehr Schriften hinterlassen als Johann Wolfgang von Goethe und alle Arbeiten sind auch heute noch zugänglich – entweder als Nachdruck oder im Institut für Geschichte der Medizin der Robert Bosch Stiftung in Stuttgart [66]. Jeder Schritt der Wissenschaftsentwicklung der Homöopathie kann daher nachgelesen und geprüft werden.

Aufgrund seines Forschergeistes und Fachwissens war Hahnemann vielfach „nonmainstream" – was dazu führte, dass er schon während des Studiums an der damals bedeutendsten medizinischen Fakultät Leipzig die Unzulänglichkeit der Medizin heftig kritisierte und nach zwei Jahren nach Wien wechselte. Dort durfte er Josef von Quarin, den Leibarzt der Kaiserin, bei seinen Hausbesuchen begleiten.

Nach einem Aufenthalt als Hausarzt und Bibliothekar bei Baron Samuel von Brukenthal in Hermannstadt (Sibiu, Rumänien) schloss er sein Studium in Erlangen ab und ließ sich als Arzt in der kleinen Bergwerksstadt Hettstedt nieder, um kurz darauf in unruhige Wanderjahre aufzubrechen. Auf Arbeiten im Stadtphysikat Dresden folgten Übersetzungen medizinischer und pharmazeutischer Werke aus dem Französischen, Englischen und Italienischen. Dadurch wurde Hahnemann auf die Chinarinde aufmerksam, was durch seinen Selbstversuch 1790 [58] zur Entdeckung der Homöopathie führte [49].

Hahnemann habilitierte sich an der Universität Leipzig und las mehrere Jahre hindurch Medizingeschichte und Auszüge aus dem von ihm verfassten Basiswerk der homöopathischen Medizin, dem „Organon der rationellen Heilkunde".

Hahnemann war Mitglied mehrerer medizinischer Gesellschaften und wurde 1822 zum Hofrat ernannt. Er musste jedoch zeitlebens um seine Lehre kämpfen, da sie im Gegensatz zu den üblichen Lehrmeinungen stand. In seinen Vorlesungen wetterte er immer heftiger über die Medizin seiner Zeit und er befand sich in dauerndem Streit mit Apothekern, die ihm das Dispensieren (Abgeben der Arzneimittel) verbieten wollten. Ebenso wandte er sich heftig gegen Nachfolger, die seiner Lehre nur halbherzig folgen wollten und neue, meist vereinfachende therapeutische Wege versuchten, da er dadurch die Wirksamkeit und damit die gesamte Homöopathie gefährdet sah. Diese sture und hartnäckige, die Missstände der Medizin lautstark kritisierende Wesen war Hahnemanns Ausdruck, „non-mainstream" zu sein und die Homöopathie der Nachwelt zu erhalten.

Samuel Hahnemann fand erst Ruhe, als er im 80. Lebensjahr die 45 Jahre jüngere Melanie d'Hervilly-Grohier heiratete und nach Paris übersiedelte. Er praktizierte weiter als Arzt, verbesserte die Anwendungsvorschriften homöopathischer Arzneimittel und beendete kurz vor seinem Tod die Arbeiten an der 6. Auflage des Organons.

Weisheit ...
Durch sein umfangreiches Wissens war es Hahnemann möglich, in weiten Bereichen der homöopathischen Medizin, Pharmazie und Theoriebildung eigenständige Wege zu gehen. Die Voraussetzungen dafür hatte sein Vater gelegt, der ihn gezielt zu

selbstständigem Denken erzog, sowie die Schulbildung an der Fürstenschule St. Afra, die Studienjahre an den medizinischen Fakultäten in Leipzig, Wien und Erlangen und vielfältige chemisch-pharmazeutische Arbeiten und Übersetzungen wissenschaftlicher Werke, die Hahnemanns kritischen Verstand schulten.

Hahnemann wandte dieses Wissen an - getreu seinem Wahlspruch, den er auf der Titelseite seines Hauptwerkes „Organon der rationellen Heilkunde" [39] nannte:

- „Aude sapere"
- „Wage es zu wissen"
- „Wage es, weise zu sein"

Glaube ...

Die Kraft für 75 Jahre Lernen, Forschen, Lehren und Heilen schöpfte Hahnemann aus seinem tiefen Verantwortungsgefühl gegenüber dem Schöpfer und seinen Geschöpfen. In seinen „Vorerinnerungen" erklärte er seine Arbeit als *„Dienste am Altare der Wahrheit"*, bei der nur *„Unbefangenheit und unermüdeter Eifer zur heiligsten aller menschlichen Arbeiten fähigt, zur Ausübung der wahren Heilkunde"* und bekannte seinen Glauben [39,40]:

„Der Heilkünstler in diesem Geiste aber schließt sich unmittelbar an die Gottheit, an die Weltenschöpfer an, dessen Menschen er erhalten hilft, und dessen Beifall sein Herz dreimal beseligt."

Hahnemann sah sich als „Wahrheitsforscher" und „Weiser", der zur „Ehre Gottes" und zum Wohle seiner Patienten non-mainstream-Wege beschritt – indem er beispielsweise das giftige Arsenik wieder in die Medizin einführte [33]:

„Ist dieses Mineral nicht fast unwiderruflich von der Arzneikunde geächtet worden ? Kümmert dieß aber den freien Wahrheitsforscher, der im ganzen Reiche der Natur blos die geöffnete Hand der Vaterliebe Gottes erblickt voll Segnungen ? – Nichts ist unbedingt verwerflich, alles ist Wohlthat Gottes, und unter den Wohlthaten Gottes sind die größten gerade die, welche in der Hand des Thoren verderblich für die Welt werden; nur für den Weisen wurden sie erschaffen, der allein fähig ist, sie zum Heile und zum Segen für die Menschheit und zur Ehre des guten Gottes anzuwenden."

Durch seine unvoreingenommenen Prüfung der Wirksamkeit von Arsenik wurde „Arsenicum album" zu einer bedeutenden Arznei, die in der Homöopathie bis heute verwendet wird. Aber auch die Schulmedizin hat Arsentrioxid wieder entdeckt und 2002 europaweit zur Behandlung der Promyelozytenleukämie zugelassen [54]!

Verantwortung ...

Aufgrund seiner Forschernatur und seines Glaubens empfand Hahnemann eine tiefe Verantwortung, die ihm zur unermüdlichen Tätigkeit „im Dienste des Schöpfers" anspornte. Diese geistige Motivation führte zur Entdeckung dreier homöopathischer Fachbereiche:

- **Homöopathische Medizin**

- Homöopathische Pharmazie
- Homöopathische Theorie

Die **homöopathische Medizin** ist die eigentliche „Homöopathie" als therapeutische Anwendung des Simileprinzipes.

Dabei beobachtete Hahnemann, dass Arzneimittel, die passend („homöopathisch") zum Krankheitsbild des Patienten verordnet werden, zwar schwere Krankheiten heilen können, aber auch zu heftigen Überreaktionen führen. Deshalb begann er, seine Arzneien zu **verdünnen**, um diese verträglicher zu machen. Daraus entwickelte sich die **homöopathische Potenzierung** als Herstellungsverfahren homöopathischer Arzneimittel.

Mit der **homöopathischen Theorie** schuf er ein wissenschaftliches Denkmodell zur Erklärung der physiologischen, pathologischen und pharmakologischen Vorgänge im Menschen. Dieses „Denkmodell der Lebenskraft" ist das Schlüsselkonzept zum wissenschaftlichen Verständnis der Homöopathie.

2. Homöopathie und Mainstream zur Zeit Hahnemanns

Betrachtet man die medizinischen Methoden zur Zeit Hahnemanns, so erscheint es heute einfach, „non-mainstream" zu sein. Für Hahnemann bedeutete es aber lebenslange Auseinandersetzungen, um neue Wege zu gehen.

2.1 Medizin
Mainstream der Medizin

Die Medizin am Ende des 18. Jahrhunderts kannte keine einheitliche Theorie, sondern bestand aus einer verwirrenden Mischung verschiedener, zum Teil bizarrer Therapiesysteme. Häufige Therapieverfahren zur Zeit Hahnemanns waren [62]:

- Entfernung saurer und fauler Säfte (Friedrich Hoffmann)
- Reinigung der „ersten Wege" durch Brech- und Abführmittel (Maximilian Stoll)
- Ausleitungsverfahren (Blasenziehende Mittel, Fontanellen, Haarseile)
- Visceralklistiere gegen „Unterleibsinfarkte" (Johann Kämpf)
- Reizung und Reizentziehung durch „sthenische" Mittel (John Brown)
- Aderlässe, Blutegel
- Opium, Quecksilber u.a. in hohen Dosen
- Vielstoffgemische

Hinzu kam, dass in der damaligen Medizin noch keine wissenschaftlichen Grundlagen der Physiologie, Biochemie, Pharmakologie oder Pathologie bekannt waren. Das Studium war ein Theoriestudium (in Deutschland gab es kein Krankenhaus, wo Studenten Patientenkontakt hatten) und neben dem Hörrohr (Vorläufer des Stethoskops) standen keine weiteren Untersuchungsgeräte zur Verfügung - nicht einmal Fieberthermometer.

Bakterien u.a. Krankheitserreger waren noch nicht entdeckt und die Ärzte führten keine
Aufzeichnungen über ihre Patienten.
Diese Missstände haben dazu beigetragen, dass Hahnemann eine verlässliche non-
mainstream-Medizin **suchte** und fand: die Homöopathie.

Non-mainstream: Homöopathie

Hahnemann wandte sich in seiner Schrift „Ueber den Werth der speculativen
Arzneisysteme, besonders im Gegengehalt der mit ihnen gepaarten, gewöhnlichen
Praxis" [47] heftig gegen den medizinischen Wahn seiner Zeit, der die Kranken meist
nicht heilte, sondern palliativ behandelte und häufig zu Siechtum und Tod führte.

Deshalb suchte der „Wahrheitsforscher" und Wissenschaftler gezielt nach einem
Therapiesystem, um die pharmakologischen Wirkungen der Arzneimittel zu prüfen, um
in jedem Krankheitsfall die richtige Arznei zu finden und sicher sein zu können, dass die
Arznei den Kranken heilen wird.

Dieses Therapiesystem hat Hahnemann in der Homöopathie gefunden. Er stellte es
1796 in seiner Veröffentlichung „Versuch über ein neues Prinzip zur Auffindung der
Heilkräfte der Arzneisubstanzen, nebst einigen Blicken auf die bisherigen" [49] der
Fachwelt vor.

Die Homöopathie unterschied sich wesentlich vom mainstream der Medizin seiner
Zeit:

- **Erfahrung**
- **Wissenschaft**
- **Dokumentation**
- **Krankheitsbegriff**
- **Symptombegriff**
- **Arzneimittelprüfung am Gesunden**
- **Einzelmittel**
- **Simileprinzip**
- **Pharmakologie**
- **Heilung**

Erfahrung

Bereits 1805 hat Hahnemann das Werk „Heilkunde der Erfahrung" als Vorläufer des
späteren Hauptwerkes „Organon der rationellen Heilkunde" herausgebracht und darin
festgestellt [36]:

„Die Heilkunde ist eine Wissenschaft der Erfahrung; sie beschäftigt sich mit Tilgung der
Krankheiten durch Hilfsmittel. Die Kenntnis der Krankheiten, die Kenntnis der Hilfsmittel und
die Kenntnis ihrer Anwendung bilden die Heilkunde."

Damit grenzte er die Homöopathie von allen „spekulativen", d.h. theoretisierenden und nicht durch die Erfahrung geprüften, Therapieformen ab und gründete ein wissenschaftliches Medizinsystem.

Wissenschaft
Die systematisch-wissenschaftliche Vorgangsweise bei der Anamnese zur Erhebung der Krankheiten sowie der Prüfung und therapeutischen Anwendung der Arzneimittel hatte Hahnemann bereits in der „Heilkunde der Erfahrung" dargelegt und in den Auflagen des „Organons" weiter präzisiert. Der Titel der 1. Auflage („Organon der rationellen Heilkunde") weist auf den wissenschaftlichen Anspruch hin und wurde später auf „Organon der Heilkunst" abgeändert [40].

Der auf genaue Beobachtung und systematische Forschung und Anwendung beruhende, wissenschaftliche Ansatz der Homöopathie wurde zur Grundlage ihres Erfolges auch bei schweren Krankheiten. Margery Blackie, die 1968 zur Ärztin Ihrer Majestät Königin Elisabeth II. von England ernannt wurde, würdigte dies mit folgenden Worten [1]:

„Die von Hahnemann formulierte Homöopathie ist das wissenschaftlichste und erfolgreichste System medizinischer Behandlung, das je ersonnen wurde."

Dokumentation
Hahnemann war einer der ersten Ärzte seiner Zeit, der alle Patientendaten (Anamnese, verordnete Arzneimittel, therapeutischer Verlauf) in „Krankenjournalen" protokollierte und damit die Grundlagen für eine wissenschaftliche Medizin legte.

Krankheitsbegriff
Die Homöopathie verwendet einen definierten Krankheitsbegriff, der sich gegen die bisherigen, spekulativen Konzepte abgrenzt und auf den sinnlichen, d.h. mit den Sinnesorganen erfassbaren „Veränderungen des Leibes und der Seele" beruht, da es zur Zeit Hahnemanns noch keine technischen Untersuchungsmethoden gab [42]:

„Der vorurteilslose Beobachter – die Nichtigkeit übersinnlicher Ergrübelungen kennend, die sich durch Erfahrung nicht nachweisen lassen, - nimmt, auch wenn er der scharfsinnigste ist, an jeder einzelnen Krankheit nichts, als äußerlich durch die Sinne erkennbare Veränderungen im Befinden des Leibes und der Seele, Krankheitszeichen, Zufälle, Symptome wahr, das ist, Abweichungen vom gesunden, ehemaligen Zustande des jetzt Kranken, die dieser selbst fühlt, die die Umstehenden an ihm wahrnehmen, und die der Arzt an ihm beobachtet. Alle diese wahrnehmbaren Zeichen repräsentiren die Krankheit in ihrem gesamten Umfange, das ist, sie bilden zusammen die wahre und einzig denkbare Gestalt der Krankheit."

Symptombegriff
Zur Bewertung der damit erhobenen Symptomenfülle entwickelte Hahnemann eine strukturierte Symptomenlehre, die es ermöglicht, die für die individuelle Arzneiwahl

wichtigen („charakteristischen") von den unwichtigen („allgemeinen") Symptomen zu trennen.

Arzneimittelprüfung am Gesunden
Aufgrund der Beobachtungen mit Chinarinde [58] begann Hahnemann mit der systematischen Untersuchung der Arzneimittel an Gesunden, um deren „reine" Arzneiwirkungen, d.h. die pharmakologischen Wirkungen der Arzneimittel - getrennt von allfälligen individuellen Krankheitssymptomen - festzustellen.

Einzelmittel
Die Arzneimittelprüfung am Gesunden, die Auswahl der im Krankheitsfall passenden Arznei (Simileprinzip) und die Kontrolle des Therapieverlaufes erfordern die Anwendung einzelner Arzneimittel.

Simileprinzip
Hahnemann hat mit Chinarinde und danach an vielen Arzneimitteln u.a. therapeutischen Anwendungen festgestellt, dass jede Arznei zwei Wirkrichtungen hat: jede Substanz kann am Gesunden bestimmte Symptome hervorrufen und am Kranken ähnliche Symptome heilen.

In der Praxis bedeutet dies, dass die in der Arzneimittelprüfung sowie in toxikologischen und therapeutischen Beobachtungen erhobenen, körperlichen und psychischen Wirkungen jeder Arznei als „Arzneimittelbild" zusammengefasst werden. Ebenso lassen sich in jeder individuellen Krankheit die körperlichen und psychischen Symptome des Patienten als „Krankheitsbild" zusammenfassen. Der Vergleich des Symptomenbildes des Kranken mit den bekannten Symptomenbildern homöopathischer Arzneimittel ermöglicht es, in jeder Krankheitssituation eine individuelle Arznei zu finden.

Mit dem Ähnlichkeitsprinzip hat Hahnemann ein medizinisches Wirkprinzip entdeckt, das schon viele Ärzte vor ihm beschrieben haben [49]. Er wählte dafür den Spruch des Hippokrates: *„Similia similibus curentur"* – *„Ähnliches vermöge durch Ähnliches geheilt zu werden".*

Pharmakologie
Hahnemann hat zwei Formen der Homöopathie entdeckt: eine „allgemeine" Homöopathie, unter der er

„jede Heilung aufgrund von Symptomen-Ähnlichkeit, wenn die heilende Krankheitspotenz am Gesunden eine der natürlichen Krankheit möglichst ähnliche, künstliche Krankheit zu erregen vermag"

verstand [7,12] und die „spezielle" Homöopathie – die eigentliche homöopathische Medizin als Therapie nach dem Ähnlichkeitsprinzip.

Hahnemann bezeichnete nicht nur „homöopathische Arzneimittel", sondern auch Heilkräuter, Giftpflanzen, Gifte, Impfstoffe, Genussmittel, ausleitende Therapien, elektrische Anwendungen, Hausmittel („gefrorenes Sauerkraut auf Erfrierungen gelegt") und psychotherapeutische Methoden als „Homöopathie", da alle Einflüsse „homöopathische", d.h. similemäßige Wirkungen, an Gesunden und Kranken bewirken können.

Die Beobachtung, dass der Mensch auf so unterschiedliche Einflüsse wie **Materie** (Arzneimittel, Gifte etc.), **Energie** (Kälte, Wärme, elektrische Anwendungen) und **Information** (Psychotherapie) nach dem Simileprinzip reagiert, weist darauf hin, dass Homöopathie ein **allgemeines biologisches Prinzip** darstellt.

Das gemeinsame dieser unterschiedlichen Einflüsse ist, dass sie **Reize** darstellen, auf die der Organismus gemäß dem **Reiz-Reaktionsprinzip** gleichartig reagiert. Eine physiologische und pharmakologische Erklärung dafür hat Hahnemann mit seinem Denkmodell der „Lebenskraft" (s.u.) beschrieben. Dieses lässt den Schluss zu, dass der Homöopathie ein **allgemeines Heilungsprinzip** zugrunde liegt [21].

Heilung

Im Gegensatz zur meist palliativen Therapie seiner Zeit konnte Hahnemann mit der Homöopathie erstmals auch schwere Krankheiten heilen. Die Homöopathie bewährte sich bei infektiösen Krankheiten (Typhusepidemie während der Völkerschlacht bei Leipzig [35], Behandlung der Cholera in Wien), bei chronischer Nahrungsmittelunverträglichkeit [34] und als wirkungsvolle Prophylaxe gegen Scharlach [37].

Aufgrund der Behandlung körperlicher **und** psychischer Beschwerden mit **einer** Arznei und der Therapie psychischer und psychosomatischer Krankheiten kann Hahnemann als einer der ersten **Psychosomatiker** und **Ganzheitsmediziner** bezeichnet werden.

Mainstream in der Homöopathie

Hahnemann hat in der Homöopathie nicht alles neu „erfunden", sondern auch bewährte medizinische Konzepte seiner Zeit übernommen:

* **Menschenbild**
* **Sensorische Medizin**
* **Kraftbegriff**
* **Lebenskraft**

Menschenbild

Hahnemann nahm am lebenden Menschen drei Bereiche wahr: den Körper (tote, unbelebte Materie, unterliegt dem Gesetz des Zerfalls), die Lebenskraft (Empfindungen, Lebensfunktionen, Selbsterhaltung) und den Geist („höherer Zweck unseres Daseins").

Die Trennung von „Körper" und „Lebenskraft" erfolgte, weil belebte und unbelebte Natur auf äußere Einflüsse unterschiedlich reagieren. Die unbelebte Materie unterliegt den Gesetzen von Physik und Chemie, weshalb Abweichungen vom Normalzustand durch das der palliativen Therapie entsprechende Gegensatzprinzip „contraria contrariis curentur" [6] neutralisiert werden. Lebende Organismen reagieren **regulativ**, wobei

Abweichungen vom natürlichen Zustand (Krankheiten) durch das Ähnlichkeitsprinzip „similia similibus curentur" als dem „einzigen naturgemäßen Heilgesetz der Homöopathie" geheilt werden [12].

Sensorische Medizin

Die Medizin zur Zeit Hahnemanns war ausschließlich auf sinnliche Wahrnehmung beschränkt. Die Homöopathie verwendet daher zwei Erkenntnisquellen (s.o. „Krankheitsbegriff"), um Krankheiten und Arzneiwirkungen als „Veränderungen des Leibes und der Seele" sinnlich festzustellen: [42]

- Veränderungen, die der Arzt oder Umstehende (Fremdanamnese) mit den Sinnen am Kranken wahrnehmen und
- Veränderungen, die der Kranke selbst sinnlich (Empfindungen) oder psychisch (Gefühle, Träume) wahrnimmt und beschreibt.

Damit können Physiologie, Pathologie und Pharmakologie auf **einer gemeinsamen Ebene** – als physiologische Funktion der „Lebenskraft" – erklärt werden.

Kraftbegriff

Alle Vorgänge in Natur und Mensch, die sinnlich nicht erklärbar sind, wurden auf „Kräfte" zurückgeführt, da es noch keine Meßmethoden gab. Daher führte Hahnemann alle sinnlich nicht wahrnehmbaren Prozesse – die heute durch Physik, Chemie, Physiologie, Pathologie oder Pharmakologie erklärt werden, auf „Kräfte" zurück. Dieses einfache Modell bietet eine wichtige medizinische Grundlage für das ganzheitliche Verständnis des Menschen. Denn der allgemeine Kraftbegriff erlaubt es, alle auf den Menschen einwirkenden körperlichen, psychischen und geistigen Einflüsse auf einer gemeinsamen Ebene zu beschreiben: als deren „Potenz" (Vermögen, Fähigkeit), Veränderungen hervorzurufen [7,12,21].

Lebenskraft

Im Kontext des allgemeinen Kraftbegriffes postulierte Hahnemann das Vorhandensein einer „Lebenskraft", das die lebens- und gesundheitserhaltenden Funktionen des Organismus erbringt, da Lebensvorgänge sinnlich nicht wahrnehmbar sind. Er nannte diese auch „Lebensprinzip", „Lebensenergie", „Dynamis" und „Autocratie" und deutete damit ein Prinzip der Selbsterhaltung („Autokratie") an, das den lebenden vom toten Organismus unterscheidet.

Dabei ist wesentlich, dass Hahnemann mit dem Axiom der „Lebenskraft" physiologische, pathologische und pharmakologische Funktionen umschrieben hat, die real vorhanden sind. Damit wurde der Begriff der „Lebenskraft" zum Schlüsselbegriff für ein wissenschaftliches Verständnis der Homöopathie, da untersucht werden kann, ob es eine physiologische Funktionseinheit gibt, die diese Funktionen bewirkt, die Hahnemann der „Lebenskraft" zugeordnet hat. Und tatsächlich stimmt das gesundheitserhaltende und nach Krankheiten die Gesundheit wiederherstellende, „automatische Prinzip der Selbsterhaltung", das den Organismus „belebt" und in „harmonischer", d.h. **physio-**

logischer „Funktion in Gefühlen und Tätigkeiten erhält", mit den wissenschaftlichen Erkenntnissen über das **Autoregulationssystem** überein, das Dieter Melchart 1993 an der Ludwig-Maximilians-Universität in München als gemeinsames Wirkprinzip aller autoregulativen Therapieverfahren („Naturheilverfah-ren") gefunden hat [7,12,56].

2.2 Pharmazie

Hahnemann hat auch die Herstellungsverfahren homöopathischer Arzneimittel entwickelt, die bis heute Gültigkeit haben und durch die Vorschriften des Europäischen Arzneibuches übernommen wurden.

Mainstream der Pharmazie

Hahnemann war als Apotheker und Chemiker mit Pharmazie bestens vertraut und hat ein umfangreiches Apothekerlexikon [32] herausgegeben. Einige pharmazeutische Methoden seiner Zeit wurden daher in die homöopathische Pharmazie übernommen (s.u.).

Non-mainstream: homöopathische Pharmazie

An neuartigen Verfahren hat Hahnemann folgende Methoden entwickelt bzw. praktiziert:

- **Verdünnung – Potenzierung**
- **Konservierung mit Alkohol**
- **Verreibung (Trituration)**
- **Globuli**
- **Eigene Arzneiherstellung**
- **Dispensierrecht**

Verdünnung – Potenzierung:
Hahnemann hat die Homöopathie mit üblichen Dosen damals verwendeter Arzneimittel entdeckt und dabei beobachtet, dass „homöopathische" Arzneigaben, d.h. Arzneien, deren Arzneimittelbild dem Krankheitsbild des Patienten ähnlich sind, heftige Überreaktionen auslösen können [34]. Deshalb **verdünnte** Hahnemann seine Arzneimittel und stellte immer höhere Verdünnungen her, da auch die höchstverdünnten Lösungen immer noch zu starke Reaktionen hervorriefen.

Er verwendete dabei das in Pharmazie und Chemie übliche Verfahren serieller **Verdünnungsreihen**, indem kleine Mengen verdünnt und geschüttelt werden und der Vorgang mit der neuen Verdünnung wiederholt und beliebig oft fortgesetzt wird. Damit lassen sich selbst hohe Verdünnungen mit geringem Materialaufwand rasch und präzise anfertigen.

Die Verdünnungen werden intensiv geschüttelt, um die Lösungen gut zu **homogenisieren** – ein Vorgang, den Hahnemann auch deshalb gebrauchte, um aus getrocknetem Pflanzenpresssaft angefertige, trübe Lösungen zu verdünnen. Die Wiederholung von Verdünnung und Verschüttelung wurde zum Verfahren der homöopathischen **Potenzierung** [8,9,22].

Damit stellte Hahnemann Verdünnungen her, die kein Molekül des Arzneistoffes mehr enthielten – er wusste dies aber nicht, da die Loschmidt-Konstante erst 1865 entdeckt wurde. Dennoch wirkten auch die hochverdünnten Arzneien bei homöopathischer Anwendung kraftvoll, zuverlässig und **substanzspezifisch** – was darauf hinweist, dass homöopathischen Arzneimitteln kein biochemisches, sondern ein **bioinformatives** Wirkprinzip zugrunde liegt [22].

Konservierung mit Alkohol
Da pflanzliche Arzneistoffe rasch verderben, verwendete Hahnemann getrocknete Pflanzenpresssäfte u.a. Trockendrogen und konservierte die daraus hergestellten Arzneilösungen mit Holzkohle. Danach ging er dazu über, alkoholische Tinkturen aus Frischpflanzen zuzubereiten und auch die Verdünnungen mit Alkohol durchzuführen, wodurch die Haltbarkeit der Arzneimittel gewährleistet wurde.

Verreibung (Trituration)
Hahnemann führte nach Vorbild der arabischen Medizin die Verreibung mit Milchzucker (Laktose) in die Pharmazie ein, um unlösliche Stoffe mit trockenem Arzneiträger schrittweise zu verdünnen und auf diese Weise kolloidal „löslich" zu machen.

Globuli
Da auch die hochverdünnten Arzneilösungen bei homöopathischem Gebrauch oftmals zu stark wirkten und auch die kleinste Dosis (1 Tropfen) oft noch zu kräftig wirkte, entwickelte Hahnemann die Imprägnierung von Globuli. Dabei werden Zuckerkügelchen mit einer geringen Menge Arzneilösung benetzt, wodurch die dem Kranken verabreichte Arzneimenge nochmals verringert wird.

Arzneiherstellung
Hahnemann fertigte die meisten Arzneimittel selbst an und erfand einige wichtige Arzneistoffe (Causticum, Mercurius solubilis). Aus Misstrauen gegenüber Apothekern empfahl er, dass jeder Arzt seine Arzneien selbst anfertigen solle.

Hahnemann hinterlies standardisierte Vorschriften zur Herstellung der Arzneirohstoffe und Verdünnungen, die auch heute noch im Homöopathischen Arzneibuch und Europäischen Arzneibuch berücksichtigt werden.

Dispensierrecht
Hahnemann bestand darauf, seine homöopathischen Mittel an die Patienten selbst abzugeben, was zu häufigem Streit mit Apothekern führte.

Mainstream in der homöopathischen Pharmazie

Auch in der homöopathischen Pharmazie hat Hahnemann nicht alles neu erfunden, sondern bewährte Methoden seiner Zeit übernommen:

- Phytotherapie
- Tinkturen
- Toxikologie

Phytotherapie
Hahnemann verwendete wie damals üblich, viele pflanzliche Arzneistoffe – anfangs auch in der üblichen Dosierung.

Tinkturen
Die Herstellung und medizinische Verwendung von Tinkturen wurde ebenfalls in die Homöopathie übernommen.

Toxikologie
Die Medizin verwendete teilweise noch toxische Dosen und kannte viele Gifte – die verdünnt zu wichtigen homöopathischen Arzneimitteln wurden [17].

2.3 Theorie

Wie bereits im ersten Abschnitt ausgeführt, war Hahnemann ein hervorragender Wissenschaftler, der einen Überblick der gesamten Medizin hatte und „spekulative", d.h. theoretische Ansätze, die nicht durch praktische Erfahrung bestätigt wurden, strikte ablehnte [47] und dies auch von der homöopathischen Arzneimittellehre verlangte [44]:

„Von einer solchen Arzneimittellehre sei alles Vermuthete, bloß Behauptete, oder gar Erdichtete gänzlich ausgeschlossen; es sei alles reine Sprache der sorgfältig und redlich befragten Natur."

Mainstream der medizinischen Theorie

Wie in Abschnitt 2.1 ausgeführt, kannte die Medizin des 18. Jahrhunderts noch keine einheitliche medizinische Theorie, sondern bestand aus vielen, oft bizarren Einzeltheorien und Annahmen, die in keinem Zusammenhang zueinander standen und ohne wissenschaftliche Grundlagen am Patienten angewandt wurden.

Non-mainstream: homöopathische Theorie

Im Gegensatz dazu war Hahnemann strenger Rationalist – was er im Titel seines Hauptwerkes „Organon (d.h. Werkzeug, Anm.) der rationellen Arzneikunde" [39] zum Ausdruck brachte. Da die Sinne das einzige Untersuchungsinstrument seiner Zeit waren, begründete er die homöopathische Medizin und auch deren Theorie auf die einzigen Fakten, die es damals gab: die Beobachtung sinnlich wahrnehmbarer Veränderungen. Dies gilt für pathologische Veränderungen (s.o. „Krankheitsbegriff"), pharmakologische Veränderungen (Arzneiwirkungen an Gesunden und Kranken) und die Beurteilung des Therapieverlaufes.

Da sinnlich nur die Veränderungen, d.h. die **Wirkungen**, nicht aber die dahinter stehenden Prozesse feststellbar sind, verwendete Hahnemann den damals üblichen „Kraftbegriff", um alle nicht-sinnlichen Prozesse in Natur und Mensch zu erklären.

Von diesem Kraftbegriff leitet sich die Bedeutung des in der Homöopathie verwendeten **Potenzbegriffes** ab: potentia (lat.) = Kraft (Vermögen, Fähigkeit), Veränderungen (Wirkungen) hervorzurufen [11].

Aus Sicht des allgemeinen Kraftbegriffes postulierte Hahnemann eine nicht sinnlich wahrnehmbare **Lebenskraft**, mit deren Hilfe er die physiologischen (Lebenserhaltung, Gesundheitserhaltung, Selbstheilung), pathologischen (Krankheitssymptome) und pharmakologischen (Arzneiwirkungen) Funktionen des Organismus umschrieb, da die wissenschaftlichen Grundlagen dieser Fachgebiete noch unbekannt waren [7,12,21,23]. Diese wissenschaftlich-systematische Vorgangsweise war damals „non-mainstream":

- **Wissenschaft**
- **Ganzheitlicher Zusammenhang**
- **Logische Erklärung**
- **Erfahrung**

Wissenschaft
Genaue Beobachtung und Dokumentation, systematische Forschung.

Ganzheitlicher Zusammenhang:
Im Gegensatz zu den mechanistischen Ideen isolierter Theorien, berücksichtige Hahnemann alle Phänomene aller Bereiche des Menschen (Körper, Seele, Geist) zur ganzheitlichen Theoriebildung.

Logische Erklärung:
Mit Hilfe des allgemeinen Kraftbegriffes konnte Hahnemann sämtliche Beobachtungen in einem logischen Zusammenhang widerspruchslos erklären.

Erfahrung:
Die auf diese Weise gefundenen, theoretischen Annahmen und wissenschaftlichen Erklärungen mussten durch die medizinische Praxis bestätigt werden.

Die **homöopathische Theorie** Hahnemanns versucht, die beobachteten Funktionen des gesunden und kranken Menschen und die an Gesunden und Kranken beobachteten Arzneiwirkungen in einem logischen Zusammenhang zu verstehen. Das dabei verwendete Denkmodell der „Lebenskraft" gestattet eine **widerspruchsfreie** Erklärung der sinnlich wahrnehmbaren physiologischen, pharmakologischen und pathologischen Vorgänge im Menschen. Deshalb stellt das Denkmodell der Lebenskraft das Schlüsselkonzept für das wissenschaftliche Verständnis der Homöopathie dar und kann aus heutiger Sicht als Funktion des **Autoregulationssystems** erklärt werden.

Mainstream in der homöopathischen Theorie

Wie in allen Fachbereichen, hat Hahnemann auch bewährtes mainstream-Wissen zur Theoriebildung herangezogen. Bereits erwähnt wurden die sinnliche Wahrnehmung (Untersuchung), Unterscheidung zwischen unbelebter und belebter Natur und zwischen Körper, Seele und Geist und der allgemeine Kraftbegriff.

Hinzu kamen **konstitutionelle** Ansätze zur Erklärung des individuell unterschiedlichen Reaktionsvermögens auf therapeutische Maßnahmen u.a. Reize, die sich in der Homöopathie und Konstitutionstherapie sehr hilfreich erwiesen haben.

Zu einer Zeit, als infektiöse Ansteckung schon bekannt war, Bakterien aber noch nicht entdeckt waren, hat Hahnemann auch versucht, eine Theorie zur Erklärung chronischer Krankheitszustände auf Basis übertragener oder vererbter Krankheitstendenzen (Miasmen) zu entwickeln (**Psora-Theorie**), die nur noch historische Bedeutung hat.

3. Homöopathie und Mainstream - heute

Hahnemann und die von ihm begründete Homöopathie waren schon zu seiner Zeit in vielen Bereichen „non-mainstream" und sie sind es vielfach auch heute noch. Allerdings war Hahnemann mit einigen Forderungen nur seiner Zeit voraus, und die damals neuen Wege der Dokumentation aller Patientendaten, humanen Behandlung psychiatrischer Patienten sowie seine sozialmedizinischen und hygienischen Forderungen gelten heute als selbstverständlich.

Allerdings – viele Bereiche stoßen auch heute noch auf Unverständnis, da die wesentlichen Aspekte der Homöopathie mit dem aktuellen naturwissenschaftlichen Paradigma nicht erklärt werden können. Das betrifft v.a. das bioinformative Wirkprinzip homöopathischer Arzneimittel, die auch dann noch substanzspezifische Wirkungen hervorrufen, wenn in der Arznei kein einziges Molekül des Arzneistoffes mehr vorhanden ist. Ebenso die statistische Unmöglichkeit, für eine individuelle Einzeltherapie - die zu einer Vielzahl körperlicher, psychischer und konstitutioneller Wirkungen führen kann - die von zahlreichen subjektiven Faktoren beeinflusst werden - die nach den Kriterien der klinischen Pharmakologie und Evidence Based Medicine verlangten Wirknachweise zu erbringen.

Daneben gibt es aber auch Bereiche, in denen die Homöopathie Erklärungen für physiologische, pharmakologische, psychoneuroimmunologische und psychologische Phänomene anbietet, die erst seit kurzem der Medizin bekannt sind. Dazu zählen die Chronobiologie und Gesundheitstheorie (Saluto- und Hygiogenese) und vor allem die Funktionen des Autoregulationssystems und vegetativen Nervensystems, die der „Lebenskraft" Hahnemanns weitgehend entsprechen und eine verständliche Erklärung der individuellen und ganzheitlichen Wirkungen der Homöopathie gestatten.

Viele dieser Bereiche sind aufgrund der einseitigen Sicht der klinischen Pharmakologie auch heute noch „non-mainstream" – während einige Forderungen Hahnemanns bereits zum „mainstream" der modernen Medizin gehören.
Der folgende Überblick zeigt die Wissenschaftsbereiche der Homöopathie aus heutiger Sicht.

3.1 Medizin - heute

Mainstream der Medizin - heute

Der mainstream der heutigen „Schulmedizin" ist geprägt vom „Weltbild" der Klinischen Pharmakologie und entwickelt sich immer mehr zu einer **statistischen Wahrscheinlichkeitsmedizin,** deren Qualität von klinischen und epidemiologischen Studien mit großen Fallzahlen und langer Beobachtungsdauer und Metaanalysen geprägt ist, um dem Ideal der „Evidence Based Medicine" zu entsprechen. Dies führt zwar zu einer definierten Qualitätssicherung - die aber auch gravierende Nachteile mit sich bringt:

- **Klinische Pharmakologie**
- **Evidence Based Medicine**
- **Wahrscheinlichkeitsmedizin**
- **Pharmakoökonomie**
- **Polypragmasie**
- **Stark wirkende Arzneimittel**
- **Keine Regulationsmedizin**
- **Keine Ganzheitsmedizin**

Klinische Pharmakologie
Die Medizin wird v.a. vom Denkmodell der Klinischen Pharmakologie bestimmt, das dem mechanistischen Weltbild der Physik entspricht und für ganzheitsmedizinische Methoden nicht geeignet ist [21].

Evidence Based Medicine
Mit diesem Kunstbegriff wurde ein internationaler Standard geschaffen [63], mit dem sich die Medizin von der Wirklichkeit des einzelnen Patienten entfernt.

Wahrscheinlichkeitsmedizin
Dadurch wird die Medizin zu einer „Massenmedizin", deren therapeutische Strategien auf statistischer Auswertung großer Fallzahlen und damit auf Wahrscheinlichkeiten beruhen, bei der die individuelle Situation des Patienten nicht berücksichtigt wird.

Pharmakoökonomie
Der zunehmende Kostendruck verschärft diese Entwicklung, weshalb auch im Gesundheitssystem immer mehr Evidence Based Medicine und pharmakoökonomische Aspekte darüber bestimmten, welche Therapie verwendet wird [4].

Europäische Richtlinien und internationale Standards steigern die Qualitätskriterien der Medizin (Evidence Based Medicine), klinischen Studien (GCP), Forschung (GLP) und Produktion (GMP), sodass der dafür erforderliche Aufwand nur noch durch große Firmen und Konzerne erbracht werden kann.

Polypragmasie
Die hochspezialisierte und befundorientierte Medizin nimmt viele Beschwerden, Störungen und Befunde des Patienten sowie Körper und Psyche getrennt wahr - der Gesamtzusammenhang bleibt dabei unberücksichtigt.

Stark wirkende Arzneimittel:
Die medikamentöse Behandlung mit starken biochemischen Arzneimitteln führt auch zu vielen Nebenwirkungen - die aus methodischen Gründen vielfach nicht erkannt werden.

Keine Regulationsmedizin
In der klinischen Pharmakologie und Evidence Based Medicine werden die regulatorischen Funktionen kaum berücksichtigt. Die Selbstheilungskräfte werden daher nur wenig zur Heilung genutzt - oder sogar supprimiert oder blockiert.

Keine Ganzheitsmedizin
Diese Entwicklung ist das Gegenteil von Ganzheitsmedizin und entfernt sich immer weiter von einer Medizin der „gesamten Heilkunde" [27]. Dieser internationalen Entwicklung liegt das mechanistische Weltbild der Physik zugrunde, obwohl die Medizin keine „Naturwissenschaft" ist. Die Physik beschäftigt sich mit der unbelebten Natur – weshalb ihre Gesetzmäßigkeiten und besonders die statistische Wahrscheinlichkeitsrechnung nur bedingt auf lebende Organismen übertragbar sind. Das „Weltbild" der „modernen" Medizin ist daher für eine umfassende Wissenschaft der Gesundheit, Krankheit und Heilung des Menschen ungeeignet.

Non-mainstream: Homöopathie - heute

Einzig die von Hahnemann durchgeführte Patientendokumentation und seine hygienischen Forderungen sind auch für die heutige Medizin selbstverständlich. Alle übrigen Bereiche, die Hahnemann neu in die Medizin eingeführt hat, gelten weiterhin als „non-mainstream". Allerdings zeigen moderne Erkenntnisse, dass wesentliche homöopathische Funktionen und Phänomene aus heutiger Sicht verständlich erscheinen. Damit stellt die Homöopathie in Bereichen, wo sie die klinische Medizin ergänzt oder ihr sogar überlegen ist, eine wichtige und manchmal unersetzliche Therapie dar.

Hinzu kommen bewährte medizinische Ansätze, wie die sinnliche Wahrnehmung der Symptome und ein Menschenbild, dass Materie, Leben und Geist unterscheidet. Diese waren zur Zeit Hahnemanns „mainstream" und wurden durch die sich immer mehr auf Befunde ausrichtende, klinische Medizin verlassen. Die geistige Ebene ist aber für die spirituelle Orientierung des Behandlers und seiner heilsuchenden Patienten unerlässlich – ebenso wie die anamnestische und therapeutische Berücksichtigung aller Symptome für einen ganzheitsmedizinischen Therapieansatz unerlässlich sind. Durch diese Elemente trägt die Homöopathie dazu bei, physiologische und pharmakologische Phänomene aus ganzheitlicher Sicht zu erklären.

- **Krankheitsbegriff**
- **Symptombegriff**
- **Arzneimittelprüfung am Gesunden**
- **Einzelmittel**
- **Simileprinzip**
- **Therapie**
- **Ganzheitsmedizin**

Krankheitsbegriff
Die körperlich-seelisch-geistige Ganzheit des Menschen in Gesundheit, Krankheit und Therapie wird durch die Psychologie, Psychosomatik, Psychoneuroimmunologie und Theologie bestätigt.

Symptombegriff
Die individuelle Symptomqualität (z.B. Schmerzqualität) drückt pathognomonische und/oder konstitutionelle Aspekte des Kranken aus und ist daher für die homöopathische Behandlung unerlässlich.

Arzneimittelprüfung am Gesunden
Die vergleichbaren Reaktionen auf toxische, therapeutische und homöopathische Dosen weisen auf ein allgemeines homöopathisches Wirkprinzip und den bioinformativen Wirkmechanismus der Homöopathie hin.

Einzelmittel
Die Arzneimittelprüfung am Gesunden, Anwendung des Simileprinzipes am Kranken und Beurteilung des Therapieverlaufes ist nur mit Einzelmitteln möglich.

Simileprinzip
Das Ähnlichkeitsprinzip „Similia similibus curentur" – „Ähnliches vermöge durch Ähnliches geheilt zu werden" ist das Wirkprinzip der Homöopathie. Die Nonmainstream-Problematik des Simileprinzipes (s.u.) führt jedoch dazu, dass dieses Wirkprinzip vielfach missverstanden wird.

Therapie
Die Homöopathie bewährt sich als komplementäre (die klinische Medizin ergänzende) Methode sowie alternative (der modernen Medizin überlegene) Therapie bei akuten, chronischen und rezidivierenden Krankheiten des körperlichen, psychosomatischen und psychischen Bereiches und zur Prophylaxe bestimmter Krankheiten [10,16]. Die Homöopathie kommt damit dem Idealziel der Heilung sehr nahe, da auch in schweren Krankheiten vielfach sanfte, rasche und bleibende Heilungen möglich sind [41]:

„Das höchste Ideal der Heilung ist schnelle, sanfte, dauerhafte Wiederherstellung der Gesundheit, oder Hebung und Vernichtung der Krankheit in ihrem ganzen Umfange auf dem kürzesten, zuverlässigsten, unnachtheiligsten Wege, nach deutlich einzusehenden Gründen".

Ganzheitsmedizin

Die Homöopathie ist damit in der Theorie und Praxis (Anamnese, Prognose, Beurteilung des Behandlungsverlaufes, Heilung) das komplexeste und wissenschaftlichste Therapieverfahren der Ganzheitsmedizin.

Non-mainstream-Problematik des Simileprinzipes

Wie in der Einleitung ausgeführt, finden sich in non-mainstream-Bereichen besonders häufig Mischungen von „facts" und „ideas". Das ist auch beim homöopathischen Simileprinzip der Fall, da es **zwei unterschiedliche Klassen** von Similephänomenen gibt [5,26]:

- Natürliche Similephänomene: **Wissenschaft, Medizin, Psychologie**
- Übernatürliche Similephänomene: **Magie, Philosophie, Religion**

Natürliche Similephänomene (Wissenschaft, Medizin, Psychologie)
sind aus Physik, Psychologie, Psychotherapie, Soziologie, Kunst, Physiologie, Volksmedizin, Phytotherapie, Osteopathie, Onkologie, Pharmakologie und Homöopathie bekannt.

Die Ähnlichkeitswirkungen beruhen primär auf Beobachtungen (Entdeckungen), können experimentell bestätigt werden und sind Ausdruck eines allgemeinen biologischen Reaktionsprinzipes lebender Organismen.

Übernatürliche Similephänomene **(Magie, Philosophie, Religion)**
sind aus Magie, Mythologie, Theologie, Philosophie, Erkenntnistheorie, Signaturenlehre und anthroposophischer Medizin bekannt.

Diese Ähnlichkeitsformen beruhen primär auf menschlichen Ideen (Erfindungen) oder spirituellen Botschaften und werden v.a. durch Glauben wirksam.

Problematik: Hahnemann hat mit dem **homöopathischen** Simileprinzip ein **natürliches Similephänomen** entdeckt und die Homöopathie als „sensorische" Medizin begründet, die ausschließlich auf sinnlich oder psychisch wahrnehmbaren **Symptomen** beruht. Zur Abgrenzung gegen spekulative Annahmen trat er klar gegen „übersinnliche (= nicht durch die Sinnesorgane wahrnehmbare, Anm.) Ergrübelungen" [42] ein und hat v.a. die „Signaturenlehre" scharf kritisiert [45].

Da jedoch bis heute keine **verbindliche** medizinische Definition der Homöopathie vorliegt, die die sensorischen Grundlagen der homöopathischen Symptomenlehre ausreichend berücksichtigt und damit die Homöopathie von naturphilosophischen, spiritistischen u.a. „esoterischen" Konzepten trennt, zeigt die Homöopathie ein sehr heterogenes Bild. Dazu kommt, dass in Folge des Zeitgeistes (s.u.) immer mehr subjektive Annahmen und Interpretationen, Ideen der Signaturenlehre, Philosophien und sogar spirituelle und meditative Inhalte in die Homöopathie einfließen und zunehmend eine Mischung von „facts" und „ideas" hervorrufen (siehe Abschnitt 3.3 „Kreative" Homöopathen).

Der gern zitierte Ausspruch „wer heilt, hat recht" hilft zur Beurteilung der medizinischen Seriosität der verschiedenen Verfahren nicht weiter, da beide Klassen der Similephänomene „wirksam" sein können. Denn sowohl wissenschaftliche, medizinische und psychologische Anwendungen wie auch der Glaube an magische, philosophische und religiöse Inhalte können die Gesundheit, Krankheit und Heilung des Menschen beeinflussen.

Dies führt zu einer klassischen non-mainstream-Problematik, da Außenstehende und Kritiker die unterschiedlichen Methoden „in einen Topf werfen" - wodurch ein uneinheitlicher, unwissenschaftlicher und auch unglaubwürdiger Eindruck entsteht, solange keine ausreichende methodische Trennung erfolgt ist.

Mainstream in der homöopathischen Medizin - heute
Die wachsende Anerkennung der Homöopathie wird durch das Ausbildungsdiplom der Österreichischen Ärztekammer (ÖÄK-Diplom Komplementäre Medizin – Homöopathie), Homöopathievorlesungen an medizinischen Fakultäten, homöopathischen Ambulanzen an öffentlichen Krankenhäusern, der europaweiten Vertretung der Homöopathie durch das European Committee for Homeopathy (ECH) in Brüssel und der weltweiten Liga Medicorum Homoeopathica Internationalis (LMHI) zum Ausdruck gebracht.

Allgemeine Grundlagen der modernen Medizin sind auch in der Homöopathie verbindlich bzw. üblich:

- Dokumentation
- Klinische Medizin
- Klinische Studien

Dokumentation
Die genaue Dokumentation der Krankengeschichten ist auch in der homöopathischen Medizin selbstverständlich.

Klinische Medizin
Homöopathische Ärzte sind in Österreich „Schulmediziner", d.h. nach den Kriterien der klinischen Medizin ausgebildete Ärzte, die dieser Medizin ärztlich und juridisch verpflichtet sind. Daher sind klinische Untersuchung einschließlich der üblichen technischen Verfahren, Laborwerte und Diagnose sowie die klinische Beurteilung des gesamten Krankheitsverlaufes auch in der Homöopathie selbstverständlich.

Dies dient nicht nur der Patientensicherheit und forensischen Absicherung des Arztes, sondern ist auch ein wesentliches Kriterium für die medizinische Seriosität der Homöopathie: denn die Wirkungen und Therapieerfolge der homöopathischen Medizin sind ärztliche Beobachtungen!

Klinische Studien

Neben zahlreichen experimentellen Arbeiten an biochemischen, mikrobiologischen und botanischen Modellen und Tierversuchen zeigen v.a. placebokontrollierte Doppelblindstudien am Menschen und Metaanalysen, dass die Wirkung homöopathischer Arzneimittel nicht nur auf einen „Placeboeffekt" zurückgeführt werden kann [14]. Outcome Studies an großen Patientenzahlen belegen, dass die Wirksamkeit der Homöopathie in wichtigen Indikationsgebieten der klinischen Medizin vergleichbar und in manchen Indikationen sogar überlegen ist.

Davon abgesehen sind es v.a. die vorklinischen Fachgebiete, in denen wesentliche Ansätze zur Erklärung des Wirkmechanismus der Homöopathie vorhanden sind:

- Anatomie
- Histologie
- Physiologie
- Neurologie / Neurophysiologie
- Pharmakologie

Anatomie

Die homöopathischen Wirkungen scheinen v.a. durch das Autoregulationssystem vermittelt zu werden, dessen Funktionen durch das **Autonome Nervensystem** und Grundregulationssystem nach Pischinger erbracht werden [23]. Die in diesen Strukturen stattfindenden, selbstregulierenden Prozesse verlaufen über alle anatomischen Organ- und physiologischen Funktionsgrenzen hinweg, was die ganzheitliche Wirkung der Homöopathie zu erklären vermag.

Histologie

Das Grundregulationssystem nach Pischinger wird durch Zellen des lockeren Bindegewebes, Gefäße, periphere Nerven und die den gesamten Organismus durchziehende Interzellularsubstanz gebildet. Diese anatomisch-histologische Funktionseinheit ist neben dem Autonomen Nervensystem das zweite Funktionssystem, das die Ganzheitlichkeit des Organismus bewirkt.

Physiologie

Die Homöopathie und viele andere „Naturheilverfahren" beruhen auf dem regulationsphysiologischen Wirkmechanismus der Hygiogenese. Die Anregung der damit verbundenen, gesundheitserhaltenden physiologischen Funktionen stimuliert die Selbstheilung zur autoregulativen Überwindung der Krankheit.

Als **Autoregulation** [56] wird die „natürliche Fähigkeit des Organismus zu Regulation, Anpassung, Regeneration und Abwehr bezeichnet" (Melchart 1993). Die durch homöopathische Arzneimittel und andere autoregulative Therapieverfahren stimulierbare Anregung dieser **Selbstheilungskraft** vermag die in der Homöopathie bekannten, sanften, raschen, dauerhaften und nebenwirkungsarmen Heilungsverläufe erklären.

Die physiologische Funktionseinheit des **Autoregulationssystems** mit seinen autonomen (= selbsterhaltenden) Eigenschaften und den Körper und die Psyche

umfassenden Wirkbereich entspricht weitgehend dem „autocratischen" Konzept der
Lebenskraft Hahnemanns!

Neurologie / Neurophysiologie

Das autonome Nervensystem beeinflusst alle Lebensfunktionen des Menschen und macht dessen „Ganzheitlichkeit" aus, indem es Körper, Psyche, alle Organe, Gewebe, Drüsen, Nerven und Gefäße verbindet. Aus Sicht der Neurophysiologie können somit viele homöopathische Phänomene erklärt werden: die rasche bis „blitzartige" Wirkung homöopathischer Arzneimittel (Sekundenphänomen), die rasche Symptomverschiebung über alle Organ- und Funktionsgrenzen hinweg (Vikarianz), die Wirkungen auf die Psyche, Träume, Gefühle und Empfindungen, das Wiederauftreten früherer Symptome (Hering'sche Regel), die ätiologische Behandlung (Analogien zum posttraumatischem Syndrom) und das individuell und konstitutionell unterschiedliche Regulationsverhalten der Patienten.

Pharmakologie

Die Homöopathie ist als Regulationsmedizin zu verstehen, der eine Pharmakologie der Naturheilverfahren zugrunde liegt und die als Vermittlung indirekter Wirkungen durch das Autoregulationssystem gemäß dem Reiz-Reaktionsprinzip erklärt werden kann [21].

Similemäßige Arzneiwirkungen sind auch aus der klinischen Pharmakologie bekannt: **Paradoxe Arzneireaktionen** (z.B. bei Atropin, Epinephrin, Serotonin, Benzodiazepin, Barbiturate, Tricyklische Antidepressiva, Salicylate, Histamin, Allopurinol, Thiazid-Diuretika, Calciumkanalblocker, Interferon, Interleukin u.a.) zeigen, dass Arzneimittel gleichzeitig pharmakologische und regulatorische („homöopathische") Wirkungen haben, wodurch viele **Nebenwirkungen** erklärt werden können.

Als regulatorische Gegenreaktionen des Organismus, die der Hauptwirkung des Pharmakons entgegen gesetzt ist, tritt das **Rebound-Phänomen** praktisch bei allen Arzneimittelklassen auf. Dieses regulatorische Phänomen wurde bereits von Hahnemann beschrieben und kann ebenfalls auf das Autoregulationssystem zurückgeführt werden.

Mainstream-Problematik der Homöopathie

Betrachtet man die vorhandenen anatomischen, histologischen, physiologischen, neurophysiologischen und pharmakologischen Ansätze, liegen ausreichende Arbeitshypothesen zur wissenschaftlichen Erforschung der Homöopathie vor. Von Seiten der klinischen Medizin besteht jedoch daran kein Interesse und die Homöopathie verfügt kaum über Eigenmittel, um notwendige Forschungsprojekte zu finanzieren.

Die pharmakologischen Beispiele paradoxer Arzneireaktionen und des Rebound-Phänomens verdeutlichen dieses „non-mainstream-Dilemma": die Phänomene sind der Medizin bekannt, stellen aber nur **Randbereiche** außerhalb statistischer Wahrscheinlichkeiten dar und werden mangels klinischem Interesse kaum beforscht. Noch stärker betrifft dies die anatomischen, histologischen und physiologischen Grundlagen: das autonome Nervensystem und v.a. das Grundregulationssystem - und damit das gesamte Autoregulationssystem - lassen sich morphologisch nicht ausreichend darstellen und können in ihrem funktionellen Gesamtzusammenhang nicht untersucht werden, da die Medizin noch gar keine Methoden kennt, um ganzheitliche Funktionen zu untersuchen.

Dazu kommt, dass die moderne Medizin **pathogenetisch**, d.h. auf die Erkennung, Vermeidung und Heilung von Krankheiten ausgerichtet ist. Die Homöopathie hingegen bewirkt über **hygiogenetische** Prinzipien eine Anregung autoregulativer Funktionen (= Selbstheilungskraft) zur Wiederherstellung der Gesundheit [21]. Mainstream (moderne Medizin) und Non-mainstream (Homöopathie) haben daher unterschiedliche Denkrahmen, die einander zwar nicht ausschließen, aber kein gemeinsames Verständnis ermöglichen, solange kein übergeordneter, beide Bereiche umfassender Denkrahmen existiert.

Genau das ist aber aufgrund der einseitigen Entwicklung der Medizin, den Standards der klinischen Pharmakologie und Evidence Based Medicine und dem anwachsenden pharmakoökonomischen Druck, der eine aufwändige Erforschung wenig profitabler Fachbereiche fast unmöglich macht, nicht zu erwarten.

Eine ähnliche Entwicklung findet in der homöopathischen Pharmazie statt.

3.2 Pharmazie - heute

Damals wie heute sind die von Hahnemann und seinen Nachfolgern entwickelten Herstellungsverfahren homöopathischer Arzneimittel „non-mainstream", wenngleich sie in der Pharmazie weitgehend anerkannt sind und Eingang in das Arzneimittelgesetz und das Europäische Arzneibuch gefunden haben.

Mainstream der Pharmazie - heute

Der mainstream der Pharmazie folgt dem mainstream der Medizin durch High-Tech-Produktion biochemischer und immunologischer, meist verschreibungspflichtiger Arzneispezialitäten. Gleichzeitig werden aber auch viele „komplementäre" Arzneimittel (Phythotherapeutika, Homöopathika, Vitamine, Spurenelemente, Nahrungsergänzungsstoffe u.a. „Naturheilmittel") angeboten, die fast ausschließlich rezeptfrei verkauft werden.

Non-mainstream: homöopathische Pharmazie - heute

- Verdünnungen – Potenzierung
- Bioinformatives Wirkprinzip
- Triturationen und Globuli
- Arzneiherstellung durch den Arzt
- Dispensierrecht

Verdünnungen – Potenzierung
Die Potenzierungsverfahren zur Herstellung homöopathischer Arzneimittel sind durch amtliche Arzneibücher standardisiert, wenngleich sie naturwissenschaftlich auch weiterhin nicht erklärbar sind.

Bioinformatives Wirkprinzip
Die potenzierten Verdünnungen liegen in der Regel unter der Dosis pharmakologischer Wirkungen bzw. jenseits der Loschmidt'schen Zahl, wenn kein Atom oder Molekül des ursprünglichen Arzneistoffes mehr in der Arznei vorhanden ist. Dennoch wirken homöopathische Arzneimittel substanzspezifisch an Mensch und Tier entsprechend der „Arzneimittelbilder". Das Wirkprinzip homöopathischer Arzneimittel kann daher nicht nach den Kriterien der klinischen Pharmakologie biochemisch erklärt werden.

Das durch die Potenzierung aus der Arzneisubstanz „freigesetzte" und auf den Arzneiträger (Wasser, Alkohol, Kohlehydrate) übertragene Wirkprinzip homöopathischer Arzneimittel kann durch metallische Leiter und Glas (!) übertragen, elektronisch verstärkt und digital gespeichert werden und wird durch starke physikalische Einflüsse inaktiviert. Als aktives Wirkprinzip homöopathischer Arzneimittel wird daher empirisch die Existenz einer physikalischen (Schwingung, Feld, Quanten), bioinformativ wirkenden „**Arzneiinformation**" angenommen [22].

Triturationen und Globuli
Die Herstellung von Verreibungen, Globuli u.a. Darreichungsformen wird ebenfalls durch amtliche homöopathische Arzneibücher standardisiert, wenngleich die dabei auftretenden, naturwissenschaftlichen Phänomene erst ansatzweise untersucht wurden.

Arzneiherstellung durch den Arzt
Als praktisch einziges Arzneimittel wird Eigenblut für isopathische Zwecke von Ärzten häufig selbst potenziert.

Dispensierrecht
Einzelgaben homöopathischer Arzneimittel werden auch heute zumeist durch den Arzt abgegeben.

Mainstream in der homöopathischen Pharmazie - heute

- **Arzneimittelgesetz**
- **Homöopathisches Arzneibuch**
- **Europäisches Arzneibuch**

Arzneimittelgesetz
Homöopathische Arzneimittel gelten in Österreich seit 1983 als „Arzneimittel" im Sinne des Arzneimittelgesetzes (AMG) und müssen daher den amtlichen Herstellungs- und Zulassungsvorschriften entsprechen.

Homöopathisches Arzneibuch: die homöopathischen Arzneibücher (Deutschland, Frankreich, Großbritannien, USA, Mexiko, Indien u.a. Länder) enthalten detaillierte Vorschriften zur Definition der Rohstoffe und Herstellung der homöopathischen Arzneimittel (Potenzierung).

Europäisches Arzneibuch: das Europäische Arzneibuch enthält europaweit verbindliche Vorschriften zur Herstellung und Qualitätskontrolle homöopathischer Arzneimittel.

Mainstream-Problematik der homöopathischen Pharmazie

Die Orientierung an den Vorschriften und internationalen Standards der mainstream-Pharmazie – die für die Qualitätskontrolle homöopathischer Arzneimittel vielfach nicht ausreichen oder sogar bedeutungslos sind – führt nicht nur zu immer höheren Standards, sondern auch zu ernsthaften Bedrohungen der homöopathischen Pharmazie:

- Zulassungspflicht
- Unterschiedliche Standards
- Herstellungsänderungen
- Arzneimittelverbote
- Wirtschaftlichkeit

Zulassungspflicht

Alle Hersteller müssen ihre Arzneimittel behördlich zulassen bzw. registrieren lassen und wie „normale" Arzneimittel administrieren (Verfalldatum!). Dies ist zwar grundsätzlich zu begrüßen, führt aber in Anbetracht der großen Zahl homöopathischer Arzneien zu einem unverhältnismäßig hohen Arbeits- und Kostenaufwand, der den Fortbestand vieler „kleiner", d.h. nur selten verordneter Mittel gefährdet.

Unterschiedliche Standards

Aufgrund nationaler Unterschiede der homöopathischen Arzneibücher und unterschiedlicher Qualitätsstandards für industrielle Hersteller und Apotheker ist die Arzneiqualität nicht einheitlich, wodurch die Vergleichbarkeit der Wirkungen homöopathischer Arzneimittel in Fallberichten und klinischen Studien nicht ausreichend gewährleistet ist. Diese Situation wird dadurch verschärft, dass sich die Herstellungsvorschriften nicht immer an der Originalliteratur orientieren und sich die homöopathische Arzneiqualität derzeit nicht analysieren lässt.

Hinzu kommt, dass sich die Standards der Arzneiherstellung und Arzneimittelzulassung - ähnlich wie in der Medizin - an den Kriterien biochemischer Arzneimittel orientieren und damit zur Sicherung der homöopathischen Qualität nicht ausreichen oder nicht zutreffen. Dies ergibt die paradoxe Situation, dass die „modernen" Vorschriften zwar die pharmazeutische Qualität der Rohstoffe immer genauer definieren und damit die Kosten der Qualitätssicherung in schwindelnde Höhen treiben, die **homöopathische Qualität** der fertigen Arzneimittel aber weiterhin nicht ausreichend definiert ist und aufgrund von Herstellungsänderungen manchmal sogar unsicherer oder schlechter wird.

Ähnliches gilt für das **Verfalldatum**: dieses ist an den biochemischen Arzneimitteln orientiert, die durch chemische oder mikrobiologische Einwirkungen zersetzt werden. Für homöopathische Arzneimittel trifft dies aber in der Regel nicht zu. Eine dem bioinformativem Wirkprinzip adäquate Verlängerung des Verfalldatums ist daher dringend erforderlich. Damit würde auch eine einheitliche Qualität schwierig zu beschaffender oder besonders komplexer Arzneistoffe erreicht werden.

Herstellungsänderungen

Unklar definierte Arzneirohstoffe, Schwierigkeiten bei der Beschaffung seltener Rohstoffe, Vorschriften zur Sterilisierung tierischer Rohstoffe und individuelle Interessen industrieller Hersteller und einzelner Apotheker haben zu vielen Abänderungen der Herstellungsvorschriften geführt [9]. Eine international einheitliche und der Originalliteratur (nach der die Arzneien verordnet werden !) entsprechende Herstellung ist deshalb oftmals nicht möglich.

Arzneimittelverbote

Die zunehmende Reglementierung der Arzneiherstellung nach mainstream-Kriterien hat zu Arzneimittelverboten geführt (z.B. Beinwell, Huflattich). Die Vorschriften zur viralen Sicherheit (BSE) verhindern, dass wichtige homöopathische Arzneimittel aus originalen Rohstoffen hergestellt werden, was zu weiteren Herstellungsänderungen führt.

Wirtschaftlichkeit

Da mit Einzelmittelhomöopathika meist kein Gewinn erzielt wird und Zulassung, Neuherstellung nach Ablauf des Verfalldatums und Qualitätssicherung sehr kostenintensiv sind, ist die Herstellung vieler homöopathischer Mittel nicht wirtschaftlich. Diese Situation wird durch europäische Richtlinien u.a. internationale Standards weiter verschlechtert, die den Aufwand der Arzneiherstellung und Qualitätssicherung steigern, sodass dieser nur mehr durch große Firmen oder Konzerne erfolgen kann. Das bedroht viele und v.a. originale homöopathische Arzneimittel, da diese nicht mehr produziert werden dürfen oder die Herstellung unwirtschaftlich ist. Die Konsequenzen dieser „Marktbereinigung" sind noch nicht abzuschätzen.

3.3   Homöopathische Theorie - heute

Die Homöopathie leidet heute zweifach unter der non-mainstream-Situation: einerseits durch die einseitige Dominanz der mainstream-Medizin, die die „Wissenschaftlichkeit" und Qualitätskriterien zur Sicherung dieser Wissenschaftlichkeit vorgibt und auch von der Homöopathie verlangt – obwohl die Prinzipien der „Schulmedizin" methodisch nicht zur Untersuchung oder Beurteilung der homöopathischen Medizin geeignet sind [13].

Andererseits fehlen der Homöopathie als non-mainstream-Methode klar definierte, wissenschaftliche Standards, was die Zunahme spekulativer Ansätze begünstigt. Diese führen zu einem sehr heterogenen Bild und zu Spaltungen unter den Homöopathen: dadurch ist die Homöopathie heute nach innen – im Ringen um eine einheitliche und verbindliche homöopathische Lehre – und auch nach außen – im Ringen um die Anerkennung durch die Schulmedizin und Integration in das Gesundheitssystem – bedroht.

Mainstream der medizinischen Theorie - heute

Wie in Abschnitt 3.1 gezeigt wurde, liegen ausreichende Ansätze vor, um die vorklinischen (Anatomie, Histologie, Physiologie) und klinischen (Neurologie, Neurophysiologie) Grundlagen der homöopathischen Medizin zu erforschen. Allerdings ist die mainstream-Medizin nicht daran interessiert und hat aus methodischen Gründen auch keine Möglichkeiten, diese medizinischen Bereiche zu erforschen:

- **Fehlende methodische Möglichkeiten**
- **Pathogenetische Orientierung**
- **Klinische Pharmakologie**
- **Evidence Based Medicine**
- **Pharmakoökonomie**
- **Forschungsbudget**

Auf die fehlenden methodischen Möglichkeiten der klinischen Medizin, ganzheitliche Prozesse zu untersuchen und deren „pathogenetische" Sicht – die die hygiogenetischen Prinzipien der Homöopathie und Regulationsmedizin nicht wahrnimmt – wurde bereits hingewiesen. Ebenso auf das in der Medizin vorherrschene Denkmodell der Klinischen Pharmakologie und die Qualitätssicherung durch Evidence Based Medicine - die beide nicht in der Lage sind, individuelle und ganzheitliche Prozesse zu erfassen. Solange sich auch der zunehmende pharmakoökonomische Druck der Evidence-Based-Sichtweise bedient und für die Homöopathie kaum Forschungsbudgets zur Verfügung stehen, ist eine Verbesserung der wissenschaftlichen Situation der homöopathischen Medizin kaum zu erwarten.

Non-mainstream: homöopathische Theorie - heute

Die homöopathische Theorie Hahnemanns (Konzept der Lebenskraft) als einzige (!) wissenschaftliche Theorie, die die Homöopathie widerspruchsfrei und logisch erklären kann, ist das Paradebeispiel einer „non-mainstream"-Theorie. Durch das Fehlen verbindlicher wissenschaftlicher Standards und der zeitbedingten Veränderung der Homöopathie - genauer: der Homöopathen (!) - ist es jedoch zu **Spaltungen** gekommen:

- „Konservative" Homöopathen
- „Kreative" Homöopathen
- „Wissenschaftliche" Homöopathen

„Konservative" Homöopathen nehmen den Begriff der Lebenskraft wörtlich (die Arbeiten Hahnemanns sind immer noch Basisliteratur der Homöopathie), erlernen das Konzept und stellen am Patienten vorurteilsfrei fest, dass es „stimmt", d.h. dass sich damit die Beobachtungen der Homöopathie logisch erklären lassen.

„Kreative" Homöopathen lehnen das Konzept der Lebenskraft ab und entwickeln – oder glauben – an eigene, „moderne" Konzepte, obwohl diese auf meist spekulativen (d.h. nicht nach wissenschaftlichen Kriterien entwickelten und in der Praxis geprüften), philosophischen, esoterischen und spirituellen Inhalte beruhen. Da diese Ansätze zudem meist nur Teilbereiche der Homöopathie berücksichtigen, können sie die Phänomene der Homöopathie nicht in einem ganzheitlichen Zusammenhang erklären. Diese „Theorien" verwenden mechanistisches Denken unter Einbringung persönlicher, philosophischer oder geistiger Aspekte und sind daher nicht geeignet, die Homöopathie wissenschaftlich zu erklären.

„Wissenschaftliche" Homöopathen untersuchen die historischen Quellen – das seit 200 Jahren in der ärztlichen Praxis bewährte, alle Phänomene der Homöopathie berücksichtigende, widerspruchsfreie Konzept der Lebenskraft Hahnemanns – um festzustellen, ob dieses durch neue wissenschaftliche Erkenntnisse verifiziert, d.h. bestätigt oder erweitert oder falsifiziert wird bzw. aus heutiger Sicht obsolet ist, weil neuere, bessere Erklärungen vorliegen.

Der **Konflikt** zwischen konservativ-bewahrenden, kreativ-neuschaffenden und wissenschaftlich-forschenden Kräften hat jedoch nichts mit der homöopathischen Medizin zu tun, sondern ist eine klassische non-mainstream-Thematik, die Herbert Pietschmann 1980 in seinem Buch „Das Ende des naturwissenschaftlichen Zeitalters"[60] beschrieben hat.

Non-mainstream-Problematik der homöopathischen Theorie

Nach H. Pietschmann und Gerhard Schwarz[61] handelt es sich dabei nicht primär um einen Sachstreit, sondern um menschliches Konfliktverhalten, das bei jeder **Wissenschaftsentwicklung** zu beobachten ist, wenn alte Theorien und neue Erkenntnisse - die durch die vorhandene Theorie nicht erklärt werden können - aufeinanderprallen und zu einer Veränderung der Theorie führen.

Allerdings ist dies **nicht** die einzige Erklärung für den aktuellen Konflikt in der Homöopathie[18]. Denn dieser ist nicht nur ein Wissenschaftsstreit, sondern auch ein „geistiger Kampf", bei dem **Weltbilder** aufeinanderprallen.

Bei den aktuellen Spaltungen der Homöopathie handelt es sich daher nicht nur um einen sachlichen Konflikt, weil bestehende Theorien durch neue Befunde in Frage gestellt werden, sondern um das Hereindrängen philosophischer, esoterischer u.a. weltanschaulicher Ideen in eine medizinische Methode ! Die drei Homöopathengruppen der „konservativen", „kreativen" und „wissenschaftlichen" Homöopathen tragen damit einen Konflikt ihrer Weltbilder - Homöopathie, Philosophie & Esoterik und Naturwissenschaft - aus.

Dieser Konflikt hat daher nichts mit der Homöopathie zu tun, sondern entspricht dem heutigen **Zeitgeist**, der in allen Bereichen zu finden ist [19]. Ein Konflikt von Weltanschauungen kann aber **nicht** mit wissenschaftlichen Methoden gelöst werden, da „Konservative" und „Kreative" die Wissenschaftlichkeit an sich und damit die einzige, medizinisch verbindliche Ebene in Frage stellen.

Diese **globale** Entwicklung macht auch vor der Homöopathie nicht halt. Die Homöopathie befindet sich dadurch in einer Umbruchphase, deren Ausgang noch nicht absehbar ist.

- **Keine verbindlichen Standards**
- **Spaltungen**
- **Klassische Homöopathie („internalistisch")**
- **Kreativ-spekulative Homöopathie („externalistisch")**
- **Mainstream im Non-mainstream ?**
- **Evolution ?**

Keine verbindlichen Standards

Der derzeitige wissenschaftliche Standard der Homöopathie ist das Lebenskraftkonzept Hahnemanns - das sich in sachlichem Konflikt mit den heutigen, medizinisch-wissenschaftlichen Standards der klinischen Pharmakologie, Evidence Based Medicine und Naturwissenschaft befindet. Dabei handelt es sich um einen Wissenschaftsstreit, der nach H. Pietschmann durch Erweiterung des „Denkrahmens" im Sinne einer übergeordneten Theorie lösbar ist [13].

Problematisch wird die Situation jedoch, wenn „kreative" Kollegen die medizinisch-wissenschaftlichen Standards der Homöopathie und klinischen Medizin generell als unzureichend bezeichnen und statt dessen subjektive und philosophisch-esoterische Konzepte in die Homöopathie einbringen. Da Medizin, Naturwissenschaft und Philosophie auf unterschiedlichen, wissenschaftstheoretisch **nicht** vergleichbaren Erkenntnisebenen liegen, könnten in diesem Fall keine verbindlichen Kriterien für gemeinsame Standards gefunden werden.

Nach welchen Grundsätzen soll für die Homöopathie eine einheitliche Theorie gesucht werden ? Oder wird auch dies abgelehnt ? Wenn nicht nach wissenschaftlichen Kriterien - nach welchen Kriterien dann ?

Spaltungen

Das Fehlen einer einheitlichen medizinischen Theorie und verbindlicher, wissenschaftlicher Standards führt in der Praxis, Forschung und Lehre zu gravierenden Nachteilen. Der Homöopathie fehlt damit die rationale Grundlage und die weitere Entwicklung der homöopathischen Medizin wird damit der Beliebigkeit sowie allfälligen, philosophisch-esoterischen Trends des „Zeitgeistes" preisgegeben.

Dann stehen sorgfältig erarbeitete medizinische Theorien, Hypothesen, spontane Ideen, esoterische Annahmen und spirituelle Botschaften gleichwertig nebeneinander, die in homöopathischen Medien ohne „peer review" rasch verbreitet werden und „Wissen" vortäuschen, das gar nicht vorhanden ist. Die Homöopathie mischt sich dann mit nichtmedizinischen Wissenschaften und Weltbildern, was zu Spaltungen [18], Aufsplitterung und vielleicht Zerstörung dessen führt, was bisher erreicht wurde.

Klassische Homöopathie („internalistisch")

Das Paradebeispiel der konservativ-bewahrenden Richtung ist die „Klassische Homöopathie" - die ein bewährtes, in sich geschlossenes und daher widerspruchsfreies medizinisches System darstellt, das in der Theorie, Praxis und Lehre nur „internalistische" Aspekte berücksichtigt, die dem Denkrahmen der Homöopathie entsprechen.

Die Vorteile dieser Methode liegen in der Klarheit der Lehre (definierte Grundlagen) und klinischen Bewährtheit (definierte Methodik / 200 Jahre Erfahrung), die therapeutische Sicherheit und Orientierung auch in schwierigen Krankheitssituationen gewährleisten.

Die Nachteile der Klassischen Homöopathie liegen in der engen Sichtweise des historischen Denkmodells und der damit verbundenen Schwierigkeit, die Homöopathie in eine Gesamtmedizin einzuordnen. Die Überbewertung der eigenen Methode („Homöopathie ist die einzige echte Heilmethode") fördert zudem die Polarisierung („Homöopathie versus Schulmedizin"). Diese klassische Non-mainstream-Problematik ist jedoch nach H. Pietschmann durch Wissenschaftsentwicklung prinzipiell lösbar.

Kreativ-spekulative Homöopathie („externalistisch")

Ein Paradebeispiel „kreativ-spekulativer" Homöopathie ist die Signaturenlehre, die zwar schon von Hahnemann strikte abgelehnt wurde [45], aber immer noch in der homöopathischen Medizin zu finden ist [6,68]. Problematisch daran ist, dass es sich dabei um ein völlig offenes Denksystem handelt, mit dem beliebige, „externalistische" (d.h. außerhalb des Denkrahmens der Homöopathie liegende) Inhalte in die Homöopathie eingebracht werden können.

Dasselbe gilt für die vielen anderen „spekulativen" Ansätze, die seit einigen Jahren in der Homöopathie zunehmen, wodurch subjektive Ansichten, persönliche Ideen, psychologisierende Interpretationen, philosophische Inhalte, esoterische Gedanken und meditativ-spirituelle Botschaften vermehrt in die Homöopathie einfließen [24,50,55].

Die Vorteile dieser sehr unterschiedlichen Richtungen liegen nicht nur in der Suche nach Neuem, sondern vielfach auch darin, eigenen Ideen und gut klingenden Lehren folgen zu können, anstelle sich der mühevollen Arbeit der klassischen Homöopathie zu unterziehen.

Die Nachteile liegen darin, dass die neue Vielfalt der subjektiven Meinungen und Interpretationen zu einer kaum mehr zu trennenden Mischung von „facts" und „ideas" führt. Diese Vielfalt relativiert jedoch die vorhandenen Grundlagen und macht eine einheitliche Lehre und Theoriebildung unmöglich.

Mainstream im non-mainstream ?

Bedrohlich daran ist, dass diese Entwicklung immer mehr zunimmt und die „neue" Vielfalt dazu führt, dass die „reine" Lehre - das, was die Homöopathie groß gemacht hat und ihre Zuverlässigkeit bewirkt - von vielen wieder verlassen wird. Die dadurch entstehende **Orientierungslosigkeit** [29] verunsichert die Studenten der Homöopathie aber auch Patienten und Ärzte und macht eine wissenschaftliche Erforschung der Homöopathie unmöglich [25]. Diese Entwicklung bedroht die gesamte Homöopathie und hat bereits zu schweren Spaltungen [30,57,64,65] und zur Abfassung eines **Manifestes** zur Rückkehr zu den Grundlagen der Homöopathie geführt [30].

Dabei handelt es sich aber um keinen Wissenschaftsstreit, sondern eine **geistige** Auseinandersetzung, da für viele Kollegen die Homöopathie nicht nur medizinische Methode, sondern auch **Philosophie** und Weltbild ist. Viele „kreative" Homöopathen stammen aus der „68-Generation" und sehen die „sanfte" Homöopathie als Antithese zur „technischen Schulmedizin". Die häufig zitierte Meinung „wir brauchen keine Wissenschaft" stammt aus dieser Richtung.

Der Konflikt ist Ausdruck des heutigen **Zeitgeistes**, durch den subjektive, psychologische, soziale, humanistische u.a. weltanschauliche Ansichten wichtiger sind als echte „Wahrheitsfindung" – die ja von vornherein ausgeschlossen wird, indem der Begriff „Wahrheit" genauso wie verbindliche, wissenschaftliche Kriterien generell abgelehnt werden. Dies hat der Forscher und „Wahrheitssucher" Hahnemann wohl nicht vorausgesehen ...

Die Homöopathie befindet sich damit in einer Umbruchphase, bei der noch nicht abzuschätzen ist, wohin der Streit zwischen den „konservativen", „kreativen" und „wissenschaftlichen" Richtungen führen wird. Werden die irrationalen Einflüsse - vor denen Hahnemann entschieden gewarnt hat - zum **neuen Mainstream im Non-mainstream** ? Werden die rationalen klassischen und wissenschaftlichen Homöopathen als „Hüter der reinen Lehre" und Forscher der Homöopathie zukünftig einer Minderheit angehören – als **Non-mainstream im Non-mainstream** ?

Homöopathie und Schöpfung

Die tiefgreifenden Veränderungen der homöopathischen Medizin spiegeln **nicht** die Homöopathie, sondern eine Krise der sozialen Gruppe der Homöopathen wieder, die die Homöopathie zur Lebensphilosophie erhoben hat und ihre eigenen Gedanken und Philosophien in die Homöopathie einbringen möchte.

Die aktuelle Krise der Homöopathie ist deshalb eine **geistige Krise**, bei der es nicht nur um medizinische Sachfragen geht, sondern Weltbilder aufeinanderprallen, die nicht zueinander passen und auch nicht „harmonisiert" werden können. Da dabei die Wissenschaft als verbindliche Ebene abgelehnt wird, kann der Konflikt auch nicht gelöst werden - denn philosophische und esoterische Ideen sind **Glaubenssache**.

Die Krise der Homöopathie ist damit auch ein **Glaubensstreit**. Hahnemanns Glaube an einen Schöpfergott ist in doppelter Hinsicht Grundlage seiner Homöopathie: aus der Gottesbeziehung schöpfte er die Kraft, um die Homöopathie unter unvorstellbarem Arbeitseinsatz zu entwickeln und gegen Angriffe zu verteidigen. Und er gründete die gesamte Homöopathie auf die Schöpfung, indem er das Simileprinzip als natürliches Similephänomen, den gesamten Krankheitsbegriff und die wissenschaftliche Erklärung der Homöopathie ausschließlich auf das gründete, was er in der **Schöpfung** vorfand und sich gegen „übersinnliche Ergrübelungen" entschieden verwahrte.

Homöopathie und Schöpfung sind damit untrennbar verbunden. Die Homöopathie wurde als natürliches Phänomen entdeckt und beruht auf dem, was in der Schöpfung auf natürlichem Weg wahrnehmbar ist. Damit ist die Homöopathie „internalistisch" auf die **Natur** beschränkt und stellt eine klassische **Natur-Wissenschaft** nach ganzheitlichen Prinzipien dar - wodurch der Denkrahmen der Homöopathie eindeutig definiert ist.

Einen anderen Weg beschreiten die „Kreationisten", die „kreativ-spekulativen" Homöopathen, die den Weg Hahnemanns verlassen und neue Annahmen und Ideen einbringen. Damit wird die Homöopathie zu einer **Mischung** natürlicher und übernatürlicher Phänomene und Behauptungen, die aus Bereichen in oder über der Schöpfung stammen (Natur, Mensch, Geist) und sinnlich oder übersinnlich wahrgenommen werden oder mentale Denkleistungen (Ideen) darstellen. Diese „modernen" homöopathischen Ansätze sind somit „externalistisch" auf **Natur und Geist** ausgerichtet und haben einen offenen Denkrahmen, der nicht eindeutig definiert werden kann - und sind damit für ein naturwissenschaftliches Verständnis ungeeignet.

Die Orientierungslosigkeit und Unsicherheit, die Öffnung der Homöopathie für geistige und damit nicht definierbare Inhalte bewirkt, hat zur größten Krise der Homöopathie seit ihrem Bestehen geführt und entspricht dem, was Erhard Oeser in seinem Eröffnungsvortrag über die „Wissenschaft als dynamisches Phänomen" gesagt hat: wie jede Wissenschaft hatte auch die Homöopathie eine „initiale Phase", der eine „stabilisierende Phase" folgte, wenn auch die Homöopathie nie richtig stabil war, sondern meist zwischen den Extremen „abgelehnt", „toleriert" und „trotz Widerstand durchgesetzt" schwankte. Nun ist die Homöopathie aber in eine dritte Phase eingetreten, von der man nur hoffen kann, dass sie eine vorübergehende Tendenz darstellt: eine **„Mischungsphase"**. Diese Öffnung des homöopathischen Denkrahmens für fremde Inhalte führt zur Aushöhlung der bestehenden Regeln und bedroht damit das, was bisher erreicht wurde. Dies führt zu Spaltungen und Zerfall - Zustände, die in der Homöopathie als **Destruktion** bezeichnet werden, die zentrale Strukturen und Funktionen betrifft und zu irreversiblen Schäden führen kann.

Dieser Entwicklung der „modernen" Homöopathie kann nur durch „Besinnung auf die Wurzeln" und Rückkehr zum ursprünglichen Weg (Klassische Homöopathie) oder Suche nach einem zeitgemäßen Weg nach definierten Kriterien (wissenschaftliche Homöopathie) begegnet werden. Wenn die Homöopathie eine glaubwürdige **Medizin** sein will, müssen ihre wissenschaftlichen Grundlagen erforscht werden - denn die homöopathische Medizin kann nicht Medizin und Philosophie zugleich sein ! Dazu braucht die Homöopathie klar definierte Regeln – jede Lehre zerbricht an einem Übermaß an Toleranz !

Evolution ?
Diese Veränderungen sind eine globale Zeiterscheinung. Das Verlassen der bisherigen, bewährten Wege und die daraus entstehende Vielfalt, die Unfähigkeit zur Abwehr fremder Inhalte, indem subjektive Wahrheiten über dem gemeinsamen Ganzen stehen, die Akzeptanz neuer Ideen - selbst dann, wenn diesen den Denkrahmen sprengen - durch falsch verstandene „Toleranz" und sozial ausgerichtetes „Community-Denken", die Relativierung der bisherigen Grundlagen durch die neue Vielfalt und das darauf hin mögliche, „demokratische" Verlassen verbindlicher Regeln und Werte – aus Freude, eigene Wege zu gehen, schlichter Orientierungslosigkeit oder ökonomischen Gründen – ist ein Vorgang, der nicht nur in der Homöopathie, sondern auch im heutigen Europa und weltweit zu beobachten ist [18,19].

Diese Entwicklung, die die Grundlagen der Homöopathie bedroht, kann wohl **keine Evolution** im Sinn von „Höherentwicklung" sein – sie ist vielmehr destruktiv und damit das genaue Gegenteil. Diese Polarität spiegelt die geistige Polarität des uralten Glaubensstreites wider: Schöpfung oder Evolution ?

Hahnemann gründete die Homöopathie auf seinen Glauben an einen Schöpfergott. Das homöopathische Simileprinzip und die homöopathischen Phänomene beziehen sich ausschließlich auf die Schöpfung (Natur und Mensch). Die geistige Dimension bleibt dabei im Hintergrund – gemäß dem Menschenbild der Homöopathie, das zwischen Organismus, Lebenskraft und Geist unterscheidet, wobei der Geist **nicht** Bestandteil der homöopathischen Medizin ist, sondern im Menschen wohnt und diesen zum höheren Zwecke unseres Daseins verwenden will [43]. Die homöopathische Medizin Hahnemanns ist damit **Medizin** – die definitiv und ausschließlich auf den physiologischen Bereich der „Lebenskraft" ausgerichtet ist. Die Beschränkung auf die Schöpfungsordnung akzeptiert diese als natürliche **Ordnung** und ist Voraussetzung zur Entwicklung einer Natur-Wissenschaft.

Die „Kreationisten" hingegen bringen ihre eigenen Glaubensinhalte in die Homöopathie ein und beziehen diese damit auf die Schöpfung (Natur und Mensch) **und** Schöpfungen des Menschen (Ideen, Interpretationen, Philosophie, Esoterik) **oder** übernatürliche geistige Botschaften (Religion, Spiritismus). Damit verlassen sie die Homöopathie Hahnemanns und erweitern diese um die geistige Dimension. Damit wird die „kreativ-spekulative" Homöopathie eine undefinierbare **Mischung** aus **Medizin und Geist** - was zu Verwirrung, Unsicherheit, Orientierungslosigkeit und Instabilität führt. Die Mischung aus Schöpfungsordnung und eigenen „Schöpfungen" bewirkt eine **Unordnung**, die die Entwicklung einer wissenschaftlichen Medizin unmöglich macht.

Die Zerrissenheit der heutigen Homöopathie spiegelt die uralte Glaubensfrage der Menschheit „Schöpfung oder Evolution" wider. Denn die „kreativen" Homöopathen und Evolutionstheoretiker haben gemeinsam, dass sie natürliche Phänomene und geistige Weltanschauungen **mischen** und damit die Naturwissenschaft verlassen. Beide sind **evolutionistisch** ausgerichtet - wobei übersehen wird, dass es sich dabei nicht um Wissen, sondern nur um „Theorien" handelt, die auf isolierten Einzelbefunden und mechanistischem Denken unter Hinzufügung weltanschaulicher Annahmen beruhen – bei denen der ganzheitliche Zusammenhang nicht nachgewiesen ist und aus methodischen Gründen auch gar nicht nachgewiesen werden kann [3,28,53,69]. Beiden Ansätzen liegt blinder Fortschrittsglaube zugrunde, „dass alles besser wird und sich zu Höherem entwickelt" – wo doch die Evolution des Menschen zeigt, dass dieser Weg auch zur Zerstörung führen kann, wie Hans Hass am Beispiel der Energontheorie berichtet hat [51].

Die Ablehnung der Schöpfungsordnung durch den menschlichen Geist hat dazu geführt, dass der Mensch seine eigenen Grundlagen zerstört. Diese Entwicklung ist heute in allen Bereichen erkennbar und zeigt sich auch in der Homöopathie: das Verlassen der natürlichen Schöpfung aufgrund eigener Ideen und Weltbilder bedroht die Grundlagen der Homöopathie. Daher möchte ich den Beitrag mit den Worten von Hans Hass abschließen, der über diese globale Entwicklung sehr besorgt ist und die heutige Situation mit folgenden Worten kommentierte [52]:

„Wir wissen die Ursachen - und wir wissen genau, was wir dagegen tun müssen. Aber es wird sehr schwierig werden - und es ist nicht sicher, ob wir es schaffen".

Literatur

1. Blackie M.: Lebendige Homöopathie. Gesammelte Erfahrungen als vitale Arzneimittel-lehre. Johannes Sonntag, München 1990.
2. ebd.: 50-51.
3. Bliss R. B.: Zwei Modelle im Test – Evolution kontra Schöpfung. CLV Christliche Literatur-Verbreitung e.V., Bielefeld 1994.
4. Bundesgesetzblatt für die Republik Österreich. BGBl. 140/2002: 60. Novelle zum ASVG: Aufnahme von Arzneispezialitäten in das Heilmittelverzeichnis / Hauptverband der Österreichischen Sozialversicherungsträger: Verfahrensordnung zur Herausgabe des Heil-mittelverzeichnisses nach § 351 g ASVG - VO-Heilmittelverzeichnis (1.10.2002).
5. Das Simileprinzip der Homöopathie. Teil 1: Deutsche Zeitschrift für Klinische Forschung Heft 1, Jg. 4, Februar 2000: 15-19. Teil 2: Heft 2, Jg. 4, April 2000: 5-11. Teil 3: Heft 4, Jg. 4, August 2000: 6-11. Teil 4: Heft 5, Jg. 4, Oktober 2000: 5-10.
6. ebd.: Teil 1.
7. Dellmour F.: Die Bedeutung der Lebenskraft für die Homöopathie. Homöopathie in Österreich 8 (1997) Nr. 4: 19-27.
8. Dellmour F.: Die Entwicklung der Potenzierung bei Samuel Hahnemann. Homöopathie in Österreich 3 (1992), 4: 132-144.

9. Dellmour F.: Die Entwicklung der Potenzierung bei Samuel Hahnemann und spätere Abänderungen der Arzneiherstellung. Documenta homoeopathica, Band 13, W. Maudrich, Wien 1993: 139-188.
10. Dellmour F.: Die Steigerung der Immunität durch homöopathische Behandlung. Vor-läufige Ergebnisse einer Literaturstudie. Documenta homoeopathica, Band 16, W. Maudrich, Wien 1996: 273-296.
11. Dellmour F.: Hahnemanns Potenzierungsbegriff. Zeitschrift für Klassische Homöopathie, 37 (1993), 1: 22-27.
12. Dellmour F.: Homöopathie und Lebenskraft. Begriffe bei Samuel Hahnemann. Documenta homoeopathica, Band 17, W. Maudrich, Wien 1997: 63-103.
13. Dellmour F.: Homöopathie und Wissenschaft - die Bedeutung von Denkrahmen und Paradigma. Deutsche Zeitschrift für Klinische Forschung Heft 2, Jg. 3, April 1999: 18-24.
14. Dellmour F.: Homöopathische Arzneiwirkung oder Placebo ? Wirknachweise in der Homöopathie. Deutsche Zeitschrift für Klinische Forschung Heft 1, Jg. 3, Februar 1999: 15-22.
15. Dellmour F.: Homöopathische Behandlung der rezidivierenden Sinusitis. Forum Dr. MED 18 (1994), 4: 34-38.
16. Dellmour F.: Homöopathische Psychotherapie am Beispiel der Bulimie. forum DR.MED, 9/1992: 38-41.
17. Dellmour F.: Konzentrationsverhältnisse homöopathischer Arzneimittel. Documenta homoeopathica, Band 14, W. Maudrich, Wien 1994: 261-298.
18. Dellmour F.: Köthen. Folia homoeopathica. Aktuelles zur Homöopathie und Pharmazie. Hrsg. Robert Müntz, Eisenstadt. 12. Ausgabe, September 2002.
19. Dellmour F.: Köthen. Visionen und Nebukadnezars Traum. Manuskript für Homöopathie in Österreich 2003.
20. Dellmour F.: Meningitis serosa - Gelsemium sempervirens. In: Documenta Homoeo-pathica Band 12, W. Maudrich, Wien 1992: 141-144.
21. Dellmour F.: Pharmakologische Grundlagen der Homöopathie. Deutsche Zeitschrift für Klinische Forschung Heft 6, Jg. 3, Dezember 1999: 27-32.
22. Dellmour F.: Pharmazeutische Grundlagen der Homöopathie. Deutsche Zeitschrift für Klinische Forschung Heft 5, Jg. 3, Oktober 1999: 12-16.
23. Dellmour F.: Physiologische Grundlagen der Homöopathie. Deutsche Zeitschrift für Klinische Forschung Heft 4, Jg. 3, August 1999: 11-15.
24. Dellmour F.: Qualität homöopathischer Arzneimittel. Einflüsse der Rohstoffe und Herstellungsverfahren. Documenta homoeopathica, Band 18, W. Maudrich, Wien 1998: 261-3.
25. Dellmour F.: Rationale oder irrationale Heilkunst ? Manuskript 2003.
26. Dellmour F.: The similia principle – ist historical and scientific roots. 56th Congress of the Liga Medicorum Homoeopathica Internationalis. 29 August – 2 September 2001, Sibiu, Romania. Casa de Presa si Editura „Tribuna", Sibiu 2001: 86-94.

27. Doctor universae medicinae - in Österreich promovieren Mediziner zum „Doktor der gesamten Heilkunde" (Dr. med. univ.).
28. Gitt W.: Das biblische Zeugnis der Schöpfung. Hänssler, 7. Aufl., Holzgerlinden 2000.
29. Gypser K.-H.: Standort und Aufgabe der deutschen Homöopathie. AHZ 6/2001: 235-238.
30. Habich K., Kösters C., Rohwer J.: Rundschreiben. Hamburg und Lübeck, 24.4.2002. Beilage: Manifest (Declaration). Zur Veröffentlichung im Journal of the American Insti-tute of Homeopathy und Internet vorgesehen.
31. Haehl R.: Samuel Hahnemann. Sein Leben und Schaffen. Bände I-II. Dr. Willmar Schwabe, Leipzig 1922.
32. Hahnemann S.: Apothekerlexikon. 2 Theile mit je 2 Abtheilungen. Siegfried Lebrecht Crusius, Leipzig 1793-1799. Unveränderter Nachdruck der Erstausgabe, Haug, Heidel-berg.
33. Hahnemann S.: Belehrung über das herrschende Fieber. Allgemeiner Anzeiger der Deutschen Nr. 261 (1809). In [38.]: Band 2: 87.
34. Hahnemann S.: Eine plötzlich geheilte Kolikodynie (1797). In [38.]: Band 1: 199-203.
35. Hahnemann S.: Heilart des jetzt herrschenden Nerven- oder Spitalfiebers (1814). In [38.]: Band 2: 155-159.
36. Hahnemann S.: Heilkunde der Erfahrung. Berlin 1805. Nachdruck Haug, Heidelberg 1989: 15.
37. Hahnemann S.: Heilung und Verhütung des Scharlachfiebers (1801). In [38.]: Band 1: 229-238.
38. Hahnemann S.: Kleine medizinische Schriften. Hrsg. von Dr. E. Stapf, Dresden und Leipzig 1829. 2 Bände. 2., unv. Nachdruck der Erstausgabe, einbändige Ausgabe, Haug, Heidelberg 1989.
39. Hahnemann S.: Organon der rationellen Heilkunde, Arnoldische Buchhandlung, Dresden 1810. Faksimileausgabe der 1. Auflage mit den handschriftlichen Änderungen Hahnemanns zur 2. Auflage. Stuttgart 1976.
40. Hahnemann; S.: Organon der Heilkunst, 6. Auflage (1921). Nachdruck Haug, Heidelberg 1987.
41. ebd.: § 2.
42. ebd.: § 6.
43. ebd.: § 9.
44. ebd.: § 144.
45. Hahnemann S.: Reine Arzneimittellehre. 2. Auflage, Band 3, Dresden 1825. 4. Nachdruck Haug, Heidelberg 1989: 21.
46. ebd.: Band 4, Dresden 1825. Nachdruck Haug, Heidelberg 1989: 103.

47. Hahnemann S.: Ueber den Werth der speculativen Arzneisysteme, besonders im Gegenhalt der mit ihnen gepaarten, gewöhnlichen Praxis. Aus dem Allgem. Anz. d. D. Nr. 263. Jahrg. 1808. In [38.]: Band 1: 59-78.
48. Hahnemann S.: Ueber die Arsenikvergiftung ihre Hülfe und gerichtliche Ausmittelung. Siegfried Lebrecht Crusius, Leipzig 1786. 1. Nachdruck, Arkana, Heidelberg 1983.
49. Hahnemann S.: Versuch über ein neues Prinzip zur Auffindung der Heilkräfte der Arzneisubstanzen nebst einigen Blicken auf die bisherigen. Hufelands Journal der praktischen Arzneikunde, 2. Band, 3. Stück (1796). In [38.]: Band 1: 135-198.
50. Hammerschmidt H.: Neue Welten der Homöopathie und der Kräfte des Lebens. Homöopathie in Österreich 13 (2002) 3: 39-40.
51. Hass H.: Zum aktuellen Stand der Energontheorie. Symposium „Neben dem Mainstream (Beyond The Mainstream)" im Naturhistorischen Museum Wien, 6.3.2003.
52. ebd.: Persönliche Mitteilung.
53. Junker R., Scherer S.: Evolution – Ein kritisches Lehrbuch. Weyel Lehrmittelverlag, 4. völlig neu bearb. Aufl., Gießen 1998.
54. Klement A.: Arsenik: Trisenox® – ein „Orphan Drug" bei Leukämie. Österreichische Apothekerzeitung, 57. Jg., Nr. 5, 3.3.2003: 213-4.
55. Mattitsch G.: Die Bedeutung der miasmatischen Prägung in der hom. Praxis. Homöopathie in Österreich 13. Jg., Sommer 2002 (2): 8-12.
56. Melchart D., Wagner H.: Naturheilverfahren. Grundlagen einer autoregulativen Therapie. Schattauer, Stuttgart 1993. Terminologie: 2 ff.
57. Morrison et al.: Gegen spalterische Tendenzen. Leserbrief. Homeopathy Today 2001; 21 (5): 21-22. Übersetzung A. Riedel. Der Originaltext „Against Divisiveness" kann in [64.] im Internet nachgelesen werden (2. Zeile: „click here to read the letter").
58. Müller (Dellmour) F.: Hahnemanns Chinarindenversuch. Homöopathie in Österreich 2 (1991), 4: 173-183.
59. Oeser E.: Non-Mainstreams in der Wissenschaft. Einleitungsvortrag des Symposiums „Neben dem Mainstream (Beyond The Mainstream)" im Naturhistorischen Museum Wien, 6.3.2003.
60. Pietschmann H.: Das Ende des naturwissenschaftlichen Zeitalters. Paul Zsolnay, Wien/Hamburg 1980.
61. ebd.: 140 ff.
62. Ritter H.: Samuel Hahnemann. Begründer der Homöopathie. Sein Leben und Werk in neuer Sicht. Haug, 2. erw. Auflage, Heidelberg 1986.
63. Sackett D., Straus S., Richardson W.S., Rosenberg W., Haynes R.B.: Evidenc-Based-Medicine. How to Practice and Teach EBM. 2nd ed., Churchill Livingstone, Edinburgh 2000.

64. Saine A.: Homeopathy versus Speculative Medicine. A Call for Action. Simillimum. Der Artikel kann unter www.homeopathy.ca/Articles im Internet nachgelesen werden.
65. Saine A.: Homöopathie oder nicht Homöopathie – wo ziehen wir die Trennlinie? Die Originalarbeit „Drawing a Line in the Sand: Homeopathy or Not Homeopathy?" wurde vom Journal of the American Institute of Homeopathy zur Veröffentlichung angenommen. Übersetzung A. Riedel. Der Originalartikel kann w.o. im Internet nachgelesen werden.
66. Schmidt J. M.: Bibliographie der Schriften Hahnemanns. Franz Siegle, Rauenberg 1989.
67. Tischner R.: Geschichte der Homöopathie. Dr. Willmar Schwabe, Leipzig 1932, 1934, 1937 und 1939. Springer Verlag, Wien 1998.
68. Vonarburg B.: Homöotanik. Farbiger Arzneipflanzenführer der klassischen Homöopathie. Bände 1-4. Haug, Heidelberg 1996-2001.
69. Wilder Smith A. E.: Planender Geist gegen planlose Entwicklung. Genetische Program-mierung als Alternative zu Darwins Evolutionstheorie. Schwabe & Co. AG, Basel/Stuttgart 1983.

Autoren

Dellmour Friedrich, Dr., Ludwig Boltzmann Institut für Homöopathie Graz.

Edlinger Karl, Mag. Dr., Naturhistorisches Museum Wien.

Feigl Walter, Prof. Dr., Institut f. Pathologie d. Universität Wien.

Fleck Günther, Dr., Bundeministerium f. Landesverteidigung, Wien.

Gudo Michael, Dr., Senckenberg-Insitut Frankfurt/M.

Hass, Hans, Prof. Dr., Wien

Khittel Stefan, Mag., Österr. Akademie der Wissenschaften Wien.

Oeser Erhard, Prof. Dr., Vorst. des Instituts für Wissenschaftstheorie der Universität Wien.

Reichholf Josef H., Prof. Dr., Bayrische Statssammlung u. Universität München

Organismus und System
Schriftenreihe des Wiener Arbeitskreises für Systemische Theorie des Organismus

Herausgegeben von Karl Edlinger

Band 1 Karl Edlinger / Walter Feigl / Günther Fleck: Systemtheoretische Perspektiven. Der Organismus als Ganzheit in der Sicht von Biologie, Medizin und Psychologie. 2000.

Band 2 Karl Edlinger / Walter Feigl / Günther Fleck: Reduktion – Spiel – Kreation. Probleme des molekularbiologischen Reduktionsmus und des Künstlichen Lebens. 2001.

Band 3 Alexander Riegler / Markus F. Peschl / Karl Edlinger / Günther Fleck / Walter Feigl (eds.): Virtual Reality. Cognitive Foundations, Technological Issues & Philosophical Implications. 2001.

Band 4 Karl Edlinger / Wolfgang Friedrich Gutmann: Organismus, Evolution, Erkenntnis. Grundzüge und Konsequenzen der Kritischen Evolutionstheorie und der Organismischen Konstruktionslehre. 2002.

Band 5 Karl Edlinger / Günther Fleck / Walter Feigl (Hrsg.): Organismus – Bewusstsein – Symbol. Perspektiven mentaler Gestaltungsprozesse. 2002.

Band 6 Wolfgang Friedrich Gutmann / : Organismus und Umwelt. Entstehung des Lebens, Evolution und Erschließung der Lebensräume. 2002.

Band 7 Walter Feigl / Karl Edlinger / Günther Fleck (Hrsg.): Jenseits des Mainstreams. Alternative Denk- und Forschungsansätze in Biologie und Medizin. 2004.

www.peterlang.de